普通高等教育卓越工程能力培养系列教材

机械故障诊断基础

主编　庞新宇　任　芳
参编　吕凯波　李娟莉

机 械 工 业 出 版 社

本书是普通高等教育卓越工程能力培养系列教材之一，介绍机械故障诊断的基本理论与技术应用。机械故障诊断是一门综合性学科，其实用性强、技术更新快，对于提高企业生产能力、保障企业安全生产具有重要的意义。

本书内容共6章，包括绪论、信号的分析与处理、机械故障的振动诊断、机械故障的油液诊断、机械故障的声学诊断以及机械故障的智能诊断。

本书可作为普通高等院校本科生及研究生的教学用书，也可作为大、中型企业从事机械故障诊断、设备维护与管理的技术人员的参考用书。

图书在版编目（CIP）数据

机械故障诊断基础/庞新宇，任芳主编. —北京：机械工业出版社，2021.1（2023.1重印）

普通高等教育卓越工程能力培养系列教材

ISBN 978-7-111-67344-6

Ⅰ.①机… Ⅱ.①庞… ②任… Ⅲ.①机械设备-故障诊断-高等学校-教材 Ⅳ.①TH17

中国版本图书馆CIP数据核字（2021）第043905号

机械工业出版社（北京市百万庄大街22号　邮政编码100037）

策划编辑：王勇哲　责任编辑：王勇哲

责任校对：刘雅娜　封面设计：张　静

责任印制：单爱军

北京虎彩文化传播有限公司印刷

2023年1月第1版第3次印刷

184mm×260mm・11.5印张・279千字

标准书号：ISBN 978-7-111-67344-6

定价：38.00元

电话服务

客服电话：010-88361066

010-88379833

010-68326294

网络服务

机　工　官　网：www.cmpbook.com

机　工　官　博：weibo.com/cmp1952

金　　书　　网：www.golden-book.com

机工教育服务网：www.cmpedu.com

前　言

机械故障诊断这门学科经历了半个世纪的发展，目前已在信号获取与传感技术、故障机理与征兆联系、信号处理与诊断方法以及智能决策与诊断系统等方面形成了较完善的理论体系，在机械、冶金、石化、能源和航空等行业得到了较广泛的应用。该学科的特点是综合性强、技术手段更新快、理论研究与工程实际应用结合紧密。机械故障诊断的发展与设备和技术的变革紧密相关，特别是现在，不断取得突破的互联网技术和国家智能制造发展规划也对机械故障诊断提出了更高的要求。

编者在教学过程中发现，原有教材的部分教学内容已跟不上时代的发展，因此机械故障诊断课程的教学迫切需要一本能够反映故障诊断技术发展现状的新教材，本书应运而生。本书将故障诊断的基本原理和技术方法相结合，突出理论重点，融入该领域的研究成果，同时注重工程应用，加入一些实例，最终成为一本实用性强、内容充实，适用于普通高等院校本科生和研究生的专业选修教材，相关企业技术人员也可参考本书。

本书在编写中参考了近些年来故障诊断领域的相关教材和文献，力求所选内容能够反映机械故障诊断的发展与应用现状。全书共6章：第1章为绪论，介绍了机械故障诊断的意义、研究内容意义和常用的诊断方法；第2章为信号的分析与处理，介绍了信号分类、信号的时域分析、频域分析和其他分析方法；第3章为机械故障的振动诊断，介绍了机械故障诊断的振动理论基础、测振传感器，以及转轴组件故障、齿轮故障和滚动轴承故障的振动诊断；第4章为机械故障的油液诊断，介绍了油液诊断的相关理论与技术、油液铁谱分析技术、油液光谱分析技术、磁塞检测法和机械故障油液诊断应用实例；第5章为机械故障的声学诊断，介绍了噪声诊断、超声诊断和声发射诊断；第6章为机械故障的智能诊断，分别介绍了基于神经网络、粗糙集理论、支持向量机、信息融合和物联网的故障诊断。

本书的编写分为：庞新宇编写第1章、第4章，任芳编写第2章、第5章，吕凯波编写第3章，李娟莉编写第6章。全书由庞新宇统稿。太原理工大学的杨兆建教授对本书的编写提出了许多指导性的意见和建议，在此表示衷心的感谢！太原理工大学机械故障诊断团队的研究生在本书图表绘制和内容整理过程中付出了辛苦劳动，在此也向他们表示感谢！

由于编者的水平有限，书中的疏漏和不足之处在所难免，恳切希望读者和专家批评指正。

编　者

目　录

第 1 章

绪　论

1.1　机械故障诊断的意义

机械故障诊断是监测、诊断和预示连续运行机械设备的状态和故障，保障机械设备安全运行的一门科学技术，也是 20 世纪 60 年代以来借助多种学科的现代化技术成果迅速发展形成的一门新兴学科。其突出特点是理论研究与工程实际应用紧密结合。

现代机械设备发展的一个明显趋势是大型化、高速化、自动化和智能化。这种发展趋势一方面提高了生产率，改善了产品质量，节约了能源和劳动力；另一方面却也潜藏着一个很大的危机，即一旦发生故障，所造成的直接、间接损失将是十分严重的。特别是对于连续生产系统，如果关键设备或核心部件因故障不能继续工作，往往会影响整个生产系统的正常运行，造成巨大的经济损失，有时甚至会导致人员伤亡。智能化发展趋势要求能准确、及时识别运行过程中萌生和演变的故障，这对于机械系统安全运行、避免重大和灾难性事故意义重大，具体可分为以下三个方面：

1. 预防事故，保障人身和设备的安全

在许多重要行业，如航天、航空、航海、核工业以及电力等行业，许多设备故障的发生不仅会造成巨大的经济损失，甚至会带来严重的社会危害。比如日本的福岛核电站事故，其危害是长远的。为了避免这类恶性事故的发生，仅靠提高设计的可靠性远远不够，必须利用设备运行状态监测与故障诊断技术来进行管理，才能够防患于未然。

2. 推动设备维修制度的全面改革

定期维修存在着明显的不足，即存在维修不足和维修过剩两种现象。据 20 世纪后期的统计数据，美国每年的工业维修费用接近全年税收的 1/3，其中因为维修不足和维修过剩而浪费的资金约占总维修费用的 1/3。这一浪费是巨大的，它促使人们考虑采用新的维修制度来避免这种损失。

状态维修是一种动态维修管理制度，它是通过现代技术手段，持续采集设备的各类数据并加以处理、分析、判断，然后根据设备运行的实际状况，统筹安排维修时机和部位，最大限度地减少维修量和维修时间，在保证设备能够正常运行的前提下，寻找到一种最优的维修方式。

维修制度由定期维修向状态维修的转化是必然的。要真正实现状态维修就必须使故障诊断技术逐步成熟和完善。机械故障诊断就是对机械系统所处的状态进行监测，判断状态是否正常，当出现异常时，分析异常产生的原因和部位，并预报其发展趋势。因此，这一技术的发展决定着状态维修制度的实现，它的推广和应用将改变原有的设备管理体制，标志着企业设备综合管理水平的提高。

3. 提高经济效益

采用设备状态监测与故障诊断的最终目的是最大限度地减少和避免设备事故（尤其是重大的设备事故）的发生，并且减少维修次数和延长维修周期，以使每个零部件在工作寿命内都能得到充分使用，极大限度地降低维修费用，获取最大的经济利益。因此，机械故障诊断技术的应用可以带来巨大的经济效益。20世纪后期的统计数据表明，英国的2000家工业企业在采用这一技术调整维修管理制度后，每年节约维修费用达3亿英镑，去除使用这一技术的投入，净节约了2.5亿英镑。

随着基础学科和前沿学科的不断发展和交叉渗透，机械故障诊断学在基础理论和技术方法上不断创新，取得了令人瞩目的成就，已初步形成比较完备的科学体系。目前，对于处于中期、晚期且具有明显特征的故障已形成一系列较为成熟有效的检测手段，但是在早期微弱故障诊断、寿命预测方面仍然存在研究难题。因此，研究开发有效的早期故障诊断技术、定量诊断故障程度并预测其扩展趋势和剩余寿命，具有重要的科学理论意义和工程应用价值。早期故障包含两方面含义：一方面是指处于早期阶段的微弱故障或潜在故障，其具有症状不明显、特征信息微弱、信噪比低等特点；另一方面是从物理意义上讲，某一故障是另一故障的早期阶段，如不平衡与动静碰摩等，其将随着时间推移进一步诱发复合故障。

1.2 机械故障诊断的基本内容

1.2.1 机械故障的含义

机械故障包括两层含义：一是机械系统（零件、组件、部件或整台设备乃至一系列的设备组合）偏离正常功能，它的形成原因主要是机械系统的工作条件不正常，通过参数调节或零部件修复又可恢复到正常功能；二是功能失效，是指系统连续偏离正常功能，且其程度不断加剧，导致机械设备基本功能不能保证。一般零件若失效可以更换；而关键零件若失效，往往导致整机功能丧失。目前机械故障诊断学主要是研究某一机械设备在运行过程中动态性能的变化规律及其运行状态的识别方法。

机械设备的故障，从其产生的因果关系上可以分为两类：一类是原发性故障，即故障源；另一类是继发性故障，即由其他故障所引发，当源故障消失时，这类故障一般也会消失，当然它也可能成为一个新的故障源。

1.2.2 故障诊断的概念及诊断过程

1. 基本概念

“故障诊断”的概念来源于仿生学。“诊断”原本是一个医学术语，主要包含两个方面的内容：“诊”是对机械设备的客观状态做监测，即采集和处理信息等；“断”则是确定故障的性质、程度、部位及原因，并且提出对策等。机械故障诊断与医学诊断的对比见表1-1。

表 1-1 机械故障诊断与医学诊断的对比

医学诊断方法	设备诊断方法	原理及特征信息
中医:望、闻、问、切 西医:望、触、叩、听、嗅	听、摸、看、闻	通过形貌、声音、颜色、气味的变化来诊断
听心音、做心电图	振动与噪声监测	通过振动大小及变化来诊断
测量体温	温度监测	观察温度变化
验血验尿	油液分析	观察物理化学成分及细胞(磨粒)形态变化
测量血压	应力应变测量	观察压力及应力变化
X 射线、超声检查	无损检测(裂纹)	观察内部机体缺陷
问病史	查阅技术档案资料	找规律、查原因、做判断

判断机械设备发生故障的一般准则是：在给定的工作条件下，机械设备的功能与约束的条件若不能满足正常运行或原设计期望的要求，就可以判断该设备发生了故障。

2. 诊断过程

（1）信号检测　信号检测就是正确选择测试仪器和测试方法，准确地测量出反映设备实际状态的各种信号（应力参数、设备劣化的征兆参数、运行性能参数等），由此建立起来的状态信号属于初始模式。

（2）特征提取　特征提取就是将初始模式的状态信号通过放大或压缩、形式变换、去除噪声干扰等处理，提取故障特征，形成待检模式。

（3）状态识别　状态识别就是根据理论分析结合故障案例，以采用数据库技术所建立起来的故障档案库为基准模式，把待检模式与基准模式进行比较和分类，从而区别设备的正常与异常。

（4）预报决策　预报决策就是经过判别，对属于正常状态的设备可以继续监测，重复以上程序；对属于异常状态的设备则要查明故障情况，做出趋势分析，预测其发展和可以继续运行的时间，以及根据出现的问题提出控制措施和维修决策。

机械设备的诊断过程如图 1-1 所示。

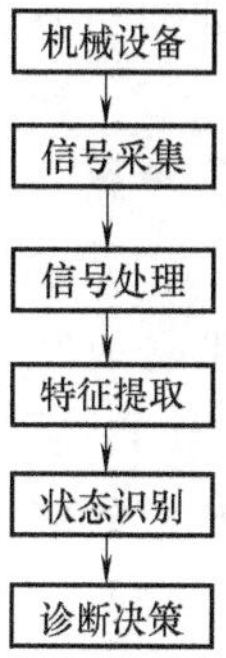

机械设备 → 信号采集 → 信号处理 → 特征提取 → 状态识别 → 诊断决策

图 1-1　机械设备的诊断过程

1.2.3　机械故障诊断的分类

1. 按诊断目的分类

（1）功能诊断　功能诊断即对安装或刚维修过的机械系统，诊断其功能是否正常，也就是投入运行前的诊断。

（2）运行诊断　运行诊断即对服役中的机械系统进行的诊断。

2. 按诊断模式分类

（1）离线诊断　离线诊断即通过记录仪将现场设备的状态信号记录下来，带回实验室，结合机组状态的历史档案资料做出综合分析。

（2）在线诊断　在线诊断即对现场正在运行的设备进行自动实时的监测和诊断。这类被诊断设备通常都是关键设备。

（3）远程诊断　远程诊断即通过互联网使现场检测的数据实现共享，由智能诊断系统和诊断专家在远端实时、高效地进行故障诊断。诊断专家可以是人，也可以是故障诊断专家系统。

3. 按提取信息的方式分类

（1）直接诊断　直接诊断是诊断对象与诊断信息来源直接对应的一种诊断方法，是一次信息诊断，如通过检测齿轮的安装偏心和运动偏心等参数来判断齿轮运转是否正常就属此类。

（2）间接诊断　间接诊断是诊断对象与诊断信息来源不直接对应的一种诊断方法，是二次、三次等非一次信息的诊断，如通过测箱体的振动来判断齿轮箱中的齿轮是否正常等。通常所说的诊断主要是指间接诊断。

4. 按诊断功能分类

（1）简易诊断　简易诊断即对机械系统的状态做出相对粗略的判断，一般只回答“有无故障”等问题，而不分析故障的原因、故障部位及故障程度等。

（2）精密诊断　精密诊断是在简易诊断的基础上更为细致的一种诊断过程，它不仅要回答“有无故障”的问题，而且还要详细地分析故障原因、故障部位、故障程度及其发展趋势等一系列问题。

5. 按诊断方法分类

（1）振动诊断　振动诊断即以机器振动作为信息源，采用不同的分析方法对运行过程中的振动参数进行分析，通过变化特征来判别机器的运行状态。

（2）声学诊断　声学诊断即以噪声、声阻、超声或声发射为检测目标，进行声级、声强、声源、声场或声谱分析，从而判别机器的运行状态。

（3）温度诊断　温度诊断即以温度、温差、温度场或热像为检测目标，进行温变量、温度场或红外热像识别与分析，通过温度参数的变化特征来判别机器的运行状态。

（4）污染物诊断　污染物诊断即以泄漏物、残留物、气、液或固体的成分为检测目标，进行液气成分变化或油质磨损分析，以此判别机器的运行状态。

（5）参数诊断　参数诊断即以强度、压力或电参数等为检测目标，进行结构损伤分析、流体压力和油膜变化分析以及系统性能分析，从而判别机器的运行状态。

（6）表面形貌诊断　表面形貌诊断即以裂纹、变形、斑点、凹坑或色泽等为检测目标，进行结构强度、应力集中、裂纹破损或摩擦磨损等现象分析，以此判别机器的运行状态。

1.3　故障诊断技术的发展

1.3.1　国外故障诊断技术的发展概况

故障诊断技术是现代化生产发展的产物，早在20世纪60年代末，美国国家航空航天局（NASA）就创立了机械故障预防小组（Machinery Fault Prevention Group，MFPG）。其后，由于其应用所产生的巨大经济效益，故障诊断技术得到了迅速发展。如美国柏克德（Bechtel）工程公司在1987年开发了用于火电厂机械设备诊断的专家系统（SCOPE）；同年，美国Radial公司开发了用于汽轮发电机组振动诊断的专家系统（Turbomac）；美国西屋电气公司（Westinghouse Electric Corporation，WHEC）首先将网络技术应用于汽轮机故障诊断，建立了故障诊断中心，对分布在各地电站的多台机组实行远程诊断；而美国本特利（Bently）公司对旋转机械故障诊断及传感器的研制都进行了深入的研究。

故障诊断技术在美国得到迅速发展的同时，在西欧国家也得到了相应的发展，如：英国在1971年成立了机械保健中心（Mechanical Health Monitoring Center，MHMC），促进了各类机械工厂机械设备性能检测和维修水平的提高；法国电力部门从1978年起就在汽轮发电机组上安装了离线振动监测装置，而在20世纪90年代又提出了监测与振动支援站的设想；瑞士的ABB公司、德国的西门子公司、丹麦的B&K公司等都开发了相关诊断系统及信号检测装置。

在亚洲，日本针对汽轮发电机组寿命监测和故障诊断进行了很多研究，如：东芝电气公司在1987年开发了大功率汽轮机轴系诊断系统，在20世纪90年代又开发了机器寿命诊断的专家系统；日立公司在1982年开发了汽轮机组寿命诊断装置，并逐步形成了一套完整的机器寿命诊断方法；三菱公司在20世纪80年代也研制了能自动进行异常征兆检测并能诊断其原因的诊断系统。

由上述分析可知，各个国家有关故障诊断技术的研究和诊断系统的研制大多是从汽轮发电机开始的，其原因是：①电力系统对国民经济建设和人民生活均十分重要，影响面广；②在连续生产系统中，发电机、空气压缩机都是动力源，如果一台机组产生故障，不仅影响其本身效率的发挥，还会影响整个生产系统的正常运行；③汽轮发电机组的生产过程是连续的旋转过程，振动信号的拾取方法和信号的处理方法相对其他方法而言比较成熟，在生产条件下更容易实现。

近年来，故障诊断方法与技术的发展主要集中在三个方面：一是故障诊断策略与模式的研究，如分布式监测诊断模式、基于Internet的远程分布式监测诊断模式等；二是智能诊断方法与技术的研究，如基于行为的神经网络诊断方法、基于多智能体（即多代理）的诊断方法等；三是故障特征分析与特征量提取的研究，如小波分析和时频分析方法的应用等。

1.3.2　国内故障诊断技术的发展概况

我国故障诊断技术的研究起步较晚，大致可以分为三个阶段：

（1）20世纪80年代前　这一阶段，即使是在电力、化工等连续生产系统中也只有简单的读数仪表，现场实时监测主要靠工人的经验，凭眼看、手摸、耳听等方法监视设备的运行状态是否正常，技术人员凭值班记录分析设备运行的规律。20世纪70年代后期起，随着改革开放进程的加快，开始引进一些检测仪表（工厂称表盘），如本特利（Bently）公司和飞利浦（Philips）公司的系列产品，其主要构成部件是传感器和指示仪表箱，有的用于测温度，但大多数则用于测振动。这对提高当时国内故障诊断技术水平起到了促进作用，但这类产品仍存在明显的缺点：

1）检测信号是随机的，仅检测幅值（如峰峰值），并不能全面表达动态过程的特性。

2）机组在强烈振动之前，故障征兆并不很明显，有时振幅变化并不大，但机组确有故障。如半倍频是故障的重要特征信息之一，但检测仪表并无检测此信息的功能，而一旦振幅突然增大，则为时已晚，不能防止突发性故障。

3）读数式检测仪表本身并无分析功能，还要依赖于人的经验判断。

（2）20世纪80年代中期至90年代末　这一阶段是我国故障诊断研究和系统研制快速发展的时期，许多工厂已经不满足只有读数功能而没有分析功能的表盘，并注意到在引进检测仪表的同时也应引进相应的软硬件分析装置。这种系统所用的分析装置主要是频谱分析仪，也有部分分析功能是用计算机软件实现的。如本特利（Bently）公司的ADRE3及恩特克（Entek）公司的PM等系统就具有频谱分析、谱阵分析、伯德图（Bode Plot）、轴心轨迹图等功能，这有助于提高诊断的准确性，但也存在以下缺点：

1）分析装置不具备自动判断功能，诊断决策仍需依赖领域专家。

2）不能连续地自动分析，容易丢失故障信息，不能预防突发性故障。

3）由于大型机械设备的结构复杂，故障与征兆之间并无一一对应的因果关系，故难免造成误诊。

自20世纪80年代中期起，我国派往欧美国家的一批留学人员陆续回国，他们带回了国外的许多先进方法和技术，结合国内生产实际积极开展了故障诊断技术研究。这种研究的特点：一是起点高，一开始就以计算机为主体，从系统入手，结合生产实际研究监测与诊断问题；二是方法新，把当时正在发展之中的人工智能、远程控制等方法和技术直接应用于故障诊断系统；三是重应用，将研究工作与企业需求紧密结合，开发了一批实用性强的监测诊断系统。这就大大缩短了我国故障诊断技术和国外的差距，推动了我国故障诊断技术的发展。与此同时，在理论与方法研究方面也取得了一批研究成果，并且结合科学研究和工程项目为国家培养了大批研究生。

（3）21世纪以来　这一阶段，故障诊断技术进入了一个相对平衡的发展时期，这是符合科学技术发展规律的正常现象。前一阶段的迅速发展，必然会在理论和实践方面留下许多问题要去解决，如故障形成机理（故障产生原因、发生与发展规律）、生产条件下信号的实时采集和全方位测试、小样本的信号处理、动态系统的适用模型及参数估计、多变量非线性系统建模、系统知识获取和机器自学习、系统的综合识别、远程监测与综合诊断、产品生命周期内故障诊断技术与CAD和CAM的集成一体化研究等，近年来都有学者对其进行了卓有成效的研究。可以预测，随着时间的推移，故障诊断技术必将取得新的突破。

1.4　机械故障诊断技术的应用现状

机械故障诊断技术非常适用于下列几种设备：

1）生产中的重大关键设备，包括生产流水线上的设备和没有备用机组的大型机器。

2）不能靠近检查、不能解体检查的重要设备。

3）维修困难、维修成本高的设备。

4）没有备品备件或备品备件昂贵的设备。

5）从人身安全、环境保护等方面考虑，必须采用故障诊断技术的设备。

6）需要使用故障诊断技术的一般设备。

目前，机械故障诊断已经普及到了各行各业的各类机械设备以及重要零部件故障的监测、分析、识别和诊断应用中。

机械故障诊断技术已经发展成为一门独立的跨学科的综合性信息处理与分析技术。它是基于可靠性理论、信息论、控制论和系统论，以现代测试仪器、计算机和网络技术为技术手段，结合各种诊断对象（系统、设备、机器、装置、工程结构和工艺过程等）的特殊规律而逐步形成的一门新兴学科。它大体上分为三个部分：第一部分为机械故障诊断物理、化学过程的研究，如对机械零部件失效的腐蚀、蠕变、疲劳、氧化、断裂和磨损等机理的研究；

第二部分为机械故障诊断信息学的研究，它主要研究故障信号的采集、选择、处理与分析过程，如通过传感器采集设备运行中的信号（如振动、转速等），再经过时域与频域上的分析处理来识别和评价所处的状态或所发生的故障；第三部分为故障诊断逻辑与数学原理方面的研究，主要是通过逻辑方法、模型方法、推论方法和人工智能方法，根据可观测的设备故障表征来确定进一步的检测分析，最终判断机械故障发生的部位和故障产生的原因。

机械故障诊断技术还可以划分为传统故障诊断方法、数学诊断方法和智能诊断方法三种。传统故障诊断方法包括振动监测与诊断、噪声监测与诊断、声学监测与诊断、红外监测与分析、油液监测与分析以及其他无损检测方法等；数学诊断方法包括基于贝叶斯决策判据以及线性和非线性判别函数的模式识别方法、基于概率统计的时序模型诊断方法、基于距离判据的故障诊断方法、模糊诊断原理、灰色系统诊断方法、故障树分析法、小波分析法以及混沌分析法与分形几何法等；智能诊断方法包括模糊逻辑、专家系统、神经网络、进化计算方法、核方法以及基于信息融合的方法等。

目前，机械故障诊断技术应用呈现精密化、多维化、模型化和智能化等特点。例如，近年来激光技术已经从军事、医疗和机械加工等领域扩展到振动测量和设备故障诊断中，并且已经成功应用于测振和旋转机械安装维修过程中。随着新的信号处理方法的出现和应用，对特定故障的判断准确率得到了大幅度提高，而基于传统机械设备信号的处理分析技术也有了新的突破性进展。机械系统发生故障时，其真实的动态特性表现是非线性的，如旋转机械转子的不平衡等故障，而随着混沌和分形几何方法的日臻完善，这类诊断问题已经基本得到解决。因为传感器技术的发展，机械故障诊断技术的应用也得到了新的拓展。对一个机械系统进行状态监测和故障诊断时，现在可以对整个系统设置多个传感器同时用于采集机器的动态信号，然后按一定的方法对这些信号进行融合和处理，从中提取更为清晰可用的特征信号，更加准确地判断出机器的早期故障。在智能化方面，包括专家系统、模糊逻辑、神经网络和核方法等在内的现代智能方法已经得到普遍应用，并在实践中不断改进。

第2章 信号的分析与处理

信息可解释为客观世界中各种事物运动的状态和变化的反映，信息本身不是物质，不具有能量，但信息却依靠物质能量而存在。一般来说，信号是信息的载体，是一种具有物理性质的物质，它具有能量。人类获取信息，需要借助信号的传播。对于机电设备来说，其出现的故障种类繁多，对一台设备或一个系统进行诊断时，首要工作就是收集反映设备或系统故障的信息，即采集设备或系统故障的信号。

设备在运行过程中，与运行状态有关的各种物理量随时间的变化呈现一定的规律，这些物理量主要包括利用传感器测量所得到的位移、速度、加速度、温度、压力、流量、应力、应变、电流和电压等。这些物理信号中常常包含对机器状态识别与诊断非常有用的各种信息，有效地分析、处理这些信息，建立它们和设备之间的联系，是设备故障诊断的基础。对这些物理信号进行分析与处理可以在时域、频域内进行，从不同的角度对信号进行观察和分析，丰富信号分析与处理的结果。幅值不随时间变化的信号称为静态信号。实际上，幅值随时间变化很缓慢的信号也可以看成是静态信号或准静态信号。然而工程上所遇到的大多数信号均为动态信号。

2.1 信号的分类

为了深入了解信号的物理实质，可以按以下几种方法对信号进行分类：

1. 确定性信号与随机信号

可以用明确的数学表达式描述的信号称为确定性信号，它又可以进一步分为周期信号与非周期信号。周期信号是指在一定时间内按照某一规律重复变化的信号。若信号在时间上不具有周期性，即信号的周期趋于无限大，则此类信号称为非周期信号。而与确定性信号相对应的是随机信号，它所描述的物理现象是一种随机过程，在某点上的取值是随机变量，不能用数学关系式描述，其幅值、相位变化是不可预知的。随机信号可以进一步分为平稳随机信号和非平稳随机信号。分布参数和分布规律不随时间变化的信号称为平稳随机信号。与之相反，分布参数和分布规律随时间变化的信号称为非平稳随机信号。详细的信号分类方式如图 2-1 所示。

2. 连续信号与离散信号

若信号的数学表示式中独立变量的取值是连续的，则称其为连续信号（见图 2-2a）；若独立变量取离散值，则称其为离散信号（见图 2-2b）。图 2-2b 所示是将连续信号等时距采样后的结果，得到了离散信号。离散信号可用离散图形或数字序列表示。连续信号的幅值可以是连续的，也可以是离散的。独立变量和幅值均取连续值的信号称为模拟信号。若离散信号

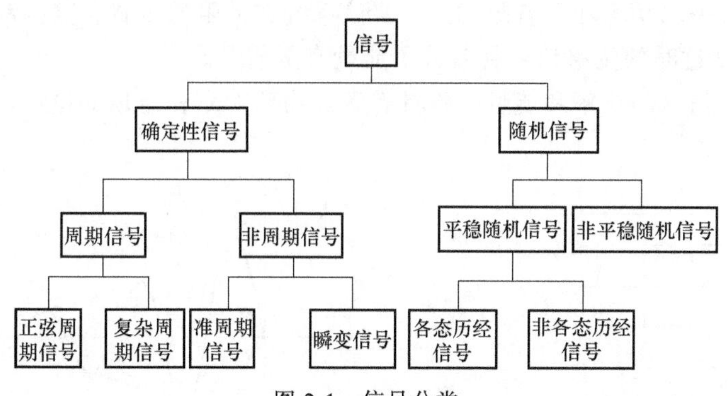

图 2-1　信号分类

的幅值也是离散的，则称为数字信号。数字计算机的输入、输出信号都是数字信号。在实际应用中，连续信号和模拟信号两个名词常常不予区分，离散信号和数字信号往往通用。

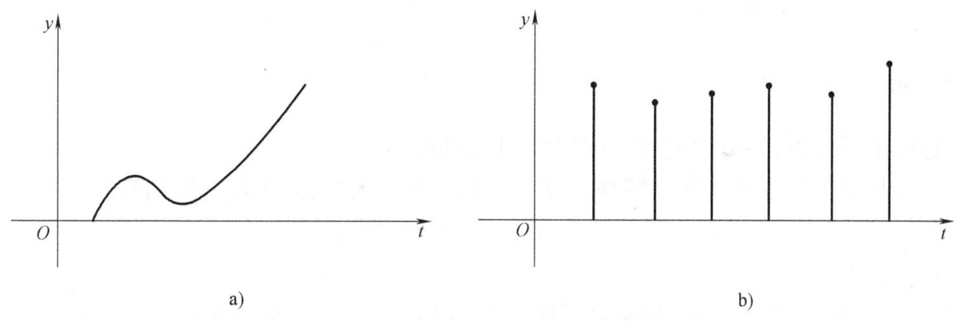

图 2-2　连续信号和离散信号

a）连续信号　b）离散信号

3. 能量信号与功率信号

在非电量测量中，常把被测信号转换为电压或电流信号来处理。显然，电压信号 $x(t)$ 加到电阻 R 上，其瞬时功率 $P(t)=x^2(t)/R$。当 $R=1$ 时，则有 $P(t)=x^2(t)$。瞬时功率对时间积分就是信号在该积分时间内的能量。因此，人们不考虑信号实际的量纲，而把信号$x(t)$ 的二次方 $x^2(t)$ 及其对时间的积分分别称为信号的功率和能量。当 $x(t)$ 满足

$$\int_{-\infty}^{+\infty} x^2(t)\,\mathrm{d}t < +\infty \tag{2-1}$$

时，则认为信号的能量是有限的，并称之为能量有限信号，简称能量信号，如矩形脉冲信号、衰减指数函数信号等。

若信号在区间（$-\infty$，$+\infty$）的能量是无限的，即

$$\int_{-\infty}^{+\infty} x^2(t)\,\mathrm{d}t \to +\infty \tag{2-2}$$

但它在有限区间（t_1，t_2）的平均功率是有限的，即

$$\frac{1}{t_2 - t_1}\int_{t_1}^{t_2} x^2(t)\,\mathrm{d}t < +\infty \tag{2-3}$$

则这种信号称为功率有限信号，或功率信号。

如图 2-3 所示的单自由度振动系统，其位移信号 $x(t)$ 就是能量无限的正弦信号，但在

一定时间区间内其平均功率却是有限的。如果该系统加上阻尼装置，其振动能量随时间而衰减（见图 2-4)，则这时的位移信号就变成了能量有限信号。

但必须注意，信号的功率和能量，不具有真实物理功率和能量的量纲。

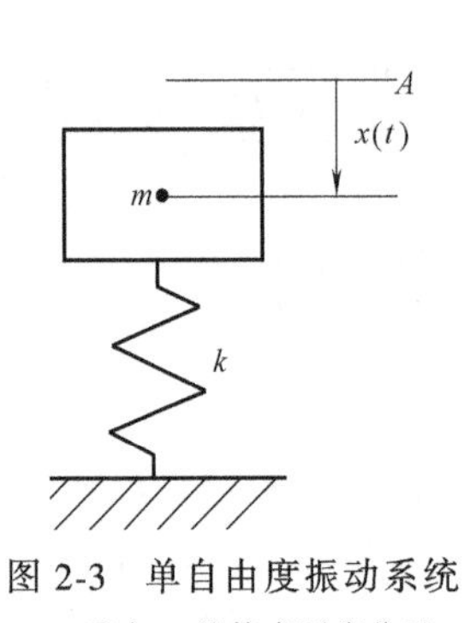

图 2-3 单自由度振动系统

A—质点 m 的静态平衡位置

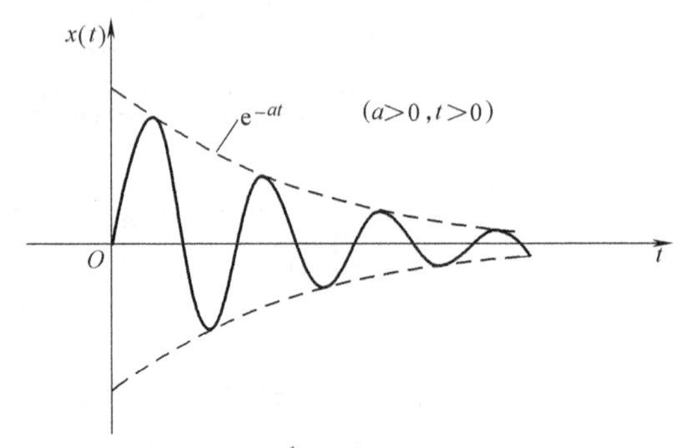

图 2-4 衰减振动信号

2.1.1 确定性信号

确定性信号可以进一步分为周期信号和非周期信号。

周期信号是按一定的时间间隔周而复始出现，无始无终的信号，可以表达为

$$x(t)=x(t+nT_0) \quad n=1,2,3,\cdots \tag{2-4}$$

式中，T_0 为周期。

例如，集中质量的单自由度振动系统（见图 2-3）作无阻尼自由振动时，其位移 $x(t)$ 就是确定性的周期振动，它可以用下式来确定质点的瞬时位置

$$x(t)=x_0\sin\left(\sqrt{\frac{k}{m}}t+\varphi_0\right) \tag{2-5}$$

式中，x_0、φ_0 为取决于初始条件的常数；m 为质量；k 为弹簧刚度；t 为时刻。其周期 $T_0=2\pi/\sqrt{k/m}$，圆周率 $\omega_0=2\pi/T_0=\sqrt{k/m}$。

确定性信号中那些不具有周期重复性的信号称为非周期信号，它包括准周期信号和瞬变非周期信号。准周期信号是由两种以上的周期信号合成的，但其组成分量间无法找到公共周期，因而无法按某一时间间隔周而复始重复出现。除准周期信号之外的其他非周期信号，是一些或在一定时间区间内存在，或随着时间的增长而衰减至零的信号，称为瞬变非周期信号。如图 2-3 所示的振动系统，若加上阻尼装置后，其质点位移 $x(t)$ 可用下式表示

$$x(t)=x_0\mathrm{e}^{-at}\sin(\omega_0t+\varphi_0) \tag{2-6}$$

其图形如图 2-4 所示，它是一种瞬变非周期信号，随时间的无限增加而衰减至零。

2.1.2 随机信号

随机信号是不能用确定的数学关系式来描述的，不能预测其未来的任何瞬时值，任何一次观测值只代表在其变动范围中可能产生的结果之一，但其值的变动服从统计规律。描述随机信号必须用概率和统计的方法。对随机信号按时间历程所做的各次长时间观测记录称为样本函数，记作 $x_i(t)$（见图 2-5)。样本函数在有限时间区间上的部分称为样本记录。在同一

试验条件下，全部样本函数的集合（总体）就是随机过程，记作 $\{x(t)\}$，即

$$\{x(t)\} = \{x_1(t), x_2(t), \cdots, x_i(t), \cdots\} \tag{2-7}$$

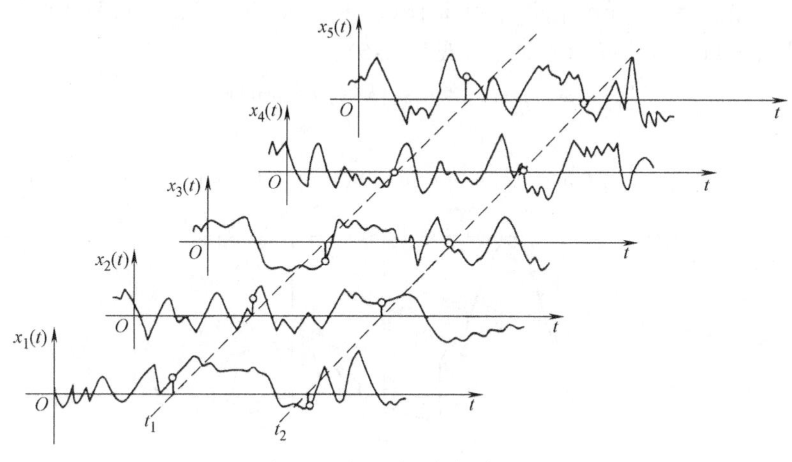

图 2-5　随机过程与样本函数

随机过程的各种统计量（均值、方差、均方值和均方根值等）是按集合平均来计算的。集合平均的计算不是沿某单个样本的时间轴进行，而是将集合中所有样本函数对同一时刻 t_i 的观测值取平均。为了与集合平均相区别，把按单个样本的时间历程进行平均的计算称作时间平均。

随机过程可分为平稳过程和非平稳过程。平稳随机过程是指其统计特征参数不随时间变化的随机过程，否则为非平稳随机过程。在平稳随机过程中，若任一单个样本函数的时间平均统计特征等于该过程的集合平均统计特征，这样的平稳随机过程称为各态历经（遍历性）随机过程。工程上所遇到的很多随机信号具有各态历经性，有的虽不是严格的各态历经过程，但也可以当作各态历经随机过程来处理。事实上，一般的随机过程需要足够多的样本函数（理论上应为无限多个）才能描述它，而要进行大量的观测来获取足够多的样本函数，这是非常困难甚至是做不到的。实际的测试工作常把随机信号按各态历经过程来处理，进而以有限长度样本记录的观察分析来推断、估计被测对象的整个随机过程。也就是说，在测试工作中常以一个或几个有限长度的样本记录来推断整个随机过程，以其时间平均来估计集合平均。在本书中，仅限于讨论各态历经随机过程的范围。

随机信号广泛存在于工程技术的各个领域中。确定性信号一般是在一定条件下出现的特殊情况，或者是忽略了次要的随机因素后抽象出来的模型。测试信号总是会受到环境噪声的污染，故研究随机信号具有普遍、现实的意义。

2.2　信号的时域分析

2.2.1　时域统计分析

1. 信号的最大值和最小值

信号的最大值 $X_{\max}$ 和最小值 $X_{\min}$ 给出了信号动态变化的范围，其定义为

$$X_{max}=\max\{x(t)\},X_{min}=\min\{x(t)\} \tag{2-8}$$

其离散化公式为

$$\widetilde{X}_{max}=\max\{x(n)\},\widetilde{X}_{min}=\min\{x(n)\} \quad (n=0,1,2,3,\cdots,N-1) \tag{2-9}$$

据此，可以得到信号的峰峰值 X_{ppv}（见图 2-6）：

$$X_{ppv}=X_{max}-X_{min}=\max\{x(t)\}-\min\{x(t)\} \tag{2-10}$$

及

$$\widetilde{X}_{ppv}=\widetilde{X}_{max}-\widetilde{X}_{min}=\max\{x(n)\}-\min\{x(n)\} \quad (n=0,1,2,\cdots,N-1) \tag{2-11}$$

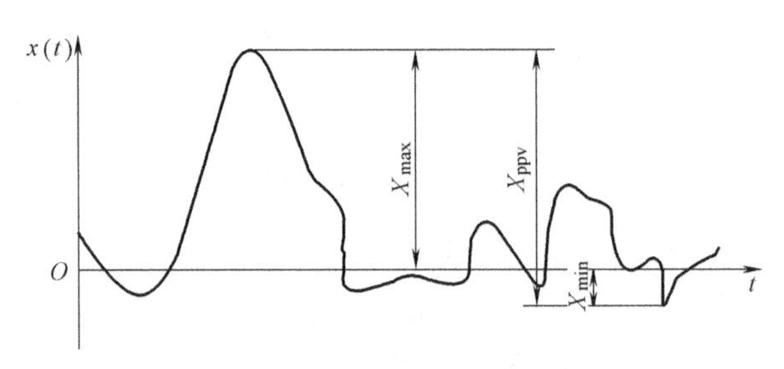

图 2-6　信号的最大值、最小值和峰峰值

在旋转机械的振动监测和故障诊断中，对波形复杂的振动信号，往往采用其峰峰值作为振动大小的特征量，其又称为振动的“通频幅值”。在工程实际中，为了抑制偶然因素对信号峰峰值的干扰，常常将采集到的一段信号分为若干等份，对每份数据分别求其峰峰值，然后再对得到的若干个峰峰值进行平均。此外，需要指出的是，在进行测试时，需要事先对信号的峰值进行足够的估计，以便调整仪器的测量范围。

2. 信号的均值和方差

如前所述，信号的最大值、最小值和峰峰值只给出了信号变化的极限范围，却没有提供信号波动中心的信息。要描述信号的波动中心，就必须给出其均值 μ_x，均值是指信号幅值的算术平均值，可通过下式计算得到

$$\mu_x=\lim_{T\to+\infty}\frac{1}{T}\int_0^T x(t)\,\mathrm{d}t=\int_{-\infty}^{+\infty}xp(x)\,\mathrm{d}x \tag{2-12}$$

式中，T 为观察或测量时间；$p(x)$ 为概率密度函数。对于离散时间序列，其平均值为

$$\tilde{\mu}_x=\frac{1}{N}\sum_{n=0}^{N-1}x_i \tag{2-13}$$

当 N 很大时，计算机计算可能发生溢出，从而引入误差。为此，可利用下面的递推算法。设前 m 个数据的均值为 $\tilde{\mu}_{x(m)}$，则前 $m+1$ 个数据的均值为

$$\tilde{\mu}_{x(m+1)}=\frac{m}{m+1}\tilde{\mu}_{x(m)}+\frac{1}{m+1}x(m+1) \tag{2-14}$$

均值是反映信号中心趋势的一个标志，其反映了信号中的静态部分，虽然一般对故障诊断不起作用，但对计算其他参数有很大影响，所以一般在计算时先从数据中去除均值，只剩下对诊断有用的动态部分。

均值相等的信号，其随时间的变化规律并不完全相同，为进一步描述信号围绕均值波动的情况，引入方差 σ_x^2，其反映的是信号中的动态分量，数学表达式为

$$\sigma_x^2 = \lim_{T\to+\infty} \frac{1}{T}\int_0^T [x(t) - \mu_x]^2 \mathrm{d}t = \int_{-\infty}^{+\infty} (x - \mu_x)^2 p(x)\mathrm{d}x \tag{2-15}$$

其离散化计算公式为

$$\tilde{\sigma}_x^2 = \frac{1}{N}\sum_{n=0}^{N-1} [x(n) - \tilde{\mu}_x]^2 \tag{2-16}$$

方差的正二次方根称为标准差

$$\tilde{S} = \sqrt{\tilde{\sigma}_x^2} = \sqrt{\frac{1}{N}\sum_{n=0}^{N-1} [x(n) - \tilde{\mu}_x]^2} \tag{2-17}$$

当机械设备正常运转时，采集到的信号（尤其是振动信号）一般比较平稳，波动较小，信号的方差也比较小。因此，可以借助方差的大小来初步判断设备的运行情况。

3. 信号的均方值和均方根值

信号的均方值反映了信号相对于零值的波动情况，其数学表达式为

$$\Psi_x^2 = \lim_{T\to+\infty} \frac{1}{T}\int_0^T x^2(t)\mathrm{d}t = \int_{-\infty}^{+\infty} x^2 p(x)\mathrm{d}x \tag{2-18}$$

对于离散时间序列，计算公式为

$$\tilde{\Psi}_x^2 = \frac{1}{N}\sum_{n=0}^{N-1} x^2(n) \tag{2-19}$$

均方值的正二次方根称为均方根值

$$X_{\mathrm{rms}} = \sqrt{\Psi_x^2} = \sqrt{\lim_{T\to+\infty} \frac{1}{T}\int_0^T x^2(t)\mathrm{d}t} = \sqrt{\int_{-\infty}^{+\infty} x^2 p(x)\mathrm{d}x} \tag{2-20}$$

其离散化公式为

$$\tilde{X}_{\mathrm{rms}} = \sqrt{\tilde{\Psi}_x^2} = \sqrt{\frac{1}{N}\sum_{n=0}^{N-1} x^2(n)} \tag{2-21}$$

若信号的均值为零，则均方值等于方差。若信号的均值不为零，则有下式成立：

$$\Psi_x^2 = \sigma_x^2 + \mu_x^2 \tag{2-22}$$

均方值和均方根值都是表示动态信号强度的指标。幅值的二次方具有能量的含义，因此均方值表示了单位时间内的平均功率，在信号分析中仍然将其形象地称为信号功率。而信号的均方根值由于有幅值的量纲，在工程中又被称为有效值。

利用系统中某些特征点振动参量的均方根值作为判断依据进行判断是一种常用的故障诊断方法。由于均方根值对早期故障不敏感，但具有较好的稳定性，因此该方法多适用于稳态振动的情况。

4. 信号的偏斜度和峭度

信号的偏斜度 α 和峭度 β 常用于检验信号偏离正态分布的程度。偏斜度 α 的定义为

$$\alpha = \lim_{T\to+\infty} \frac{1}{T}\int_0^T x^3(t)\mathrm{d}t = \int_{-\infty}^{+\infty} x^3 p(x)\mathrm{d}x \tag{2-23}$$

其离散化公式为

$$\tilde{\alpha} = \frac{1}{N}\sum_{n=0}^{N-1} x^3(n) \tag{2-24}$$

峭度 β 的定义为

$$\beta = \lim_{T\to+\infty} \frac{1}{T}\int_0^T x^4(t)\,\mathrm{d}x = \int_{-\infty}^{+\infty} x^4 p(x)\,\mathrm{d}x \tag{2-25}$$

其离散化公式为

$$\tilde{\beta} = \frac{1}{N}\sum_{n=0}^{N-1} x^4(n) \tag{2-26}$$

偏斜度反映了信号概率分布的中心不对称程度，不对称越厉害，信号的偏斜度越大。峭度反映了信号概率密度函数峰值的凸平度。峭度对大幅值非常敏感，当其概率增加时，信号的峭度将迅速增大，故峭度非常有利于探测信号中的脉冲信息。例如，在滚动轴承故障诊断中，当轴承圈出现裂纹，滚动体或滚动轴承边缘剥落时，振动信号中往往存在相当大的脉冲，此时用峭度指标作为故障诊断特征量是非常有效的。然而，峭度对于冲击脉冲及脉冲类故障的这种敏感性主要体现在故障早期，随着故障发展，敏感度下降。也就是说，在整个劣化过程中，该指标的稳定性不好，因此常配合均方根值使用。

5. 信号的无量纲指标

前述各种统计特征参量，其数值大小常因负载、转速等条件的变化而变化，给工程应用带来一定的困难。因此，机电设备的状态监测和故障诊断中除了利用以上介绍的各种统计特征参量外，还广泛采用了各种各样的量纲为 1 的指标，即无量纲指标。如：

1）波形指标

$$K = \frac{X_{\mathrm{rms}}}{|\overline{X}|} = \frac{\text{有效值}}{\text{绝对平均幅值}} \tag{2-27}$$

2）峰值指标

$$C = \frac{X_{\max}}{X_{\mathrm{rms}}} = \frac{\text{峰值}}{\text{有效值}} \tag{2-28}$$

3）脉冲指标

$$I = \frac{X_{\max}}{|\overline{X}|} = \frac{\text{峰值}}{\text{绝对平均幅值}} \tag{2-29}$$

4）裕度指标

$$L = \frac{X_{\max}}{X_{\mathrm{r}}} = \frac{\text{峰值}}{\text{方根幅值}} \tag{2-30}$$

5）峭度指标

$$K_{\mathrm{v}} = \frac{\beta}{X_{\mathrm{rms}}^4} = \frac{\text{峭度}}{(\text{有效值})^4} \tag{2-31}$$

式中，$|\overline{X}|$ 为绝对平均幅值，其定义为

$$|\overline{X}| = \int_{-\infty}^{+\infty} |x|\,p(x)\,\mathrm{d}x \tag{2-32}$$

或

$$|\tilde{\overline{X}}| = \frac{1}{N}\sum_{n=0}^{N-1} |x(n)| \tag{2-33}$$

X_{r} 为方根幅值，其定义为

$$X_r = \left[\int_{-\infty}^{+\infty} |x|^{\frac{1}{2}} p(x)\,\mathrm{d}x\right]^2 \tag{2-34}$$

或

$$\widetilde{X}_r = \left[\frac{1}{N}\sum_{n=0}^{N-1} |x(n)|^{\frac{1}{2}}\right]^2 \tag{2-35}$$

当时间信号中包含的信息不是来自一个零件或部件，而是来自多个时，例如在多级齿轮的振动中，信号往往包含来自高速齿轮、低速齿轮和轴承等部件的信息。在这种情况下，可利用上述这些无量纲指标进行故障诊断或趋势分析。在实际应用中，对这些无量纲指标的基本选择标准为：

1）对机器的运行状态、故障和缺陷等足够敏感，当机器运行状态发生改变时，这些无量纲指标应有明显的变化。

2）对信号的幅值和频率变化不敏感，即与机器运行的工况无关，只依赖于信号幅值的概率密度形状。

当机器在连续运行后质量下降时，例如机器中运动副的游隙增加，齿轮或滚动轴承的撞击增加，相应的振动信号中的冲击脉冲增多，幅值分布的形状也随之缓慢地变化。实验结果表明，波形指标 K 和峰值指标 C 对于冲击脉冲的多少和幅值分布情况的变化不够敏感，而相对来说，峭度指标 K_v、裕度指标 L 和脉冲指标 I 能够识别上述变化，因此可以在机器的振动、噪声诊断中加以应用。

图 2-7 所示是对 28 个汽车后桥齿轮在不同的运动状态下的振动加速度信号进行计算得到的无量纲诊断指标。观察可知，波形指标 K 的变化较小，诊断能力较差；脉冲指标 I 的诊断能力最好，可以作为齿轮诊断的指标；峰值指标 C 比脉冲指标 I 的诊断能力差一些，但比波形指标 K 要好很多。

在选择上述各动态指标时，按其诊断能力由大到小顺序排列，大体上为：峭度指标、裕度指标、脉冲指标、峰值指标、波形指标。

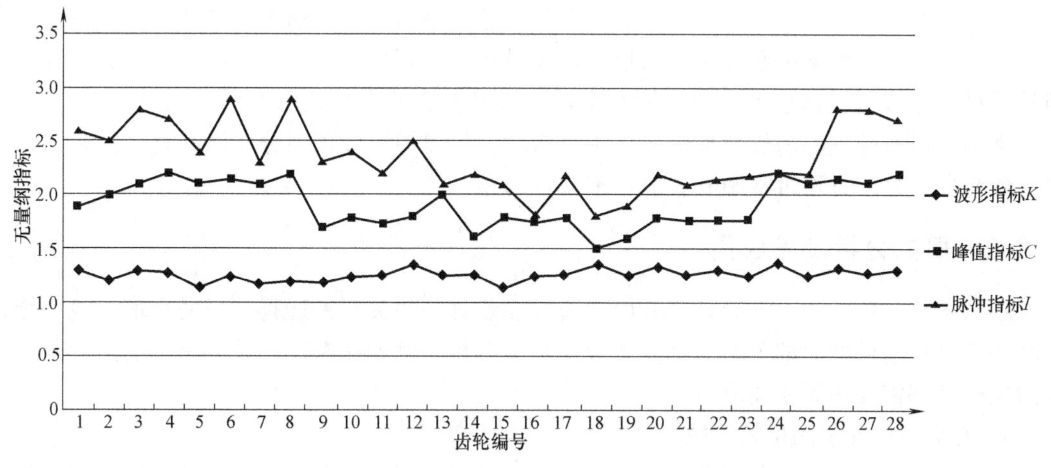

图 2-7　汽车后桥齿轮的无量纲诊断指标

2.2.2　概率密度函数

随机信号的概率密度函数表示了信号幅值落在指定区间内的概率。对如图 2-8 所示的信

号，$x(t)$ 值落在（x，$x+\Delta x$）区间内的时间为 T_x

$$T_x = \Delta t_1 + \Delta t_2 + \cdots + \Delta t_n = \sum_{i=1}^{n} \Delta t_i \tag{2-36}$$

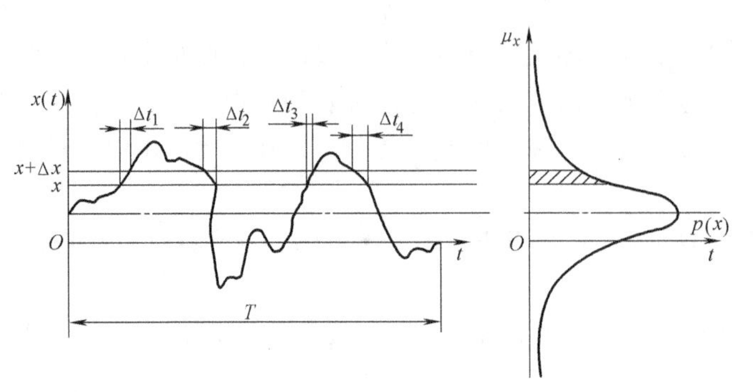

图 2-8　概率密度函数的计算

当样本函数的记录时间 T 趋于无穷大时，$\dfrac{T_x}{T}$的比值就是幅值落在（x，$x+\Delta x$）区间的概率，即

$$P_r[x<x(t) \leqslant x+\Delta x] = \lim_{T\to+\infty} \frac{T_x}{T} \tag{2-37}$$

幅值概率密度函数 $p(x)$ 的定义为

$$p(x) = \lim_{\Delta x\to 0} \frac{P_r[x<x(t) \leqslant x+\Delta x]}{\Delta x} \tag{2-38}$$

概率密度函数提供了随机信号幅值分布的信息，是随机信号的主要特征参数之一。不同的随机信号有不同的概率密度函数图形，可以借此来识别信号的性质。图 2-9 所示是常见的四种随机信号（假设这些信号的均值为零）的概率密度函数图形。

当不知道所处理的随机数据服从何种分布时，可以用统计概率分布图和直方图来估计概率密度函数，这些方法可参阅有关的数理统计书籍。

2.2.3　相关分析及其应用

在测试技术领域中，无论是分析两个随机变量之间的关系，还是分析两个信号或一个信号在一定时移前后之间的关系，都需要应用相关分析。例如在振动测试分析、雷达测距、声发射探伤等都需要用到相关分析。

1. 两个随机变量的相关系数

通常，两个变量之间若存在一一对应的确定关系，则称两者存在着函数关系。当两个随机变量之间具有某种关系时，随着某一个变量数值的确定，另一变量却可能取许多不同值，但取值有一定的概率统计规律，这时称两个随机变量存在着相关关系。

图 2-10 表示由两个随机变量 x 和 y 组成的数据点的分布情况。图 2-10a 中各点分布很分散，可以说变量 x 和变量 y 之间是无关的。图 2-10b 中 x 和 y 虽无确定关系，但从统计结果

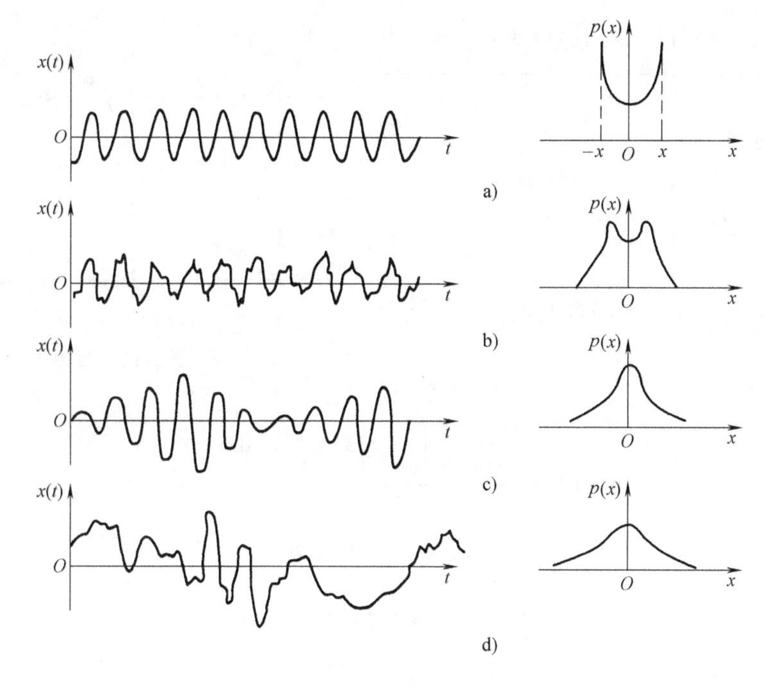

图 2-9　四种随机信号的概率密度函数图形

a）正弦信号（初始相角为随机量）　b）正弦信号加随机噪声　c）窄带随机信号　d）宽带随机信号

和从总体看，大体上具有某种程度的线性关系，因此说它们之间有着相关关系。

变量 x 和 y 之间的相关程度常用相关系数 ρ_{xy} 表示

$$\rho_{xy}=\frac{E[(x-\mu_x)(y-\mu_y)]}{\sigma_x\sigma_y} \tag{2-39}$$

式中，E 为数学期望；μ_x 为随机变量 x 的均值，$\mu_x=E(x)$；μ_y 为随机变量 y 的均值，$\mu_y=E(y)$；σ_x、σ_y 分别为随机变量 x、y 的标准差

$$\sigma_x^2=E[(x-\mu_x)^2],\sigma_y^2=E[(y-\mu_y)^2]$$

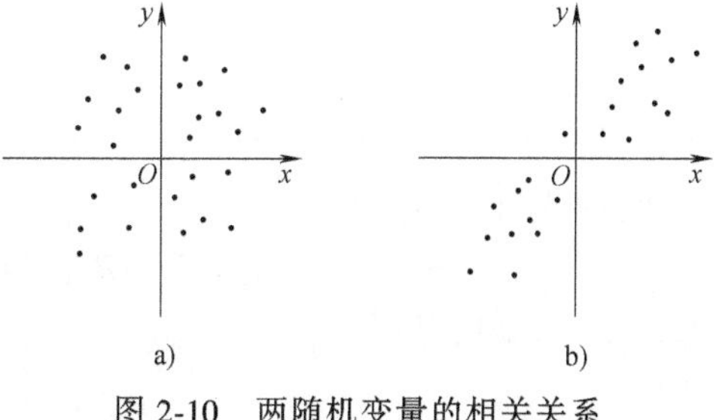

图 2-10　两随机变量的相关关系

a）不相关　b）相关

利用柯西-施瓦兹不等式

$$E[(x-\mu_x)(y-\mu_y)]^2\leqslant E[(x-\mu_x)^2]E[(y-\mu_y)^2] \tag{2-40}$$

故可知 $|\rho_{xy}|\leqslant 1$。当数据点分布越接近于一条直线时，ρ_{xy} 的绝对值越接近 1，x 和 y 的线性相关程度越好，将这样的数据回归成直线才越有意义。ρ_{xy} 的正负号则是表示一变量随另一变量的增加而增或减。当 ρ_{xy} 接近于零，则可认为 x、y 两变量之间完全无关。

2. 信号的自相关函数

假如 $x(t)$ 是某各态历经随机过程的一个样本记录，$x(t+\tau)$ 是 $x(t)$ 时移 τ 后的样本（图 2-11），在任何 $t=t_i$ 时刻，从两个样本上可以分别得到两个值 $x(t_i)$ 和 $x(t_i+\tau)$，而且 $x(t)$ 和 $x(t+\tau)$ 具有相同的均值和标准差。例如把 $\rho_{x(t)x(t+\tau)}$ 简写作 $\rho_x(\tau)$，那么有

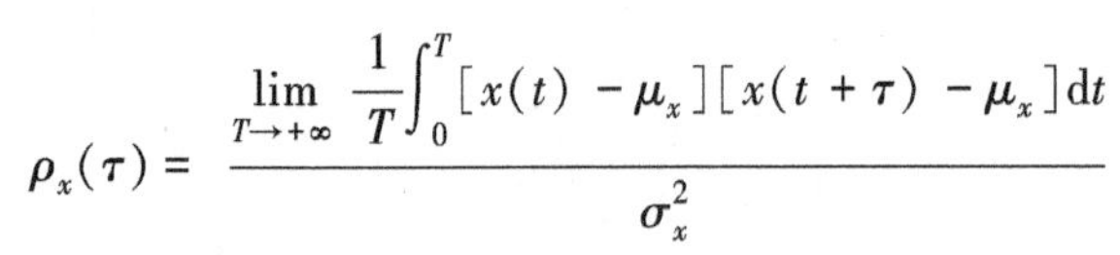

$$\rho_x(\tau)=\frac{\lim\limits_{T\to+\infty}\dfrac{1}{T}\displaystyle\int_0^T[x(t)-\mu_x][x(t+\tau)-\mu_x]\mathrm{d}t}{\sigma_x^2}$$

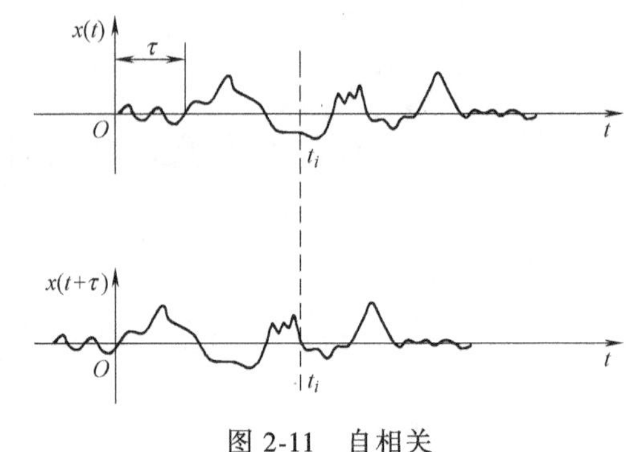

图 2-11　自相关

将分子展开并注意到

$$\lim_{T\to+\infty}\frac{1}{T}\int_0^T x(t)\,\mathrm{d}t=\mu_x$$

$$\lim_{T\to+\infty}\frac{1}{T}\int_0^T x(t+\tau)\,\mathrm{d}t=\mu_x$$

从而得

$$\rho_x(\tau)=\frac{\lim\limits_{T\to+\infty}\dfrac{1}{T}\displaystyle\int_0^T x(t)x(t+\tau)\,\mathrm{d}t-\mu_x^2}{\sigma_x^2}\tag{2-41}$$

对各态历经随机信号及功率信号可定义自相关函数 $R_x(\tau)$ 为

$$R_x(\tau)=\lim_{T\to+\infty}\frac{1}{T}\int_0^T x(t)x(t+\tau)\,\mathrm{d}t\tag{2-42}$$

则

$$\rho_x(\tau)=\frac{R_x(\tau)-\mu_x^2}{\sigma_x^2}\tag{2-43}$$

显然 $\rho_x(\tau)$ 和 $R_x(\tau)$ 均随 τ 而变化，而两者呈线性关系。如果该随机过程的均值 $\mu_x=0$，则

$$\rho_x(\tau)=\frac{R_x(\tau)}{\sigma_x^2}$$

自相关函数具有下列性质：

1）由式（2-43）有

$$R_x(\tau)=\rho_x(\tau)\sigma_x^2+\mu_x^2\tag{2-44}$$

又因 $|\rho_x(\tau)|\leqslant 1$，故

$$\mu_x^2-\sigma_x^2\leqslant R_x(\tau)\leqslant\mu_x^2+\sigma_x^2\tag{2-45}$$

2）自相关函数在 $\tau=0$ 时为最大值，并等于该随机信号的均方值 Ψ_x^2，有

$$R_x(0)=\lim_{T\to+\infty}\frac{1}{T}\int_0^T x(t)x(t)\,\mathrm{d}t=\Psi_x^2\tag{2-46}$$

3）当 τ 足够大或 τ 趋于无穷大时，随机变量 $x(t)$ 和 $x(t+\tau)$ 之间不存在内在联系，彼此无关，故

$$\rho_x(\tau)\underset{\tau\to\infty}{\to}0,\quad R_x(\tau)\underset{\tau\to\infty}{\to}\mu_x^2$$

4）自相关函数为偶函数，即

$$R_x(\tau)=R_x(-\tau)\tag{2-47}$$

上述四个性质可用图 2-12 来表示。

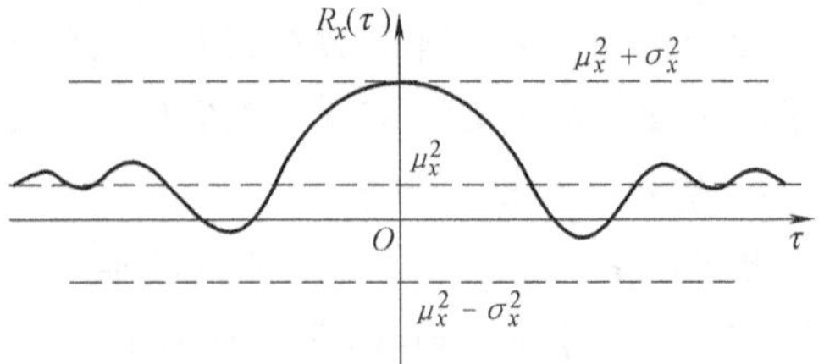

图 2-12　自相关函数的性质

5）周期函数的自相关函数仍为同频率的周

期函数，其幅值与原周期信号的幅值有关，却丢失了原信号的相位信息。

例 2-1　求正弦函数 $x(t)=x_0\sin(\omega t+\varphi)$ 的自相关函数，初始相角 φ 为一随机变量。

解　此正弦函数是一个零均值的各态历经随机过程，其各种统计量可以用一个周期内的统计量表示。该正弦函数的自相关函数为

$$R_x(\tau)=\lim_{T\to+\infty}\frac{1}{T}\int_0^T x(t)x(t+\tau)\mathrm{d}t$$

$$=\frac{1}{T_0}\int_0^{T_0} x_0^2\sin(\omega t+\varphi)\sin[\omega(t+\tau)+\varphi]\mathrm{d}t$$

式中，T_0 为正弦函数的周期，$T_0=\dfrac{2\pi}{\omega}$。

令 $\omega t+\varphi=\theta$，则 $\mathrm{d}t=\dfrac{\mathrm{d}\theta}{\omega}$。于是

$$R_x(\tau)=\frac{x_0^2}{2\pi}\int_0^{2\pi}\sin\theta\sin(\theta+\omega\tau)\mathrm{d}\theta=\frac{x_0^2}{2}\cos\omega\tau$$

可见正弦函数的自相关函数是一个余弦函数，在 $\tau=0$ 时具有最大值，但它不随 τ 的增加而衰减至零。它保留了原正弦信号的幅值和频率信息，却丢失了初始相位信息。

图 2-13 所示是四种典型信号的自相关函数，稍加对比就可以看到自相关函数是区别信号类型的一个非常有效的手段。只要信号中含有周期成分，其自相关函数即使在 τ 很大时都不衰减，并且有明显的周期性；不包含周期成分的随机信号，当 τ 稍大时自相关函数就将趋近于零。宽带随机噪声的自相关函数很快衰减到零，窄带随机噪声的自相关函数则具有较慢的衰减特性。

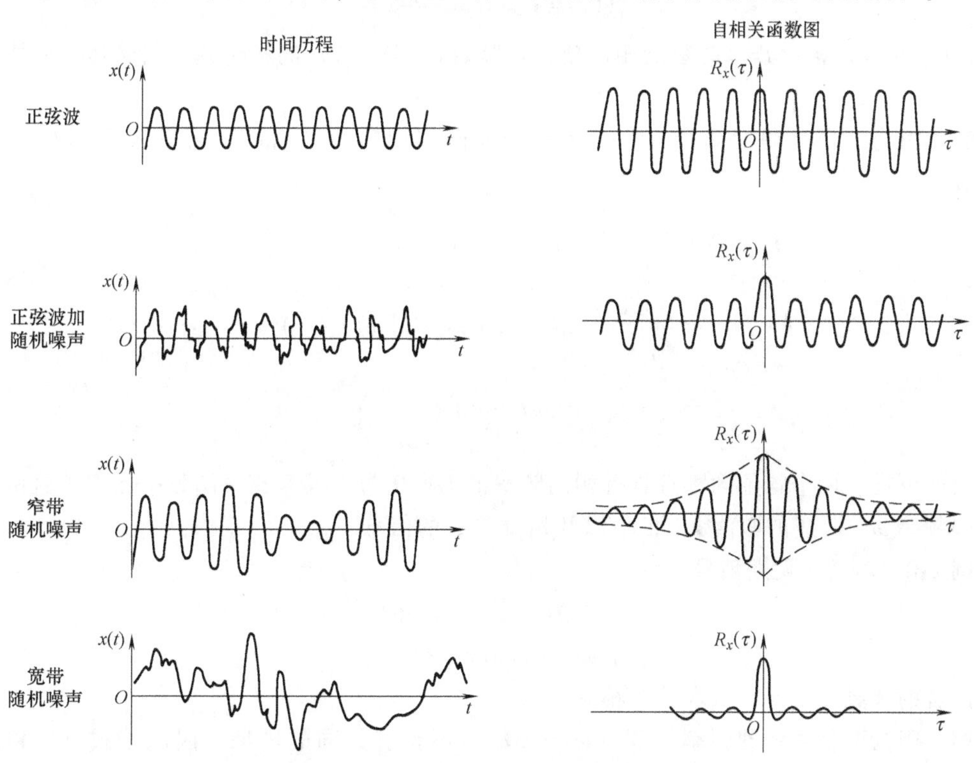

图 2-13　四种典型信号的自相关函数

图 2-14a 所示是某一机械加工表面的表面粗糙度的波形，经自相关分析后所得到的自相关图（见图 2-14b）呈现出周期性。这表明造成表面粗糙度的原因中包含某种周期因素，从自相关图能确定该周期因素的频率，从而可以进一步分析其原因。

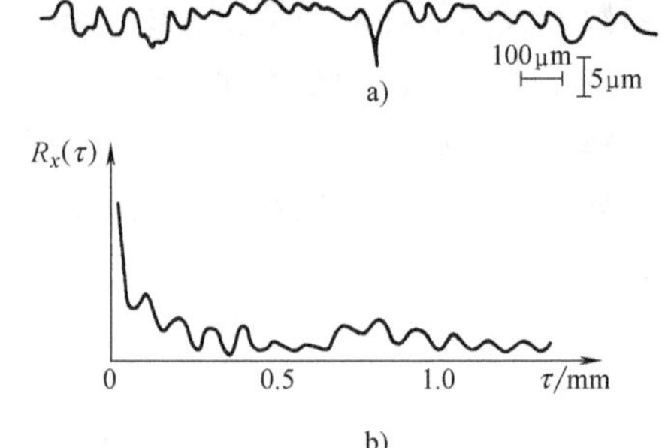

图 2-14　表面粗糙度与自相关函数

a）表面粗糙度　b）自相关函数

3. 信号的互相关函数

两个各态历经过程的随机信号 $x(t)$ 和 $y(t)$ 的互相关函数 $R_{xy}(\tau)$ 定义为

$$R_{xy}(\tau)=\lim_{T\to+\infty}\frac{1}{T}\int_0^T x(t)y(t+\tau)\,\mathrm{d}t \tag{2-48}$$

当时移 τ 足够大或 τ 趋于无穷大时，$x(t)$ 和 $y(t)$ 互不相关，ρ_{xy} 趋于 0，而 $R_{xy}(\tau)$ 趋于 $\mu_x\mu_y$。$R_{xy}(\tau)$ 的最大变动范围在 $\mu_x\mu_y\pm\sigma_x\sigma_y$ 之间，即

$$(\mu_x\mu_y-\sigma_x\sigma_y)\leqslant R_{xy}(\tau)\leqslant(\mu_x\mu_y+\sigma_x\sigma_y) \tag{2-49}$$

式中，μ_x、μ_y 分别为 $x(t)$、$y(t)$ 的均值；σ_x、σ_y 为分别为 $x(t)$、$y(t)$ 的标准差。

如果 $x(t)$ 和 $y(t)$ 两信号是同频率的周期信号或者包含有同频率的周期成分，那么，即使 τ 趋于无穷大，互相关函数也不收敛并会出现该频率的周期成分；如果两信号含有频率不等的周期成分，则两者不相关。这就是说，同频相关，不同频不相关。

例 2-2　设有两个周期信号 $x(t)$ 和 $y(t)$

$$x(t)=x_0\sin(\omega t+\theta)$$

$$y(t)=y_0\sin(\omega t+\theta-\varphi)$$

式中，θ 为 $x(t)$ 相对 $t=0$ 时刻的相位角；φ 为 $x(t)$ 与 $y(t)$ 的相位差。试求其互相关函数 $R_{xy}(\tau)$。

解　因为信号是周期函数，可以用一个共同周期内的平均值代替其整个历程的平均值，故

$$\begin{aligned}R_{xy}(\tau)&=\lim_{T\to+\infty}\frac{1}{T}\int_0^T x(t)y(t+\tau)\,\mathrm{d}t\\&=\frac{1}{T_0}\int_0^{T_0}x_0\sin(\omega t+\theta)y_0\sin[\omega(t+\tau)+\theta-\varphi]\,\mathrm{d}t\\&=\frac{1}{2}x_0y_0\cos(\omega\tau-\varphi)\end{aligned}$$

由此可见，两个均值为零且具有相同频率的周期信号，其互相关函数中保留了这两个信号的圆频率 ω、对应的幅值 x_0 和 y_0 以及相位差 φ 的信息。

例 2-3　若两个周期信号

$$x(t)=x_0\sin(\omega_1 t+\theta)$$

$$y(t)=y_0\sin(\omega_2 t+\theta-\varphi)$$

两者的圆频率不等，试求其互相关函数。

解　因为两信号的圆频率不等（$\omega_1\neq\omega_2$），不具有共同的周期，因此按式（2-48）计算，有

$$
\begin{aligned}
R_{xy}(\tau) &= \lim_{T \to +\infty} \frac{1}{T} \int_0^T x(t) y(t+\tau) \mathrm{d}t \\
&= \lim_{T \to +\infty} \frac{1}{T} \int_0^T x_0 y_0 \sin(\omega_1 t + \theta) \sin(\omega_2 (t+\tau) + \theta - \varphi) \mathrm{d}t
\end{aligned}
$$

根据正（余）弦函数的正交性，可知

$$
R_{xy}(\tau) = 0
$$

可见，两个非同频的周期信号是不相关的。

互相关函数不是偶函数，即 $R_{xy}(\tau)$ 一般不等于 $R_{xy}(-\tau)$。$R_{xy}(\tau)$ 和 $R_{yx}(\tau)$ 一般是不等的，因此书写互相关函数时应注意下标符号的顺序。

互相关函数的性质如图 2-15 所示。图 2-15 表明 $\tau=\tau_0$ 时函数呈现最大值，时移 τ_0 反映 $x(t)$ 和 $y(t)$ 之间的滞后时间。

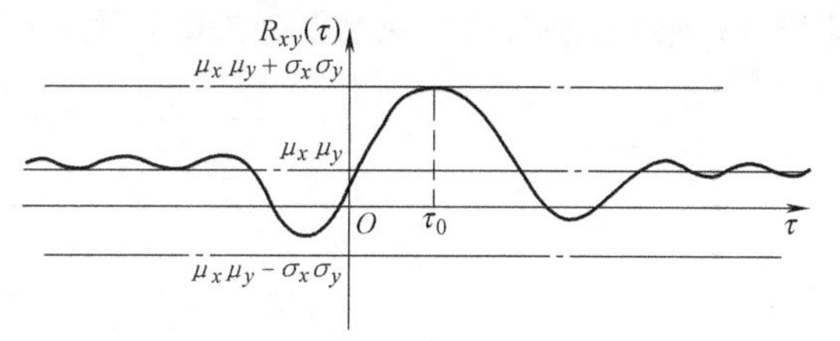

图 2-15　互相关函数的性质

互相关函数的这些特性，使它在工程应用中具有重要的价值，它是在噪声背景下提取有用信息的一个非常有效的手段。如果我们对一个线性系统（如某个部件、结构或某台机床）激振，所测得的振动信号中常常含有大量的噪声干扰。根据线性系统的频率保持性，只有和激振频率相同的成分才可能是由激振而引起的响应，其他成分均是干扰。因此只要将激振信号与所测得的响应信号进行互相关（不必用时移，$\tau=0$）就可以得到由激振而引起的响应信号的幅值和相位差，消除了噪声干扰的影响。这种应用相关分析原理来消除信号中噪声干扰、提取有用信息的处理方法称为相关滤波。它利用了互相关函数同频相关、不同频不相关的性质来达到滤波的效果。

互相关技术还广泛地应用于各种测试中。工程中还常用两个间隔一定距离的传感器来不接触地测量运动物体的速度。图 2-16 是测定热轧钢带运动速度的示意图。钢带表面的反射

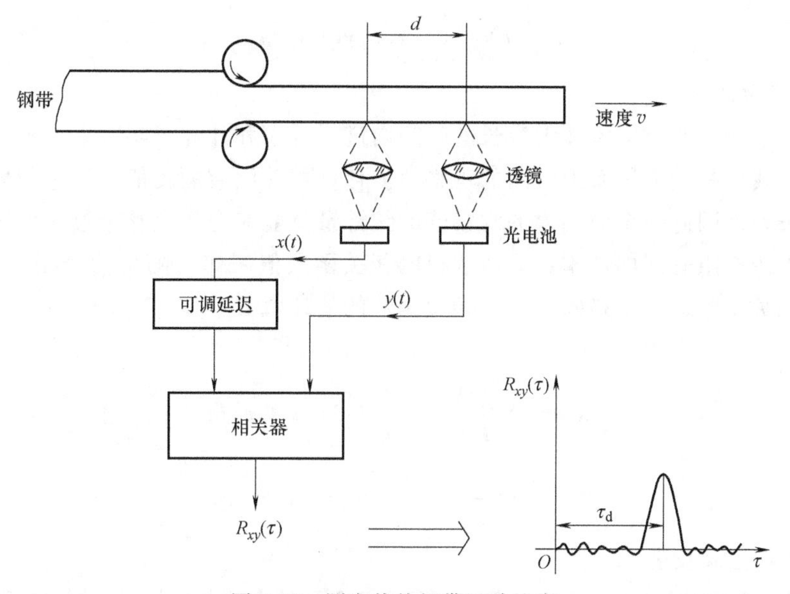

图 2-16　测定热轧钢带运动速度

光经透镜聚焦在相距为 d 的两个光电池上，反射光强度的波动，经过光电池转换为电信号，再进行相关处理。当可调延时 τ 等于钢带上某点在两个测试点之间经过所需的时间 τ_d 时，互相关函数为最大值。该钢带的运动速度 $v=d/\tau_d$。

图 2-17 所示是确定深埋在地下的输油管裂损位置的应用实例。漏损处 K 视为向两侧传播声响的声源，在两侧管道上分别放置传感器 1 和 2，因为放置传感器的两点与漏损处不等距，则漏油的声响传至两传感器就有时差，在互相关图上 $\tau=\tau_m$ 处 $R_{x_1x_2}(\tau)$ 有最大值，这个 τ_m 就是时差。由 τ_m 就可确定漏损处的位置，即

$$s=\frac{1}{2}v\tau_m$$

式中，s 为两传感器的中点至漏损处的距离；v 为声响通过管道的传播速度。

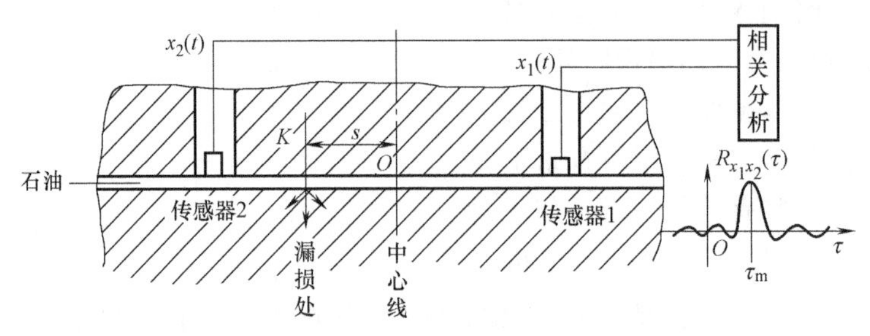

图 2-17　确定输油管裂损位置

由式（2-42）和式（2-48）所定义的自相关函数和互相关函数只适用于各态历经随机信号和功率信号。对于能量有限信号的相关函数，其中的积分若除以趋于无限大时的随机时间 T 后，无论时移 τ 为何值，其结果都将趋于零。因此，对能量有限信号进行相关分析时，应按下面定义来计算

$$R_x(\tau)=\int_{-\infty}^{+\infty}x(t)x(t+\tau)\mathrm{d}t \tag{2-50}$$

$$R_{xy}(\tau)=\int_{-\infty}^{+\infty}x(t)y(t+\tau)\mathrm{d}t \tag{2-51}$$

4. 相关函数估计

按照定义，相关函数应该在无穷长的时间内进行观察和计算。实际上，任何的观察时间都是有限的，我们只能根据有限时间的观察值去估计相关函数的真值。理想的周期信号，能准确重复其过程，因此一个周期内的观察值的统计量就能完全代表整个过程的统计量。对于随机信号，可用有限时间内样本记录所求得的相关函数值来作为随机信号相关函数的估计。样本记录的相关函数，也就是随机信号相关函数的估计值 $\hat{R}_x(\tau)$、$\hat{R}_{xy}(\tau)$，它们可分别由下式计算

$$\hat{R}_x(\tau)=\frac{1}{T-\tau}\int_0^{T-\tau}x(t)x(t+\tau)\mathrm{d}t \tag{2-52}$$

$$\hat{R}_{xy}(\tau)=\frac{1}{T-\tau}\int_0^{T-\tau}x(t)y(t+\tau)\mathrm{d}t \tag{2-53}$$

式中，T 为样本记录长度。

为了简便，假定信号在（$T+\tau$）上存在，则可用下面两个式子代替式（2-52）和式（2-53）：

$$\begin{cases}\hat{R}_x(\tau)=\dfrac{1}{T}\int_0^T x(t)x(t+\tau)\mathrm{d}t\\ \hat{R}_{xy}(\tau)=\dfrac{1}{T}\int_0^T x(t)y(t+\tau)\mathrm{d}t\end{cases}\tag{2-54}$$

而且两种写法的实际结果是相同的。

使模拟信号不失真地沿时轴平移是一件困难的工作。因此，模拟信号相关处理技术只适用于几种特定信号（如正弦信号）。在数字信号处理中，信号时序的增减就表示它沿时间轴平移，这容易做到。所以实际上相关处理都是用数字技术来完成的。对于有限个序列点 N 的数字信号的相关函数估计，仿照式（2-54）可写成

$$\begin{cases}\hat{R}_x(r)=\dfrac{1}{N}\sum_{n=0}^{N-1}x(n)x(n+r)\\ \hat{R}_{xy}(r)=\dfrac{1}{N}\sum_{n=0}^{N-1}x(n)y(n+r)\end{cases}$$
$$(r=0,1,2,\cdots,m,m<N)\tag{2-55}$$

式中，m 为最大时移序数。

2.3　信号的频域分析

2.3.1　频谱分析

1. 周期信号与离散频谱

根据傅里叶级数理论，任何周期信号均可展开为若干简谐信号的叠加。设 $x(t)$ 为周期信号，则有

$$\begin{aligned}x(t)&=a_0+\sum_{n=1}^{+\infty}(a_n\cos n\omega_0 t+b_n\sin n\omega_0 t)\\&=A_0+\sum_{n=1}^{+\infty}A_n\sin(n\omega_0 t+\varphi_n)\end{aligned}\tag{2-56}$$

式中，A_0 为静态分量 $A_0=a_0$，ω_0 为基频；$n\omega_0$ 为第 n 次简谐波（n=1，2，3，…）的频率；$A_n=\sqrt{a_n^2+b_n^2}$ 为第 n 次简谐波的幅值；$\varphi_n=\arctan\dfrac{a_n}{b_n}$ 为第 n 次简谐波的初相角。

$$\begin{cases}a_0=\dfrac{1}{T_0}\int_{-\frac{T_0}{2}}^{\frac{T_0}{2}}x(t)\mathrm{d}t\\ a_n=\dfrac{2}{T_0}\int_{-\frac{T_0}{2}}^{\frac{T_0}{2}}x(t)\cos n\omega_0 t\mathrm{d}t\quad(n=1,2,\cdots)\\ b_n=\dfrac{2}{T_0}\int_{-\frac{T_0}{2}}^{\frac{T_0}{2}}x(t)\sin n\omega_0 t\mathrm{d}t\quad(n=1,2,\cdots)\end{cases}\quad\left(\text{注：积分区间为}\left[-\dfrac{T_0}{2},\dfrac{T_0}{2}\right]\right)\tag{2-57}$$

式中，T_0 为基本周期；ω_0 为基频，$\omega_0=\dfrac{2\pi}{T_0}$。

由图 2-18 可见，周期信号可展开为一个或几个乃至无穷多个谐波的叠加。如果以频率为横坐标，分别以幅值 A_n 和相位 φ_n 为纵坐标，可以得到信号的幅-频谱和相-频谱。由于 n 取整数，相邻频率的间隔均为基波频率 ω_0。周期信号的频谱具有离散性、谐波性和收敛性三个特点。

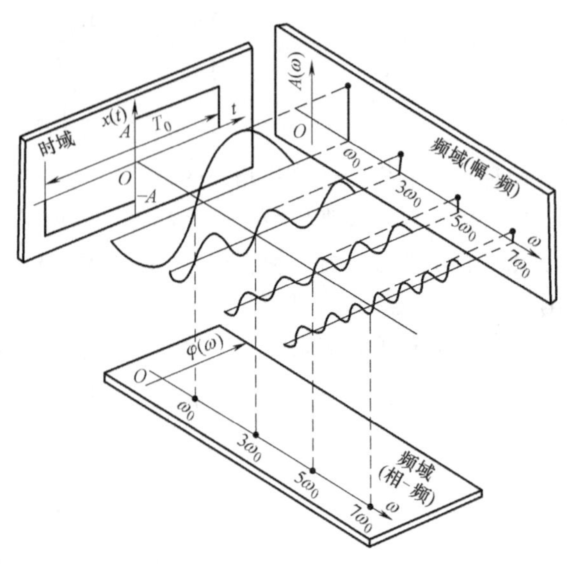

图 2-18 周期方波描述

傅里叶级数也可以写成复指数函数的形式。根据欧拉公式

$$e^{\pm j\omega_0 t}=\cos\omega_0 t\pm j\sin\omega_0 t \quad (\text{j 为虚数单位}) \tag{2-58}$$

$$\cos\omega_0 t=\frac{1}{2}(e^{-j\omega_0 t}+e^{j\omega_0 t}) \tag{2-59}$$

$$\sin\omega_0 t=j\frac{1}{2}(e^{-j\omega_0 t}-e^{j\omega_0 t}) \tag{2-60}$$

式（2-56）可写为

$$x(t)=\sum_{n=-\infty}^{\infty}c_n e^{jn\omega_0 t} \quad (n=0,\pm1,\pm2,\cdots) \tag{2-61}$$

式中，c_n 为展开系数。若 $x(t)$ 的基本周期是 T，c_n 的计算公式为

$$c_n=\frac{1}{T_0}\int_{-\frac{T_0}{2}}^{\frac{T_0}{2}}x(t)e^{-jn\omega_0 t}dt \tag{2-62}$$

因此，c_n 为一复数，由周期信号 $x(t)$ 确定，它综合反映了 n 次谐波的幅值及相位信息。这里需要注意的是，周期信号 $x(t)$ 展开为复数形式傅里叶级数，频率 ω 的取值范围也扩展到负频率。应用中，频率的正负可理解为简谐信号频率的正负，成对出现的复展开系数 c_n 和 c_{-n} 与正负频率对应。它们在实轴上的合成结果正好形成了代表简谐波幅值的实向量，而在虚轴上的合成结果正好抵消为零（见图 2-19）。

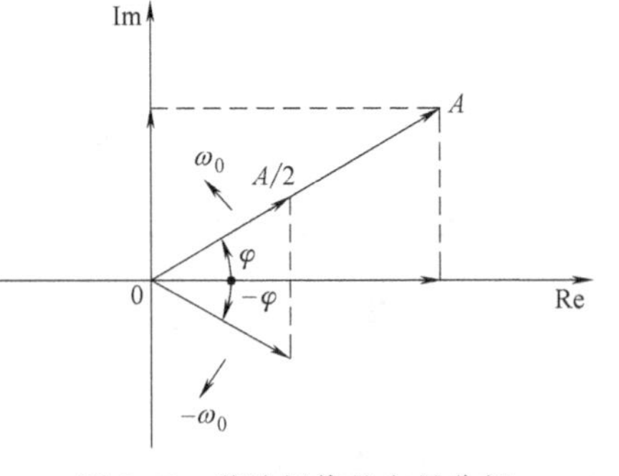

图 2-19 谐波幅值的向量分解

2. 瞬变非周期信号与连续频谱

非周期信号包括准周期信号和瞬变非周期信号两种，其频谱各有特点。

如上所述，周期信号可以展开成许多乃至无限项简谐信号之和，其频谱具有离散性且各简谐分量的频率具有一个公约数——基频。但几个简谐信号的叠加，不一定是周期信号。也就是说具有离散频谱的信号不一定是周期信号。只有其各简谐成分的频率比是有理数，因而它们能在某个时间间隔后周而复始，合成后的信号才是周期信号。若各简谐成分的频率比不是有理数，如 $x(t)=\sin\omega_0 t+\sin\sqrt{2}\omega_0 t$，各简谐成分在合成后不可能经过某一时间间隔后重复，其合成信号就不是周期信号。但这种信号有离散频谱，故称为准周期信号。多个独立振源激励起某对象的振动往往是这类信号。

通常所说的非周期信号是指瞬变非周期信号。常见的这种信号如图 2-20 所示。图 2-20a 所示为矩形脉冲信号，图 2-20b 所示为指数衰减信号，图 2-20c 所示为衰减振荡信号，图 2-20d 所示为单一脉冲信号。下面讨论这种非周期信号的频谱。

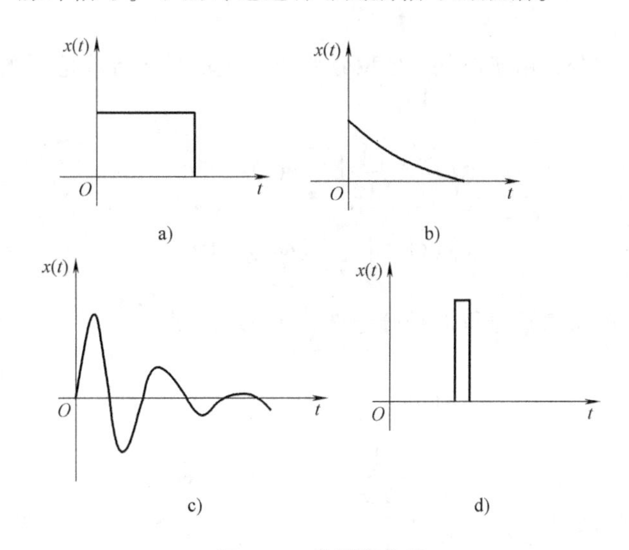

图 2-20　非周期信号

a）矩形脉冲信号　b）指数衰减信号　c）衰减振荡信号　d）单一脉冲信号

（1）傅里叶变换　周期为 T_0 的信号 $x(t)$，其频谱是离散的。当 $x(t)$ 的周期 T_0 趋于无穷大时，则该信号就成为非周期信号。周期信号频谱谱线的频率间隔 $\Delta\omega=\omega_0=\dfrac{2\pi}{T_0}$，当周期 T_0 趋于无穷大时，其频率间隔 $\Delta\omega$ 趋于无穷小，谱线无限靠近，变量 ω 连续取值以致离散谱线的顶点最后演变成一条连续曲线。所以非周期信号的频谱是连续的，可以将非周期信号理解为是由无限多个、频率无限接近的频率成分组成的。设有一个周期信号 $x(t)$，在 $\left(-\dfrac{T_0}{2},\dfrac{T_0}{2}\right)$ 区间以傅里叶级数表示为

$$x(t)=\sum_{n=-\infty}^{+\infty}c_n\mathrm{e}^{\mathrm{j}n\omega_0 t}$$

式中

$$c_n=\frac{1}{T_0}\int_{-\frac{T_0}{2}}^{\frac{T_0}{2}}x(t)\mathrm{e}^{-\mathrm{j}n\omega_0 t}\mathrm{d}t$$

将 c_n 代入上式，则得

$$x(t)=\sum_{n=-\infty}^{+\infty}\left[\frac{1}{T_0}\int_{-\frac{T_0}{2}}^{\frac{T_0}{2}}x(t)\mathrm{e}^{-\mathrm{j}n\omega_0 t}\mathrm{d}t\right]\mathrm{e}^{\mathrm{j}n\omega_0 t}$$

当 T_0 趋于无穷大时，频率间隔 $\Delta\omega$ 成为 $\mathrm{d}\omega$，离散谱中相邻的谱线紧靠在一起，$n\omega_0$ 就成为连续变量 ω，求和符号 Σ 就成为积分符号 $\int$ 了，于是

$$x(t)=\int_{-\infty}^{\infty}\frac{d\omega}{2\pi}\left[\int_{-\infty}^{+\infty}x(t)e^{-j\omega t}dt\right]e^{j\omega t}$$
$$=\int_{-\infty}^{\infty}\left[\frac{1}{2\pi}\int_{-\infty}^{+\infty}x(t)e^{-j\omega t}dt\right]e^{j\omega t}d\omega \tag{2-63}$$

这就是傅里叶积分。

上式中括号里的积分，由于时间 t 是积分变量，故积分之后就是 ω 的函数，记作$X(\omega)$。这样，有

$$X(\omega)=\frac{1}{2\pi}\int_{-\infty}^{+\infty}x(t)e^{-j\omega t}dt \tag{2-64}$$

$$x(t)=\int_{-\infty}^{+\infty}X(\omega)e^{j\omega t}d\omega \tag{2-65}$$

当然，式（2-63）也可将圆括号里的积分记作$\frac{1}{2\pi}X(\omega)$，则有

$$X(\omega)=\int_{-\infty}^{+\infty}x(t)e^{-j\omega t}dt$$

$$x(t)=\frac{1}{2\pi}\int_{-\infty}^{+\infty}X(\omega)e^{j\omega t}d\omega$$

本书采用式（2-64）和式（2-65）。

在数学上，称式（2-64）所表达的 $X(\omega)$ 为 $x(t)$ 的傅里叶变换，称式（2-65）所表达的 $x(t)$ 为 $X(\omega)$ 的傅里叶逆变换，两者互称为傅里叶变换对，可记为

$$x(t)\underset{\text{IFT}}{\overset{\text{FT}}{\rightleftharpoons}}X(\omega)$$

把 $\omega=2\pi f$ 代入式（2-63）中，则式（2-64）和式（2-65）变为

$$X(f)=\int_{-\infty}^{+\infty}x(t)e^{-j2\pi ft}dt \tag{2-66}$$

$$x(t)=\int_{-\infty}^{+\infty}X(f)e^{j2\pi ft}df \tag{2-67}$$

这样就避免了在傅里叶变换中出现 $\frac{1}{2\pi}$的常数因子，使公式形式简化，其关系为

$$X(f)=2\pi X(\omega) \tag{2-68}$$

一般 $X(f)$ 是变量 f 的复函数，可以写成

$$X(f)=|X(f)|e^{j\varphi(f)} \tag{2-69}$$

式中，$|X(f)|$为信号 $x(t)$ 的连续幅值谱；$\varphi(f)$ 为信号 $x(t)$ 的连续相位谱。

例 2-4 求矩形窗函数的频谱函数（见图 2-21）。

解

$$w(t)=\begin{cases}1 & |t|\leqslant\frac{T}{2}\\ 0 & |t|>\frac{T}{2}\end{cases} \tag{2-70}$$

常称为矩形窗函数，其频谱为

$$
\begin{aligned}
W(f) &= \int_{-\infty}^{+\infty} w(t)\,\mathrm{e}^{-\mathrm{j}2\pi ft}\mathrm{d}t \\
&= \int_{-\frac{T}{2}}^{\frac{T}{2}} \mathrm{e}^{-\mathrm{j}2\pi ft}\mathrm{d}t \\
&= \frac{-1}{\mathrm{j}2\pi f}(\mathrm{e}^{-\mathrm{j}\pi fT} - \mathrm{e}^{\mathrm{j}\pi fT})
\end{aligned}
$$

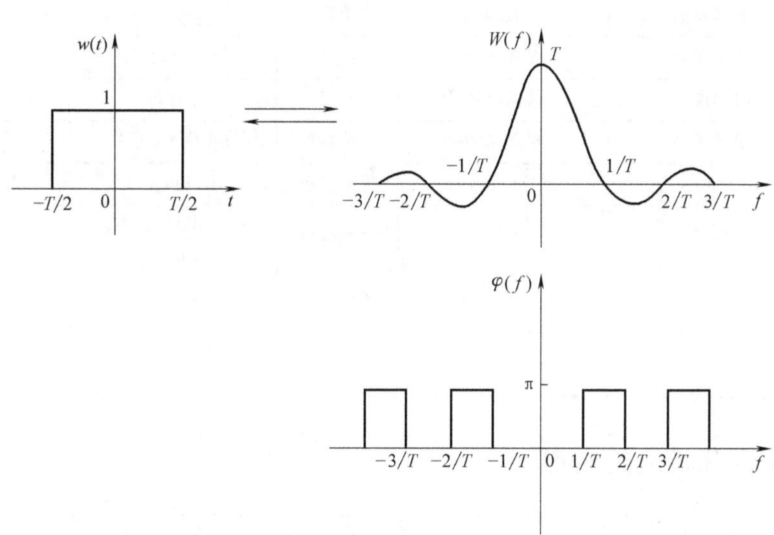

图 2-21　矩形窗函数及其频谱

引用式（2-60）并稍改写，有

$$\sin(\pi fT) = -\frac{1}{2\mathrm{j}}(\mathrm{e}^{-\mathrm{j}\pi fT} - \mathrm{e}^{\mathrm{j}\pi fT})$$

代入上式得

$$W(f) = T\frac{\sin\pi fT}{\pi fT} = T\mathrm{sinc}(\pi fT) \tag{2-71}$$

式中，T 称为窗宽。

上式中，定义 $\mathrm{sinc}\theta = \dfrac{\sin\theta}{\theta}$，该函数在信号分析中很有用，$\mathrm{sinc}\theta$ 的图像如图 2-22 所示。$\mathrm{sinc}\theta$ 的函数值可由专门的数学表查得，它以 2π 为周期并随 θ 的增加而作衰减振荡。$\mathrm{sinc}\theta$ 函数是偶函数，在 $n\pi(n=\pm1, \pm2, \cdots)$ 处其值为零。$W(f)$ 函数只有实部，没有虚部。其幅值频谱为

$$|W(f)| = T|\mathrm{sinc}(\pi fT)| \tag{2-72}$$

其相位频谱视 $\mathrm{sinc}(\pi fT)$ 的符号而定。当 $\mathrm{sinc}(\pi fT)$ 为正值时相角为零，当 $\mathrm{sinc}(\pi fT)$ 为负值时相角为 π。

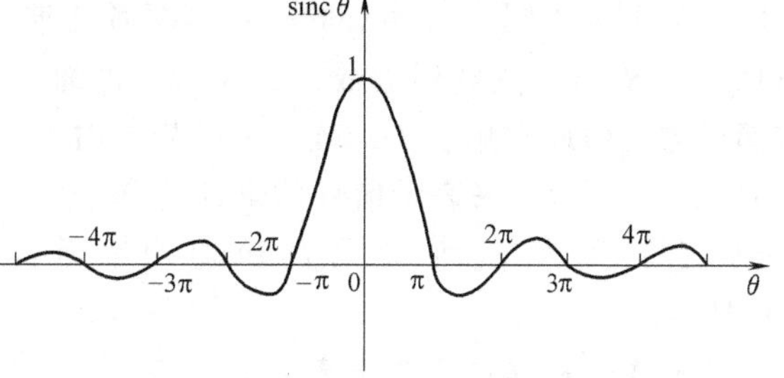

图 2-22　sincθ 的图像

（2）傅里叶变换的主要性质　一个信号的时域描述和频域描述依靠傅里叶变换来确立彼此一一对应的关系。熟悉

傅里叶变换的主要性质，有助于了解信号在某个域中的变化和运算将在另一域中产生何种相应的变化和运算关系，最终有助于对复杂工程问题的分析和简化计算工作。

傅里叶变换的主要性质见表 2-1，表中各项性质均从定义出发推导而得出。

表 2-1 傅里叶变换的主要性质

性质	时域	频域	性质	时域	频域
函数的奇偶虚实性	实偶函数	实偶函数	频移	$x(t)e^{\mp j2\pi f_0 t}$	$X(f\pm f_0)$
	实奇函数	虚奇函数	翻转	$x(-t)$	$X(-f)$
	虚偶函数	虚偶函数	共轭	$x^*(t)$	$X^*(-f)$
	虚奇函数	实奇函数	时域卷积	$x_1(t) * x_2(t)$	$X_1(f)X_2(f)$
线性叠加	$ax(t)+by(t)$	$aX(f)+bY(f)$	频域卷积	$x_1(t)x_2(t)$	$X_1(f) * X_2(f)$
对称	$X(t)$	$x(-f)$	时域微分	$\dfrac{d^n x(t)}{dt^n}$	$(2\pi f)^n X(f)$
尺度改变	$x(kt)$	$\dfrac{1}{k}X\left(\dfrac{f}{k}\right)$	频域微分	$(-j2\pi t)^n x(t)$	$\dfrac{d^n X(f)}{df^n}$
时移	$x(t-t_0)$	$X(f)e^{-j2\pi f t_0}$	积分	$\int_{-\infty}^{t} x(t)dt$	$\dfrac{1}{j2\pi f}X(f)$

2.3.2 功率谱分析及其应用

时域中的相关分析为在噪声背景下提取有用信息提供了途径。功率谱分析则可从频域提供相关技术所能提供的信息，它是研究平稳随机过程的重要方法。

1. 自功率谱密度函数

(1) 定义及其物理意义　假定 $x(t)$ 是零均值的随机过程，即 $\mu_x=0$（如果原随机过程是非零均值的，可以进行适当处理使其均值为零），那么当 τ 趋于无穷大时，$R_x(\tau)$ 趋于零。这样，自相关函数 $R_x(\tau)$ 可满足傅里叶变换的条件 $\int_{-\infty}^{\infty}|R_x(\tau)|d\tau<+\infty$。利用式 (2-66) 和式 (2-67) 可得到 $R_x(\tau)$ 的傅里叶变换 $S_x(f)$，有

$$S_x(f)=\int_{-\infty}^{+\infty}R_x(\tau)e^{-j2\pi f\tau}d\tau \tag{2-73}$$

和逆变换

$$R_x(\tau)=\int_{-\infty}^{+\infty}S_x(f)e^{j2\pi f\tau}df \tag{2-74}$$

定义 $S_x(f)$ 为 $x(t)$ 的自功率谱密度函数，简称自谱或自功率谱。由于 $S_x(f)$ 和 $R_x(\tau)$ 之间是傅里叶变换对的关系，两者是唯一对应的，$S_x(f)$ 中包含着 $R_x(\tau)$ 的全部信息。因 $R_x(\tau)$ 为实偶函数，故 $S_x(f)$ 也为实偶函数。由此常用在 $f\in(0,\infty)$ 范围内，以 $G_x(f)=2S_x(f)$ 来表示信号的全部功率谱，并把 $G_x(f)$ 称为 $x(t)$ 信号的单边功率谱（见图 2-23）。

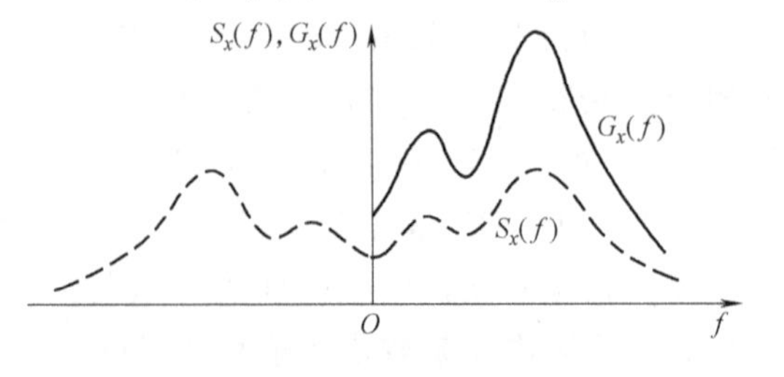

图 2-23 单边谱和双边谱

若 $\tau=0$，根据自相关函数 $R_x(\tau)$ 和自功率谱密度函数 $S_x(f)$ 的定义，可得

$$R_x(0)=\lim_{T\to+\infty}\frac{1}{T}\int_0^T x^2(t)\,\mathrm{d}t=\int_{-\infty}^{+\infty}S_x(f)\,\mathrm{d}f \tag{2-75}$$

由此可见，$S_x(f)$ 曲线下与频率轴所包围的面积就是信号的平均功率，$S_x(f)$ 就是信号的功率密度沿频率轴的分布，故称 $S_x(f)$ 为自功率谱密度函数。

（2）帕塞瓦尔定理　在时域中计算的信号总能量，等于在频域中计算的信号总能量，这就是帕塞瓦尔定理（Parseval's theorem，也被称为瑞利能量定理或瑞利恒等式），即

$$\int_{-\infty}^{+\infty}x^2(t)\,\mathrm{d}t=\int_{-\infty}^{+\infty}|X(f)|^2\mathrm{d}f \tag{2-76}$$

这个定理可以用傅里叶变换的卷积公式导出，设

$$x(t)\leftrightarrows X(f)$$

$$h(t)\leftrightarrows H(f)$$

按照频域卷积定理，有

$$x(t)h(t)\leftrightarrows X(f)*H(f)$$

即

$$\int_{-\infty}^{+\infty}x(t)h(t)\mathrm{e}^{-\mathrm{j}2\pi qt}\mathrm{d}t=\int_{-\infty}^{+\infty}X(f)H(q-f)\,\mathrm{d}f$$

令 $q=0$，得

$$\int_{-\infty}^{+\infty}x(t)h(t)\,\mathrm{d}t=\int_{-\infty}^{+\infty}X(f)H(-f)\,\mathrm{d}f$$

又令 $h(t)=x(t)$，得

$$\int_{-\infty}^{+\infty}x^2(t)\,\mathrm{d}t=\int_{-\infty}^{+\infty}X(f)X(-f)\,\mathrm{d}f$$

$x(t)$ 是实函数，则 $X(-f)=X^*(f)$，所以

$$\int_{-\infty}^{+\infty}x^2(t)\,\mathrm{d}t=\int_{-\infty}^{+\infty}X(f)X^*(f)\,\mathrm{d}f=\int_{-\infty}^{+\infty}|X(f)|^2\mathrm{d}f$$

式中，$|X(f)|^2$ 称为能谱，它是沿频率轴的能量分布密度。在整个时间轴上信号平均功率为

$$P_{\mathrm{av}}=\lim_{T\to+\infty}\frac{1}{T}\int_{-\frac{T}{2}}^{\frac{T}{2}}x^2(t)\,\mathrm{d}t=\int_{-\infty}^{+\infty}\lim_{T\to+\infty}\frac{1}{T}|X(f)|^2\mathrm{d}f$$

由此式，并结合式（2-75），可得自功率谱密度函数和幅值谱的关系为

$$S_x(f)=\lim_{T\to+\infty}\frac{1}{T}|X(f)|^2 \tag{2-77}$$

利用这一种关系，就可以通过直接对时域信号作傅里叶变换来计算功率谱。

（3）功率谱的估计　无法按式（2-77）来计算随机过程的功率谱，只能用有限长度 T 的样本记录来计算样本功率谱，并以此作为信号功率谱的初步估计值。现以 $\widetilde{S}_x(f)$、$\widetilde{G}_x(f)$ 分别表示双边、单边功率谱的初步估计

$$\begin{cases}\widetilde{S}_x(f)=\dfrac{1}{T}|X(f)|^2\\[2ex]\widetilde{G}_x(f)=\dfrac{2}{T}|X(f)|^2\end{cases} \tag{2-78}$$

对于数字信号，功率谱的初步估计为

$$\begin{cases} \widetilde{S}_x(k)=\dfrac{1}{N}\left|X(k)\right|^2 \\ \widetilde{G}_x(k)=\dfrac{2}{N}\left|X(k)\right|^2 \end{cases} \tag{2-79}$$

也就是对离散的数字信号序列 $\{x(n)\}$ 进行离散傅氏变换的快速算法（Fast Fourier Transformation，FFT），取其模的二次方，再除以 N（或乘以 $2/N$），便可得信号的功率谱初步估计。这种计算功率谱估计的方法称为周期图法。它也是一种最简单、常用的功率谱估计算法。

可以证明：功率谱的初步估计不是无偏估计，估计的方差为

$$\sigma^2[\widetilde{G}_x(f)]=2G_x^2(f)$$

这就是说，估计的标准差 $\sigma[\widetilde{G}_x(f)]$ 是被估计量 $G_x(f)$ 的$\sqrt{2}$倍。在大多数的应用场合中，如此大的随机误差是无法接受的，这样的估计值自然是不能用的。

为了减小随机误差，需要对功率谱估计进行平滑处理。这也就是上述功率谱估计使用"～"符号而不是"^"符号的原因。最简单且常用的平滑方法是"分段平均"。这种方法是将原来样本记录长度 $T_{总}$ 分成 q 段，每段时长 $T=T_{总}/q$，然后对各段分别用周期图法求得其功率谱初步估计 $\widetilde{G}_x(f)_i$，最后求各段初步估计的平均值，并作为功率谱估计值 $\hat{G}_x(f)$，即

$$\begin{aligned} \widetilde{G}_x(f) &= \frac{1}{q}[\widetilde{G}_x(f)_1+\widetilde{G}_x(f)_2+\cdots+\widetilde{G}_x(f)_q] \\ &= \frac{2}{qT}\sum_{i=1}^{q}\left|X(f)_i\right|^2 \end{aligned} \tag{2-80}$$

式中，$X(f)_i$、$\widetilde{G}_x(f)_i$ 分别为由第 i 段信号求得的傅里叶变换和功率谱初步估计。不难理解，这种平滑处理实际上是取 q 个样本中同一频率 f 的谱值的平均值。当各段周期图不相关时，$\hat{G}_x(f)$ 的方差大约为 $\widetilde{G}_x(f)$ 方差的 $1/q$，即

$$\sigma^2[\hat{G}_x(f)]=\frac{1}{q}\sigma^2[\widetilde{G}_x(f)] \tag{2-81}$$

可见，所分的段数 q 越多，估计方差越小。但是，当原始信号的长度一定时，所分的段数 q 越多，则每段的样本记录越短，频率分辨率会降低，且偏度误差会增大。通常应先根据频率分辨力的指标 Δf，选定足够的每段分析长度 T，然后根据允许的方差确定分段数 q 和记录总长 $T_{总}$。为进一步增强平滑效果，可使相邻各段之间重叠，以便在同样 $T_{总}$ 之下增加段数。

谱分析是信号分析与处理的重要内容。周期图法属于经典的谱估计法，其建立在 FFT 的基础上，计算效率很高，适用于观测数据较长的场合。这种场合有利于发挥周期图法计算效率高的优点，同时又能得到足够的谱估计精度。然而对短记录数据或瞬变信号，此种谱估计方法无能为力。

(4) 应用　自功率谱密度 $S_x(f)$ 为自相关函数 $R_x(\tau)$ 的傅里叶变换，故 $S_x(f)$ 包含着 $R_x(\tau)$ 中的全部信息。

自功率谱密度 $S_x(f)$ 反映信号的频域结构，这一点和幅值谱 $|X(f)|$ 一致，但是自功率谱密度所反映的是信号幅值的二次方，因此其频域结构特征更为明显，如图 2-24 所示。

对于一个线性系统（见图 2-25），若其输入为 $x(t)$，输出为 $y(t)$，系统的频率响应函数

为 $H(f)$，$x(t) \rightleftarrows X(f)$，$y(t) \rightleftarrows Y(f)$，则

$$Y(f)=H(f)X(f) \tag{2-82}$$

不难证明，输入、输出的自功率谱密度与系统频率响应函数的关系为

$$S_y(f)=|H(f)|^2 S_x(f) \tag{2-83}$$

通过对输入、输出自功率谱的分析，就能得出系统的幅频特性。但是在这样的计算中丢失了相位信息，因此不能得出系统的相频特性。

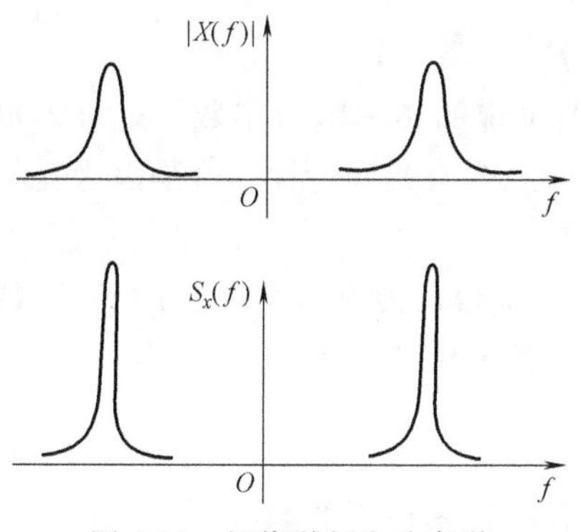

图 2-24　幅值谱与自功率谱

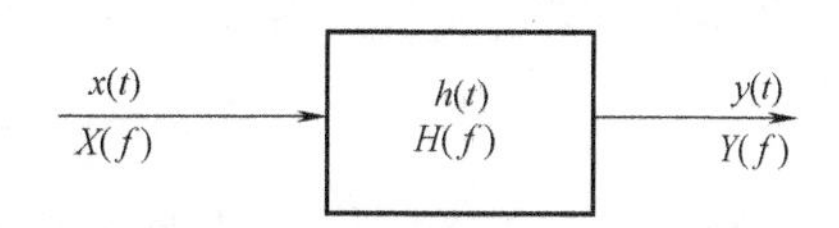

图 2-25　理想的单输入、输出系统

自相关分析可以有效地检测出信号中有无周期成分。自功率谱密度也能用来检测信号中的周期成分。周期信号的频谱是脉冲函数，在某特定频率上的能量是无限的。但是在实际处理时，用矩形窗函数对信号进行截断，这相当于在频域用矩形窗函数的频谱 sinc 函数和周期信号的频谱 δ 函数进行卷积，因此截断后的周期函数的频谱已不再是脉冲函数，原来为无限大的谱线高度变成有限长，谱线宽度由无限小变成有一定宽度。所以周期成分在实测的功率谱密度图形中以陡峭有限峰值的形态出现。

2. 互谱密度函数

（1）定义　如果互相关函数 $R_{xy}(\tau)$ 满足傅里叶变换的条件 $\int_{-\infty}^{+\infty}|R_{xy}(\tau)|\mathrm{d}\tau<\infty$，则定义

$$S_{xy}(f)=\int_{-\infty}^{+\infty}R_{xy}(\tau)\mathrm{e}^{-\mathrm{j}2\pi f\tau}\mathrm{d}\tau \tag{2-84}$$

式中，$S_{xy}(f)$ 称为信号 $x(t)$ 和 $y(t)$ 的互谱密度函数，简称互谱。根据傅里叶逆变换，有

$$R_{xy}(\tau)=\int_{-\infty}^{+\infty}S_{xy}(f)\mathrm{e}^{\mathrm{j}2\pi f\tau}\mathrm{d}f \tag{2-85}$$

互相关函数 $R_{xy}(\tau)$ 并非偶函数，因此 $S_{xy}(f)$ 具有虚、实两部分。同样，$S_{xy}(f)$ 保留了 $R_{xy}(\tau)$ 中的全部信息。

互谱估计的计算式如下

对于模拟信号

$$\widetilde{S}_{xy}(f)=\frac{1}{T}X^*(f)_iY(f)_i \tag{2-86}$$

$$\widetilde{S}_{yx}(f)=\frac{1}{T}X(f)_iY^*(f)_i \tag{2-87}$$

式中，$X^*(f)_i$、$Y^*(f)_i$ 分别为 $X(f)_i$、$Y(f)_i$ 的共轭函数。

对于数字信号
$$\widetilde{S}_{xy}(k)=\frac{1}{N}X^*(k)Y(k) \tag{2-88}$$

$$\widetilde{S}_{yx}(k)=\frac{1}{N}X(k)Y^*(k) \tag{2-89}$$

这样得到的初步互谱估计 $\widetilde{S}_{xy}(f)$、$\widetilde{S}_{yx}(f)$ 的随机误差太大，达不到应用要求，应进行平滑处理，平滑的方法与功率谱估计相同。

（2）应用　对如图 2-25 所示的线性系统，可证明有

$$S_{xy}(f)=H(f)S_x(f) \tag{2-90}$$

故从输入的自谱和输入、输出的互谱就可以直接得到系统的频率响应函数。式（2-90）与式（2-83）不同，所得到的 $H(f)$ 不仅含有幅频特性而且含有相频特性。这是因为互相关函数中包含有相位信息。

如果一个测试系统受到外界干扰，如图 2-26 所示，$n_1(t)$ 为输入噪声，$n_2(t)$ 为加于系统中间环节的噪声，$n_3(t)$ 为加在输出端的噪声。显然该系统的输出 $y(t)$ 将为

$$y(t)=x'(t)+n_1'(t)+n_2'(t)+n_3(t) \tag{2-91}$$

式中，$x'(t)$、$n_1'(t)$ 和 $n_2'(t)$ 分别为系统对 $x(t)$、$n_1(t)$ 和 $n_2(t)$ 的响应。

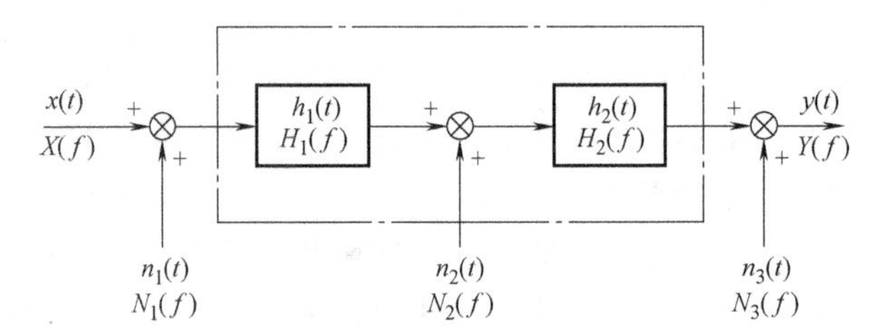

图 2-26　受外界干扰的系统

输入 $x(t)$ 与输出 $y(t)$ 的互相关函数为

$$R_{xy}(\tau)=R'_{xx}(\tau)+R'_{xn_1}(\tau)+R'_{xn_2}(\tau)+R'_{xn_3}(\tau) \tag{2-92}$$

由于输入 $x(t)$ 和噪声 $n_1(t)$、$n_2(t)$、$n_3(t)$ 是独立无关的，故互相关函数 $R'_{xn_1}(\tau)$、$R'_{xn_2}(\tau)$ 和 $R'_{xn_3}(\tau)$ 均为零。所以

$$R_{xy}(\tau)=R'_{xx}(\tau) \tag{2-93}$$

故

$$S_{xy}(f)=S'_{xx}(f)=H(f)S_x(f) \tag{2-94}$$

式中，$H(f)$ 为所研究系统的频率响应函数，$H(f)=H_1(f)H_2(f)$。

由此可见，利用互谱进行分析将可排除噪声的影响，这是这种分析方法的突出优点。然而应当注意到，利用式（2-94）求线性系统的 $H(f)$ 时，尽管其中的互谱 $S_{xy}(f)$ 可不受噪声的影响，但是输入信号的自谱 $S_x(f)$ 仍然无法排除输入端测量噪声的影响，从而造成测量的误差。

为了测试系统的动特性，有时人们故意给正在运行的系统加上特定的已知扰动——输入 $z(t)$。从式（2-92）可以看出，只要 $z(t)$ 和其他各输入量无关，在测量 $S_{xy}(f)$ 和 $S_z(f)$ 后

就可以计算得到 $H(f)$。这种在被测系统正常运行的同时对它进行的测试，称为在线测试。

评价系统的输入信号和输出信号之间的因果性，即输出信号的功率谱中有多少是输入量所引起的响应，在许多场合中是十分重要的。通常用相干函数 $\gamma_{xy}^2(f)$ 来描述这种因果性，其定义为

$$\gamma_{xy}^2(f)=\frac{|S_{xy}(f)|^2}{S_x(f)S_y(f)} \quad [0\leqslant\gamma_{xy}^2(f)\leqslant1] \tag{2-95}$$

实际上，利用式（2-95）计算相干函数时，只能使用 $S_y(f)$、$S_x(f)$ 和 $S_{xy}(f)$ 的估计值，所得相干函数也只是一种估计值。并且唯有采用经多段平滑处理后的 $\hat{S}_y(f)$、$\hat{S}_x(f)$ 和 $\hat{S}_{xy}(f)$ 来计算，所得到的 $\hat{\gamma}_{xy}^2(f)$ 才是较好的估计值。

如果相干函数为0，表示输出信号与输入信号不相干；如果相干函数为1，表示输出信号与输入信号完全相干，系统不受干扰而且系统是线性的。如果相干函数在0~1之间，则表明有如下三种可能：①测试中有外界噪声干扰；②输出 $y(t)$ 是输入 $x(t)$ 和其他输入的综合输出；③联系 $x(t)$ 和 $y(t)$ 的系统是非线性的。

例 2-5　图 2-27 所示为船用柴油机润滑油泵压油管振动和压力脉冲间的相干分析。润滑油泵转速 $n=781\text{r/min}$，油泵齿轮的齿数 $z=14$。测得油压脉动信号 $x(t)$ 和压油管振动信号 $y(t)$。压油管压力脉动的基频为 $f_c=nz/60=182.24\text{Hz}$。

在图 2-27c 上，当 $f=f_0=182.24\text{Hz}$ 时，则 $\gamma_{xy}^2(f)\approx0.9$；当 $f=2f_0\approx361.12\text{Hz}$ 时，$\gamma_{xy}^2(f)\approx0.37$；当 $f=3f_0\approx546.54\text{Hz}$ 时，$\gamma_{xy}^2(f)\approx0.8$；当 $f=4f_0\approx722.24\text{Hz}$，$\gamma_{xy}^2(f)\approx0.75$……齿轮引起的各次谐频对应的相干函数值都比较大，而其他频率对应的相干函数值很小。由此可见，油管的振动主要是由油压脉动引起的。从 $x(t)$ 和 $y(t)$ 的自谱图也明显可见油压脉动的影响（见图 2-27a 和图 2-27b）。

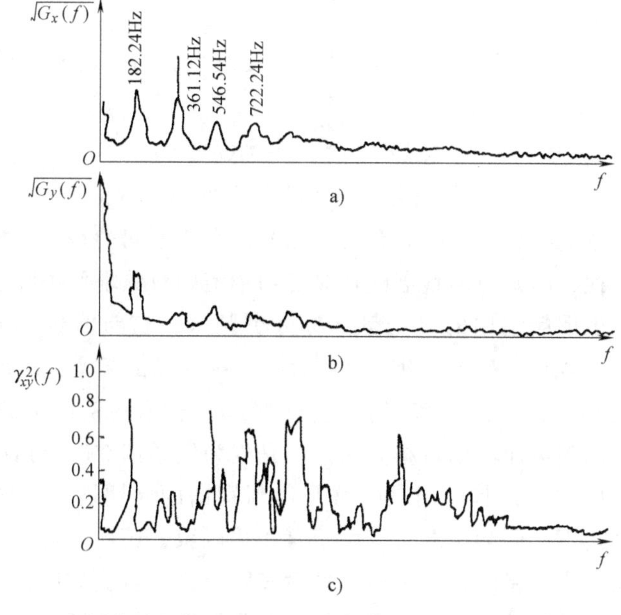

图 2-27　船用柴油机润滑油泵压油管振动和压力脉冲间的相干分析

a）信号 $x(t)$ 的自谱　b）信号 $y(t)$ 的自谱　c）相干函数

2.4 其他分析方法

2.4.1 倒频谱分析

如果一实测信号 $y(t)$ 是由两个分量 $x(t)$ 和 $s(t)$ 叠加形成的，即 $y(t)=x(t)+s(t)$，则当两个分量的能量分别集中在不同的频率里时，可用频域分析中的线性滤波或功率谱分析。当所要提取的分量以一定的形状作周期性重复，而另一个分量是随时间变化的噪声时，可用时域分析中的信号平均方法或相关分析。这些方法都可有效地处理线性叠加信号。

在工程实测的振动或声响信号不是振源信号本身，而是振源或声响信号 $x(t)$ 经过传递系统到测点的输出信号 $y(t)$，传递系统动态特性是由脉冲响应 $h(t)$ 描述的，则振源或声响信号 $x(t)$ 与输出信号 $y(t)$ 的关系为

$$y(t)=x(t)*h(t) \tag{2-96}$$

即输出 $y(t)$ 是输入 $x(t)$ 与脉冲响应 $h(t)$ 的卷积，这时处理线性叠加信号的方法已不适用，而倒频谱却能很好地处理这类问题。

1. 倒频谱时频域转换的物理意义

功率倒频谱是 Bobgert、Healy 和 Tukey 等人在 1962 年提出来的。倒频谱可将输入信号与传递函数区分开来，便于识别。当机械故障信号的频谱图出现难以识别的多组调制边频时，应用倒频谱分析可以分解和识别故障频率，还可以分析和诊断产生故障的原因。所以自倒频谱产生以来，它已在回声、语音分析、地震、机械故障诊断和噪声分析等方面得到广泛的应用。

功率倒频谱的表达式为

$$C_p(\tau)=\{\mathscr{F}^{-1}[\lg|X(f)|^2]\}^2=\{\mathscr{F}^{-1}[\lg S_x(f)]\}^2 \tag{2-97}$$

式中，$X(f)$ 与 $S_x(f)$ 分别为信号 $x(t)$ 的傅里叶变换与自功率谱密度函数。工程上常用上式的二次方根，即

$$C_x(\tau)=\mathscr{F}^{-1}[\lg S_x(f)] \tag{2-98}$$

称为幅值倒频谱。如果将 $C_x(\tau)$ 与信号 $x(t)$ 的自相关函数 $R_x(\tau)=\mathscr{F}^{-1}[S_x(f)]$ 进行比较就可以发现：幅值倒频谱与自相关函数有类似之处；有所不同的是，自相关函数是直接从自功率谱求傅里叶逆变换，而幅值倒频谱则是对自功率谱的对数求傅里叶逆变换。

功率倒频谱或幅值倒频谱中的自变量 τ 称为倒频率，它与信号 $x(t)$ 及其自相关函数 $R_x(\tau)$ 中的自变量具有相同的时间量纲。τ 值大者，称为高倒频率，表示频谱图上的快速波动和密集谐频；与此相反，τ 值小者，称为低倒频率，表示频谱图上的缓慢波动和疏散谐频。在某些场合使用倒频谱而不用自相关函数，是因为倒频谱在功率谱的对数转换时，给幅值较小的分量有较高的加权，其作用是既可帮助判别谱的周期性，又能精确地测出频率间隔。此外，在某些情况下，倒频谱之所以优于自相关函数，还由于自相关函数检测回波峰值时，与频谱形状的关系十分密切，经过回波之后实际上已不可能加以检测；而功率谱的对数对这种回波的影响是不敏感的。所以，在自相关函数无法分解的场合，倒频谱对频谱形状的不敏感性使它获得了许多应用。

2. 倒频谱的基本原理

对功率谱作倒频谱变换，其根本原因是在倒频谱上可以较容易地识别信号的组成分量，便于提取其中所关心的信号成分。例如一个系统的脉冲响应函数是 $h(t)$，输入为 $x(t)$，那么输出信号 $y(t)$ 等于 $x(t)$ 和 $h(t)$ 的卷积，倒频谱的作用就是将卷积变成简单的叠加。

对式（2-96）两边做傅里叶变换，根据卷积定理，时域中的卷积转换成频域中的相乘，则

$$Y(f)=X(f)\cdot H(f) \tag{2-99}$$

将式（2-99）取幅值的二次方，便得到功率谱的关系式

$$S_y(f)=S_x(f)\cdot|H(f)|^2 \tag{2-100}$$

两边取对数

$$\lg S_y(f)=\lg S_x(f)+\lg|H(f)|^2$$

由于傅里叶变换的线性性质，这个相加关系保留在倒频谱中

$$\mathscr{F}^{-1}\{\lg S_y(f)\}=\mathscr{F}^{-1}\{\lg S_x(f)\}+\mathscr{F}^{-1}\{\lg|H(f)|^2\}$$

$$C_y(\tau)=C_x(\tau)+C_h(\tau) \tag{2-101}$$

式（2-101）的含义是：如果输入信号 $x(t)$ 或系统的脉冲响应 $h(t)$ 中有一个已知，就可以从输出信号 $y(t)$ 的倒频谱 $C_y(\tau)$ 中除去，得到另一分量的倒频谱，例如 $C_h(\tau)$，对其进行傅里叶变换可得到 $\lg|H(f)|^2$，再进行指数运算，便得到传递函数的幅值 $|H(f)|$。

利用倒频谱对信息进行分解的基本步骤如图 2-28 所示。

3. 倒频谱的应用——回声的分析和剔除

由理想的平坦反射表面所产生的回声与原始信号混合，结果可用图 2-29 表示。图 2-29 中，$x(t)$ 是原始信号；$y(t)$ 是掺杂回声的混合（输出）信号；系数 α 表示回声能量的衰减，α 值范围为 $0<\alpha<1$；τ_0 表示回声的延迟时间。由原始信号 $x(t)$ 所产生的回声可表示为 $\alpha x(t-\tau_0)$，实际记录下来的混合信号 $y(t)$ 则为

$$y(t)=x(t)+\alpha x(t-\tau_0)$$

利用 δ 函数的性质改写 $y(t)$，有

$$y(t)=x(t)+\alpha x(t-\tau_0)=x(t)*[\delta(t)+\alpha\delta(t-\tau_0)] \tag{2-102}$$

显然，具有回声的混合信号 $y(t)$ 可用原始信号 $x(t)$ 和一对脉冲函数的卷积来表示，如图 2-30 所示。脉冲函数之一在时间原点上，其强度（面积）等于 1，另一个在回声延迟时间 τ_0 上，其强度小于 1，相当于回声的衰减。若能设法将 $\delta(t)+\alpha\delta(t-\tau_0)$ 除去，就可以得到真实信号 $x(t)$ 及其真实功率谱 $S_x(f)$。

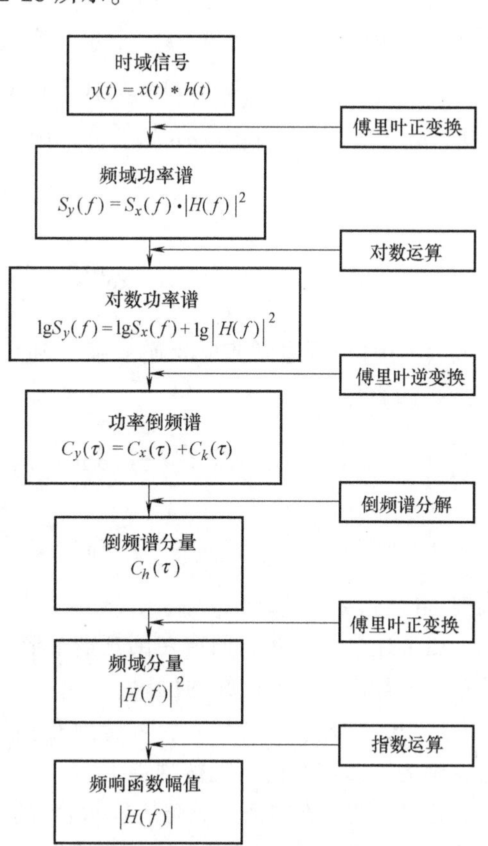

图 2-28　利用倒频谱对信息进行分解的基本步骤

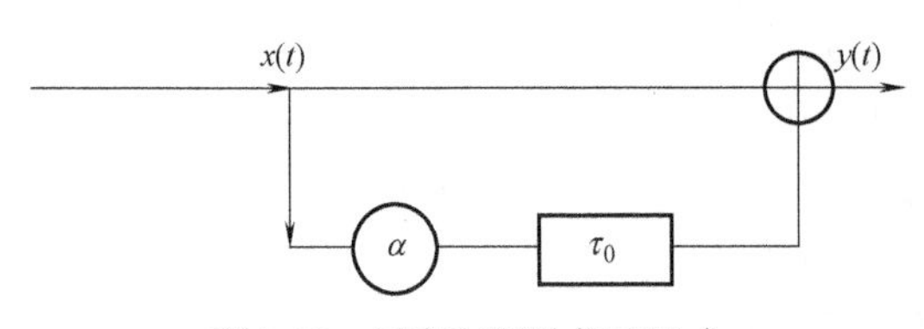

图 2-29　回声与原始信号混合

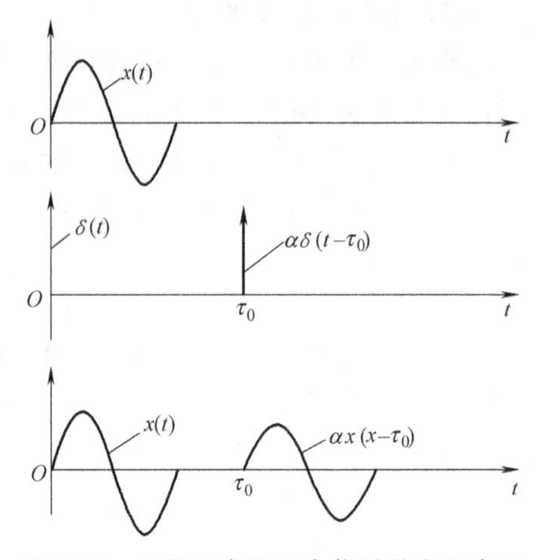

图 2-30　具有回声的混合信号的卷积表示

利用倒频谱对其进行分析，对式（2-102）两边做傅里叶变换得

$$\mathscr{F}\left[y(t)\right]=\mathscr{F}\left[x(t)\right]\cdot\mathscr{F}\left[\delta(t)+\alpha\delta(t-\tau_0)\right]$$

$$Y(f)=X(f)\left(1+\alpha e^{-j2\pi f\tau_0}\right)$$

功率谱的关系式为

$$S_y(f)=S_x(f)\left|1+\alpha e^{-j2\pi f\tau_0}\right|^2=S_x(f)\left(1+\alpha e^{-j2\pi f\tau_0}\right)\left(1+\alpha e^{j2\pi f\tau_0}\right) \tag{2-103}$$

对式（2-103）两边取对数

$$\lg S_y(f)=\lg S_x(f)+\lg\left(1+\alpha e^{-j2\pi f\tau_0}\right)+\lg\left(1+\alpha e^{j2\pi f\tau_0}\right)$$

因为 $\left|\alpha e^{\pm j2\pi f\tau_0}\right|<1$，$\lg\left(1+\alpha e^{\pm j2\pi f2\tau_0}\right)$ 可展开为幂级数，故

$$\begin{aligned}\lg S_y(f)=&\lg S_x(f)+\alpha e^{-j2\pi f\tau_0}-\frac{\alpha^2}{2}e^{-j2\pi f2\tau_0}+\frac{\alpha^3}{2}e^{-j2\pi f3\tau_0}-\cdots\\&+\alpha e^{j2\pi f\tau_0}-\frac{\alpha^2}{2}e^{j2\pi f2\tau_0}+\frac{\alpha^2}{2}e^{j2\pi f3\tau_0}-\cdots\end{aligned} \tag{2-104}$$

对式（2-104）两边做傅里叶逆变换，利用公式 $\mathscr{F}^{-1}\left(e^{\pm j2\pi fk\tau_0}\right)=\delta(\tau\pm k\tau_0)$，便得到倒频谱 $C_y(\tau)$ 的表达式

$$\begin{aligned}C_y(\tau)=&C_x(\tau)+\alpha\delta(\tau-\tau_0)-\frac{\alpha^2}{2}\delta(\tau-2\tau_0)+\frac{\alpha^3}{3}\delta(\tau-3\tau_0)-\cdots\\&+\alpha\delta(\tau+\tau_0)-\frac{\alpha^2}{2}\delta(\tau+2\tau_0)+\frac{\alpha^3}{3}\delta(\tau+3\tau_0)-\cdots\end{aligned} \tag{2-105}$$

式中，$C_y(\tau)=F^{-1}\left[\lg S_y(f)\right]$；$C_x(\tau)=F^{-1}\left[\lg S_x(f)\right]$。

由上述分析可知，回声在倒频谱中形成了一系列的 δ 脉冲函数，这些脉冲处在相当于时间轴 τ（倒频谱）上已知的位置，这些位置可由计算回声延迟时间 τ_0 得到。在倒频谱上位于 τ_0、$2\tau_0$、$3\tau_0$、…的地方，可看到有幅值递减的脉冲峰。如果从倒频谱减去这些脉冲峰值，则关于回声的信息就被删去了。

还可证明，在有回声混合信号 $y(t)$ 的功率谱 $S_y(f)$ 中存在周期成分，由式（2-103）有

$$S_y(f)=S_x(f)\left|1+\alpha e^{-j2\pi f\tau_0}\right|^2=S_x(f)\left|1+\alpha\cos2\pi f\tau_0-j\alpha\sin2\pi f\tau_0\right|^2$$

$$=S_x(f)(1+\alpha^2)+2\alpha S_x(f)\cos 2\pi f\tau_0$$

显然，由于 $2\alpha S_x(f)\cos 2\pi f\tau_0$ 的存在，随着 f 的变化，输出功率谱中出现了周期分量。周期分量的频率周期 $\Delta f=1/\tau_0$。

通过倒频谱处理去掉回声的功率谱有以下特点：

1）谱图上虚假的谱峰减少。

2）噪声信号的主要频率成分突出。

3）功率谱的谱峰高度能够比较真实地反映各频率分量在量值上的比例关系。

求得剔除回声影响的功率谱的全过程用框图表示，如图 2-31 所示。

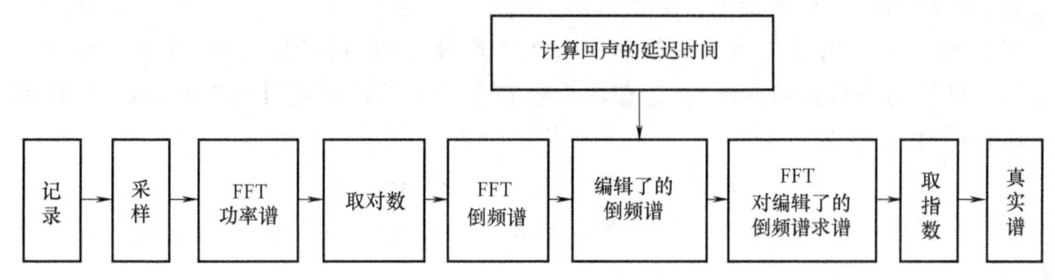

图 2-31 从功率谱上剔除回声的过程框图

4. 计算实例

在车间里对一台国产车床床头箱的噪声，用精密声级计和 B&K 磁带记录仪进行测试记录，车床在室内的空间位置如图 2-32 所示。测试过程中没有任何隔声和消声装置，因此床头箱的噪声通过箱壁散发出来后，由空气传播到声级计，同时还被地面、左墙、后墙和天花板等方面反射后再传播到声级计。这样由声级计接收到的信号中就掺杂了多方面反射进来的回声。将记录下来的原始信号进行处理，得到的功率谱如图 2-33 所示。图 2-35 是图 2-33 的倒频谱，图中四个虚线谱峰是为了消除回声的影响而删掉的谱峰，删除回声功率谱如图 2-34

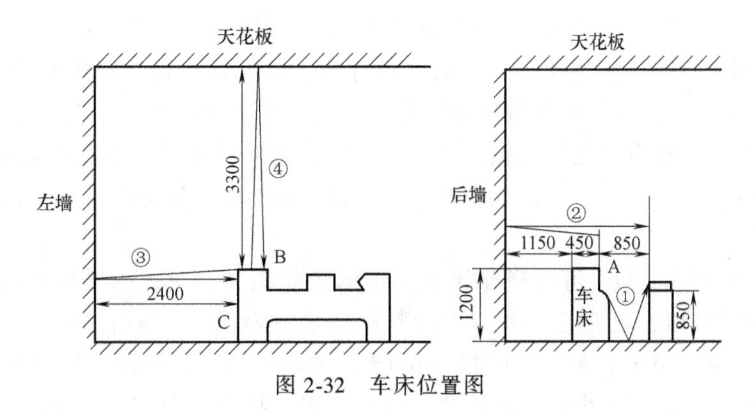

图 2-32 车床位置图

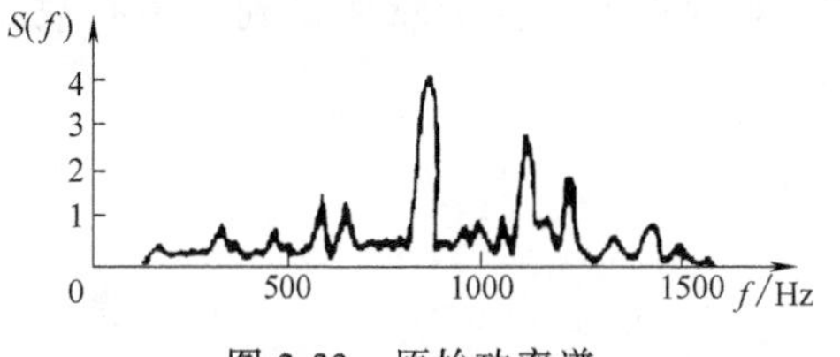

图 2-33 原始功率谱

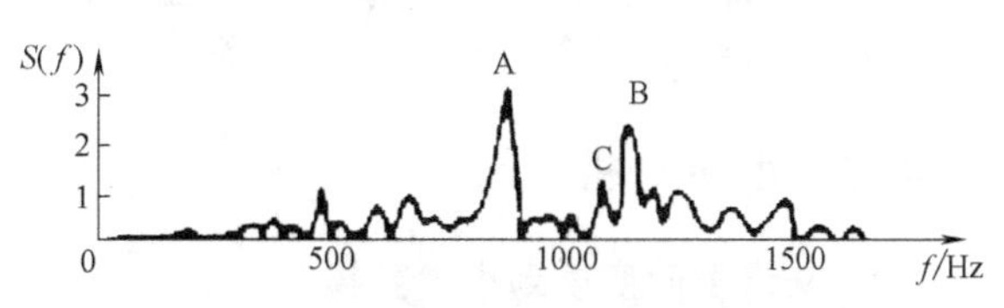

图 2-34 删除回声功率谱

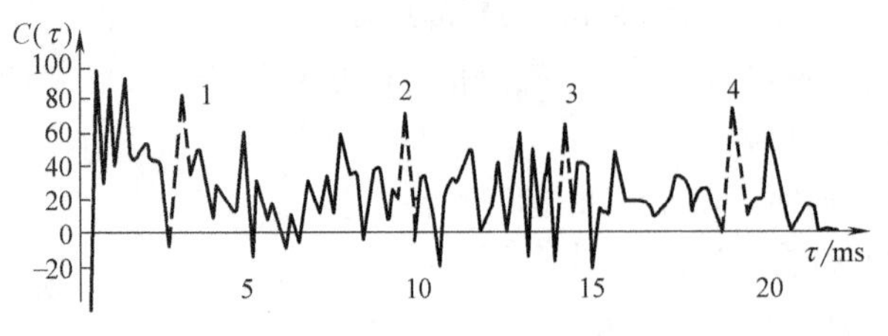

图 2-35　功率倒频谱

所示。在此例中，只考虑地面、后墙、左墙和天花板等主要的四个方面回声的影响，其他方面如前墙、右墙则因距车床较远，不予考虑。

如图 2-32 所示，由床头箱 A 面散射出来的噪声经过地面反射再到声级计（路线）与直接传播到声级计的路程差约为 1m，近似取声音在空气中的传播速度为 330m/s，这样路线噪声的回声延迟时间 τ_1 为

$$\tau_1 = 1\text{m}/(330\text{m/s}) \approx 0.003\text{s} = 3\text{ms}$$

同理，A 面散射出来的噪声经过后墙反射后传到声级计（路线）与直接传到声级计的路程差约为 3.2m，回声延迟时的时间 τ_2 为

$$\tau_2 = 3.2\text{m}/(330\text{m/s}) \approx 0.0096\text{s} = 9.6\text{ms}$$

C 面散发出来的噪声经过左墙反射后传到声级计（路线）与直接到声级计的路程差约为 4.75m，回声延迟时间 τ_3 为

$$\tau_3 = 4.75\text{m}/(330\text{m/s}) \approx 0.0144\text{s} = 14.4\text{ms}$$

B 面散发出来的噪声经过天花板反射到声级计（路线）与直接到声级计的路程差约为 6.4m，回声的延迟时间 τ_4 为

$$\tau_4 = 6.4\text{m}/(330\text{m/s}) \approx 0.0194\text{s} = 19.4\text{ms}$$

对照图 2-35，可以看到，在倒频率（时间）轴上位于 3ms、9.6ms、14.4ms 和 19.4ms 处，有明显的脉冲峰值，可将这 4 个脉冲删除掉（图 2-35 中的虚线表示删除掉的谱峰）。在计算机运算处理时，即可将这 4 个峰值的数值冲零。由上面理论推证中知道，位于 $k\tau_i$(i=1，2，3，4；k=2，3，…）处的脉冲峰值衰减很快，比 τ_i（i=1，2，3，4）处的峰值要小得多，做近似处理，没有将它们删除。这样便得到了编辑了的倒频谱，对其做傅里叶正变换和指数运算，便回到了频域，得到如图 2-34 所示的功率谱，这就是比较真实的床头箱噪声功率谱。

对照图 2-33 和图 2-34，可发现原始功率谱图形脉动大，虚假的谱峰多，图 2-34 中 A、B、C 三个谱峰较突出，表明它们所对应的频率分量在噪声（2500Hz 以下）中占明显的优势，通过实际分析，频率 A 是机床电机（国产，7500W，1500r/min）的机壳共鸣声，这一频率分量已被电机生产厂所做的电机噪声分析所证实。频率 B 是齿轮 z_1 和 z_4 两轮的一次啮合频率。频率 C 是齿轮 z_7 和 z_8 两轮的二次啮合频率。对噪声的主要分量能做到心中有数，就便于采取措施。

2.4.2　小波分析

1. 从傅里叶变换到小波变换

如前所述，傅里叶变换可以将时域中的信号变换为频域中的谱。就振动分析来说，各频

段的谱分量可以表示信号的各个组成部分，表征着信号的不同来源和不同特征。FFT算法和现代谱理论的发展使得信号谱估计可以在很短的时间内完成，从而实现对观测信号的实时分析。频谱估计现已成为故障诊断领域中十分重要的特征分析工具。

傅里叶变换的不足之处在于它只适用于稳态信号分析，而非稳态信号在工程领域中却是广泛存在的，例如变速机械的振动等。加窗傅里叶变换是为了适应非稳态信号分析发展起来的一种改进方法，时域信号 $x(t)$ 的加窗傅里叶变换为

$$X(\omega,\tau)=\int_{\mathbf{R}}x(t)\omega(t-\tau)\mathrm{e}^{-\mathrm{j}\omega t}\mathrm{d}t \tag{2-106}$$

式中，$\omega(t-\tau)$ 为窗函数；τ 为可变参数，变动 τ 可控制窗函数沿时间轴平移，以实现信号 $x(t)$ 的按时逐段分析。由于式（2-106）中窗函数的大小和形状是固定的，因此难以适应信号频率高低不同的局部化要求。而且，如果在信号中有短时（相对于窗长）、高频成分，如在故障监测中，对突变信号的分析和谱估计，这种变换也不是非常有效的。实际应用中，要求对低频信号采用宽时窗，高频信号采用窄时窗，以提高谱线分辨率。

小波分析发展了加窗傅里叶变换的局部化思想，采用时窗宽度可调的小波函数替代式（2-106）中的窗函数，它的窗宽随频率增高而缩小，满足高频信号的分辨率较高的要求。限于篇幅，本节仅对小波变换的构造、部分性质及其在故障诊断中应用中的相关理论做简要讲解。

2. 小波函数及积分小波变换

（1）小波函数　概括地说，对于函数 $\psi(t)\in L^2(\mathbf{R})$ ［$L^2(\mathbf{R})$ 表示一个平方可积的实数空间，即包含有限能量的信号空间］，若满足 $\int_{-\infty}^{+\infty}\psi(t)\mathrm{d}t=0$，称为小波函数或小波基，它通过平移和缩放产生的一个函数族 $\psi_{b,s}(t)$

$$\psi_{b,s}(t)=\frac{1}{|s|^{1/2}}\psi\left(\frac{t-b}{s}\right) \tag{2-107}$$

称为由小波基 $\psi(t)$ 生成的依赖参数 b、s 的分析小波或连续小波，其中 b、s 分别为平滑因子和伸缩因子，统称为尺度因子。

用这一可变宽度的函数作为变换基，即可得到不是单一，而是一系列不同分辨率的变换，即小波变换。它的主要特点是具有用多重分辨率来表征信号局部特征的能力，从而很适合于探测正常信号中夹带的瞬态反常现象并展示其成分，这在旋转机械、往复机械的状态监测及早期故障诊断中具有重要的意义。

（2）小波变换　信号 $x(t)\in L^2(R)$ 在尺度 s 上的小波变换定义为

$$W_{\psi}x(b,s)=\langle x(t),\psi_{b,s}(t)\rangle=\frac{1}{\sqrt{|s|}}\int_{-\infty}^{+\infty}x(t)\psi^{*}\left(\frac{t-b}{s}\right)\mathrm{d}t \tag{2-108}$$

式中，$\psi^{*}\left(\frac{t-b}{s}\right)$ 为 $\psi\left(\frac{t-b}{s}\right)$ 的共轭函数；符号 $\langle x,\psi\rangle$ 表示两个信号的内积。如果小波函数 $\psi(t)\in L^2(R)$，当其傅里叶变换 $\Psi(\omega)$ 满足容许性条件

$$C_{\psi}=\int_{-\infty}^{+\infty}\frac{|\Psi(\omega)|^2}{|\omega|}\mathrm{d}\omega<+\infty \tag{2-109}$$

时，小波变换是可逆的，且具有以下重构公式（小波逆变换）

$$x(t)=\frac{1}{C_\psi}\iint_{\mathbf{R}}[W_\psi x(b,s)]\left[\frac{1}{\sqrt{|s|}}\psi\left(\frac{t-b}{s}\right)\right]\frac{\mathrm{d}s\mathrm{d}b}{s^2} \tag{2-110}$$

容许性条件存在的必要条件为

$$\Psi(\omega)\mid_{\omega=0}=\frac{1}{2\pi}\int_{-\infty}^{+\infty}\psi_{b,s}(t)\mathrm{e}^{-\mathrm{j}\omega t}\mathrm{d}t\mid_{\omega=0}=\frac{1}{2\pi}\int_{-\infty}^{+\infty}\psi_{b,s}(t)\mathrm{d}t=0 \tag{2-111}$$

式（2-111）表明 $\psi_{b,s}(t)$ 必为衰减的振荡波形，即 $\psi_{b,s}(t)$ 必须具有小的波形，这就是 $\psi_{b,s}(t)$ 被称为“小波”的原因。具体地说，任何形如式（2-108）并满足如式（2-109）所示容许性条件的正交函数族均可用来构成小波函数。当然，实际应用中还需要从生成方便、可以形成有效的数值算法等多方面加以考虑。小波函数生成一直是该领域重要的研究方向之一，有关内容详见小波分析的相关著作。

函数的小波变换可理解为对其进行带通滤波，即将信号分解到一系列带宽和中心频率不同的频率通道的过程，图 2-36 所示为 sinc$x$ 函数及其小波分解。由图可见，sinc$x$ 函数被分解成很多频率通道，频率通道中心起始及终止值分别为 $2^{-4}\omega_0$ 和 $2^8\omega_0$（表示带通滤波器的中心频率），各频率通道中心频率按对数尺度线性增加，每个通道频率变化范围比较小（波形频率接近通道中心频率）。

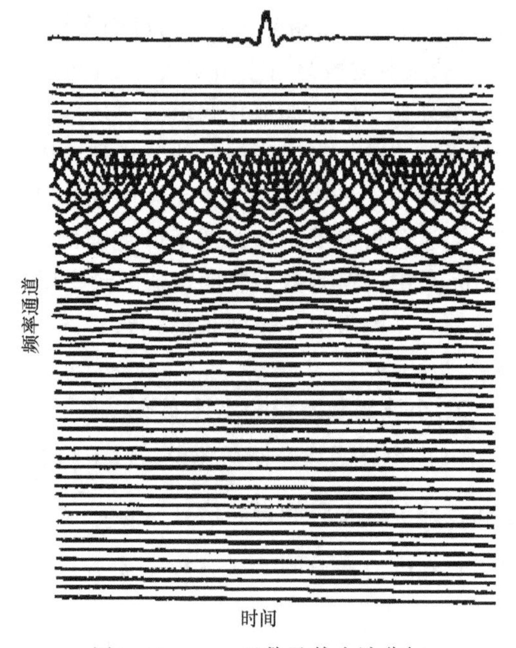

图 2-36　sinc$x$ 函数及其小波分解

小波变换从信号中所提取出的成分主要由小波和其傅里叶变换在时域和频域的波形确定。图 2-37 所示为一类典型小波函数在取不同值时的波形，当 s 减少时，$\psi_{b,s}(t)$ 的局部性增强，而 $\Psi_{b,s}(\omega)$ 的局部性下降；当 s 增大时，$\psi_{b,s}(t)$ 的局部性下降，而 $\Psi_{b,s}(\omega)$ 的局部性增强。由此可见其波动性及带通性。

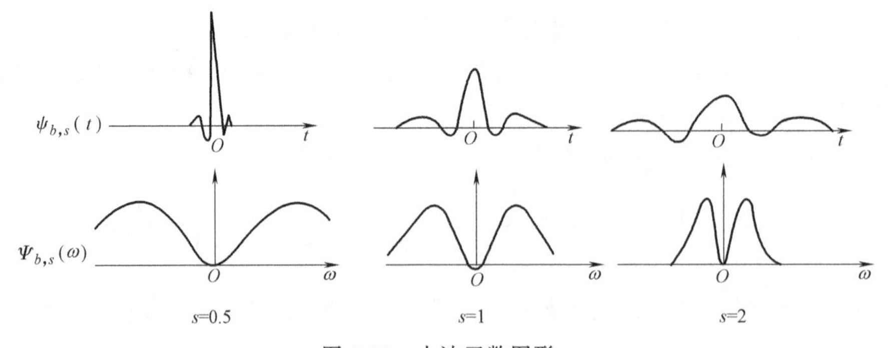

图 2-37　小波函数图形

（3）小波变换的特点

1）时-频窗口可调性。设窗口小波函数的中心与半径分别为 t^* 和 Δ_ψ，则函数 $\psi\left(\frac{t-b}{s}\right)$ 是

中心在 $b+st^*$ 且半径为 $s\Delta_\psi$ 的一个窗函数，因此，小波变换 $W_\psi x(b,s)$ 给出了信号具有一个时间窗 $[b+st^*-s\Delta_\psi,\ b+st^*+s\Delta_\psi]$ 的局部化信息。这个窗对于小的 s 值变窄而对于大的 s 值变宽。

下面考虑小波函数的傅里叶变换

$$\frac{1}{2\pi}\Psi_{b,s}(\omega)=\frac{|s|^{-1/2}}{2\pi}\int_{-\infty}^{+\infty}\mathrm{e}^{-\mathrm{j}\omega t}\psi\left(\frac{t-b}{s}\right)\mathrm{d}t=\frac{s|s|^{-1/2}}{2\pi}\mathrm{e}^{\mathrm{j}b\omega}\Psi(s\omega) \tag{2-112}$$

并假设窗函数的中心与半径分别为 ω^* 和 Δ_ψ。其次，如果设 $\eta(\omega)=\Psi(\omega+\omega^*)$，那么 η 也是一个中心在原点且半径为 Δ_ψ 的窗函数，由式（2-112），并根据恒等式，小波变换成为

$$W_\psi x(b,s)==\frac{|s|^{-1/2}}{2\pi}\int_{-\infty}^{+\infty}X(\omega)\mathrm{e}^{\mathrm{j}b\omega}\eta^*[s(\omega-\omega^*/s)]\mathrm{d}\omega \tag{2-113}$$

式（2-113）中的表示说明，除了倍数 $\frac{s|s|^{-1/2}}{2\pi}$ 和一个线性相位 $\mathrm{e}^{-\mathrm{j}b\omega}$ 之外，同样的量 $W_\psi x(b,s)$ 又给出了具有一个“频率窗” $[\omega^*/s-\Delta_\psi/s,\ \omega^*/s+\Delta_\psi/s]$ 的信号 $x(t)$ 频谱 $X(\omega)$ 的局部信息。所以矩形时间-频率窗（图 2-38）

$$[b+st^*-s\Delta_\psi,b+st^*+s\Delta_\psi]\times[\omega^*/s-\Delta_\psi/s,\omega^*/s+\Delta_\psi/s]$$

的大小、位置，确定了小波变换所提取出的信号成分。小波变换 $W_\psi x(b,s)$ 的数值，表示的就是位于这个窗口内的信号能量大小。

窗口形状随尺度 s 而变化，但窗口面积保持不变。所以，对于检测高频现象（即小的 s，$s>0$），窗会自动变窄，这意味着在高频带将有较好的时间分辨率；而对于检测低频特性（即大的 s，$s>0$），窗会自动变宽，这意味着在低频带将有越来越高的频率分辨率。通过改变尺度因子 s 和平滑因子 b 的数值，调节窗口的形状、位置，合理地选取小波变换在时域和频域的分辨力，提取信号中位于感兴趣的频带和时段内的信号成分，从而实现可调窗口的时、频局部分析。

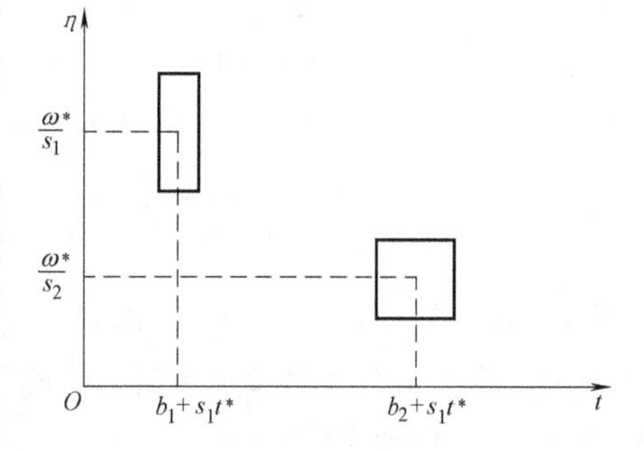

图 2-38　时间-频率窗

2）小波变换是一个线性运算。因为小波变换是信号与小波之间的一个内积，而且一个矢量函数的连续小波变换是一个矢量，这个矢量的分量是不同的连续小波变换。

3）小波变换满足能量守恒定理。这意味着当信号进行小波变换时信息没有损失。

4）与加窗傅里叶变换相同，它是冗余的，由于是连续变化的，一个分析窗与另一个分析窗绝大部分内容是重叠的，即其相关性很强。

3. 离散小波变换

正如傅里叶变换可分为积分傅里叶变换和离散傅里叶变换一样，小波变换也包含积分小波变换和离散小波变换，它们分别应用于连续信号和数字信号的分析。离散小波变换是将数字信号分解成一族小波函数的叠加，这样的分解使人们可以分析信号在特定的时、频窗范围内的细节。当然，为了实现信号的小波分解，首先必须找到一个小波函数族。

如前所述，变动式（2-108）中的参数 s 和 b 可以生成小波函数族。s 的变动使函数拉伸或压缩，形成不同“级”的小波；b 的变动使函数平移，形成不同“位”的小波。对于数

字信号分析，是通过对小波的伸缩因子 s 和平移因子 b 的采样而离散化的，最常用的是二进离散，即参数 s 按二进规则（2^k）取值，$b=2^{-k}m$（k，$m\in\mathbf{Z}$）等间隔取值。经过这种离散化后的小波和相应的小波变换成为二进小波变换，所以信号 $x(t)$ 在尺度 $s=2^k$ 上的二进小波变换为

$$W_\psi x(2^{-k}m,2^k)=<x(t),\psi_{2^k}(t)>=2^{-k/2}\int_{-\infty}^{+\infty}x(t)\psi^*\left(\frac{t-2^{-k}m}{2^k}\right)\mathrm{d}t \tag{2-114}$$

小波变换 $W_\psi x(b,s)$ 给出了 $x(t)$ 变化位置（$b+st^*$，其中 t^* 为窗函数中心）、速率（s）和量（$W_\psi x(b,s)$ 的值）的度量，而二进小波变换 $W_\psi x(2^{-k}m,2^k)$ 给出了在第 k 个倍频程（或频带）的局部谱信息。

假设信号 $x(t)\in L^2(\mathbf{R})$ 可用 $x_N\in V_N$ 来逼近，其中的子空间 $V_j=V_{j-1}\oplus W_{j-1}$ 形成 $L^2(\mathbf{R})$ 的子空间的一个嵌套序列，闭子空间 W_{j-1} 是 V_{j-1} 在 V_j 中的正交补子空间，它们的并在空间中是稠密的，它们的交是零空间 $\{0\}$。在这个意义上讲，x_N 具有唯一的分解

$$x_N=x_{N-1}+g_{N-1}$$

式中，$x_{N-1}\in V_{N-1}$；$g_{N-1}\in W_{N-1}$。继续这个过程，则有

$$x_N=\cdots+x_{N-M}+g_{N-M}+\cdots+g_{N-2}+g_{N-1} \tag{2-115}$$

式中，对于任何 j，有 $x_j\in V_j$，$g_j\in W_j$。式（2-115）中的唯一“分解”称为小波分解。上述关系中，闭子空间序列 $\{V_j\}_{j\in\mathbf{Z}}$ 是 $L^2(\mathbf{R})$ 的一个多分辨分析或逼近。由此可得数字信号 $x(t)$ 的二进小波分解的数学表达式为

$$\begin{aligned}x(t)&=a_\phi\psi(t)+\sum_{k,m\in\mathbf{Z}}a_{k,m}\psi(2^kt-m)\\&=a_\phi\psi(t)+a_{0,0}\psi(t)+a_{1,0}\psi(2t)+a_{1,1}\psi(2t-1)\\&\quad+a_{2,0}\psi(4t)+a_{2,1}\psi(4t-1)+a_{2,2}\psi(4t-2)+a_{2,3}\psi(4t-3)\\&\quad+a_{3,0}\psi(8t)+\cdots+a_{3,7}\psi(8t-7)+\cdots+a_{k,l}\psi(2^kt-l)+\cdots\end{aligned} \tag{2-116}$$

式中，$a_\phi\psi(t)$ 表示 $x(t)$ 的直流分量；零级小波只有 $\psi(t)$ 一项；一级小波由 $\psi(2t)$ 与 $\psi(2t-1)$ 两个移位小波叠加组成；依此类推，k 级小波由 2^k 个移位小波 $\psi(2^kt-m)$（$m=0,1,\cdots,2^k-1$）叠加组成。

在小波分解表达式（2-116）中，每级小波实际上代表着不同倍频程段内的信号成分，所有频段正好不相交地布满整个频率轴，因此小波分解可以实现频域局部分析。另一方面，由于各级小波为多个移位小波加权和，各移位小波系数又反映了相应频段的信号在各时间段上的信息，即同时实现了时域局部分析。要实现如式（2-116）所示的小波分解，关键问题是确定其中各小波分量的系数。如果所采用的小波函数族满足正交性条件，那么理论上可按下式确定各小波系数

$$a_{k,m}=\int x(t)\psi(2^kt-m)\mathrm{d}t \tag{2-117}$$

但由于小波函数通常比较复杂甚至不具有解析表达式，实际上积分表达式（2-117）只是从理论上反映了小波系数、小波函数和信号 $x(t)$ 三者之间的关系，想要计算出小波系数

还必须采用其他可行的方法。就目前的研究水平而言，最成功的算法是 Mallat 算法，该算法利用小波的正交性导出各系数矩阵的正交关系，从高级到低级逐级滤去信号中的各级小波。为叙述简便，假设数字信号 $x(t)$ 有 8 个采样点，其小波分解式中包含零级、一级和二级小波，分别记为 x_0、x_1、x_2，其中 x_0 只含 $a_{0,0}\psi(t)$ 一项，x_1 由两个移位小波 $a_{1,0}\psi(2t)$ 和 $a_{1,1}\psi(2t-1)$ 叠加而成，x_2 由四个移位小波 $a_{2,0}\psi(4t)$、$a_{2,1}\psi(4t-1)$、$a_{2,2}\psi(4t-2)$ 和 $a_{2,3}\psi(4t-3)$ 叠加而成，加上常数项 $x_\phi=a_\phi\psi(t)$，分解式中共有 8 项，与信号采样点相同。若同级小波作为一个整体，参照式（2-115）和式（2-116），则有 8 个采样点的数字信号 $x(t)$ 的分解式可写成

$$x_N=x_\phi+x_0+x_1+x_2 \tag{2-118}$$

我们可以采用图 2-39 并结合小波分解式（2-118）来介绍 Mallat 算法的主要思想。

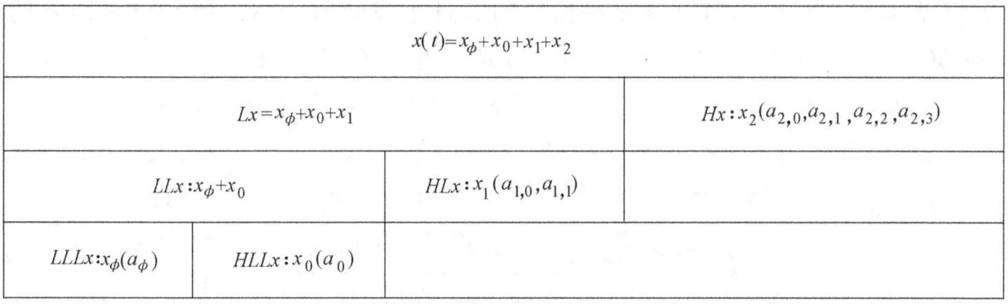

<table>
<tr><td colspan="4">$x(t)=x_\phi+x_0+x_1+x_2$</td></tr>
<tr><td colspan="3">$Lx=x_\phi+x_0+x_1$</td><td>$Hx:x_2(a_{2,0},a_{2,1},a_{2,2},a_{2,3})$</td></tr>
<tr><td colspan="2">$LLx:x_\phi+x_0$</td><td>$HLx:x_1(a_{1,0},a_{1,1})$</td><td></td></tr>
<tr><td>$LLLx:x_\phi(a_\phi)$</td><td>$HLLx:x_0(a_0)$</td><td colspan="2"></td></tr>
</table>

图 2-39　Mallat 算法示意图

Mallat 算法不直接计算积分表达式，而是利用小波函数族的正交性，从高级到低级滤出信号中的各级小波。以上述含 8 个采样点的数字信号 $x(t)$ 为例，Mallat 算法的第一步是从中滤出二级小波 x_2，同时确定二级小波中各移位小波的系数 $a_{2,0}$、$a_{2,1}$、$a_{2,2}$ 和 $a_{2,3}$，并将信号分解成 x_2 和 $x_\phi+x_0+x_1$ 的叠加。这一过程相当于低通滤波器，对应于二级小波的高频信号 Hx 被分离出来。而低频信号 Lx（零级、一级小波及常数项）全部保留，如图 2-39 所示。算法的第二步是从 Lx 中再滤出一级小波并确定一级小波系数，即 $a_{1,0}$ 和 $a_{1,1}$。如此进行下去，直至滤出各级小波并确定所有的系数，小波分解也就完成了。Mallat 算法概念清楚、计算简便，其在小波分析中的地位，相当于傅里叶分析中的 FFT 算法。但要完整地介绍该算法需要较大的篇幅，具体内容可参见小波分析的相关著作。

小波分析技术的进一步介绍涉及许多较深的数学概念，一些与工程上应用有关的内容如多元小波、小波包分解、多分辨分析与小波基理论等请读者参阅有关文献。

4. 基于小波分析的故障诊断

如前所述，傅里叶分析的理论基础是待分析信号的平稳性。而对于非平稳信号，傅里叶分析可能给出虚假的结果，从而导致故障的误诊断。对设备故障诊断问题来说，由于以下原因，傅里叶分析的应用将受到限制。

1）由于机器转速不稳、负荷变化以及机器故障等原因产生的冲击、摩擦导致非平稳振动信号的产生。

2）由于机器各零部件的结构不同，振动信号所包含的不同零部件的故障频率分布在不同的频道范围内。特别是当机器隐藏有某一零部件的早期微弱缺陷时，它的缺陷信息被其他

零部件的振动信号和随机噪声淹没。

对于这类问题，小波分析方法具有无可比拟的优点。由于小波分解技术能够将任何信号（平稳或非平稳）分解到一个由小波伸缩而成的基函数族上，信息量完整无缺，在通频范围内得到分布在不同频道内的分解序列，在时域和频域均具有局部化的分析功能。因此，可根据故障诊断的需要选取包含所需零部件故障信息的频道序列，进行深层信息处理以查找机器故障源。

（1）故障信号的分解　对于往复机械，振动信号的频谱在通频带上均有大量的能量分布，这样仅用频谱分析方法，由于其频率分辨率低，且对不同的频率成分在时域上的分辨率是不变的，因而难以对故障类型做出判定。而小波分析对不同的频率成分，在时域上的分辨率是可调的，高频者小，低频者大。它能将信号分解成多尺度成分，并对于大小不同的尺度成分采用相应的时域与频域步长，从而能够不断地聚焦到信号的任意微小细节，具有比傅里叶变换更强的特征提取功能。

图 2-40 所示为空气压缩机气阀振动信号的二进小波分解表示。D0 为 0～200s 的原始信号，D1 到 A6 为对 0～100s 原始信号的小波分解结果。在分解结果中，各个小波序列 D0、D1、D2、D3、D4、D5、D6 和 A6 分别包含了原始信号的从高到低的各频率段信息，这里分析频率上限为 15kHz，所以 A6 位于 0～234.375Hz 频带，D6 位于 234.375～468.75Hz 频带，

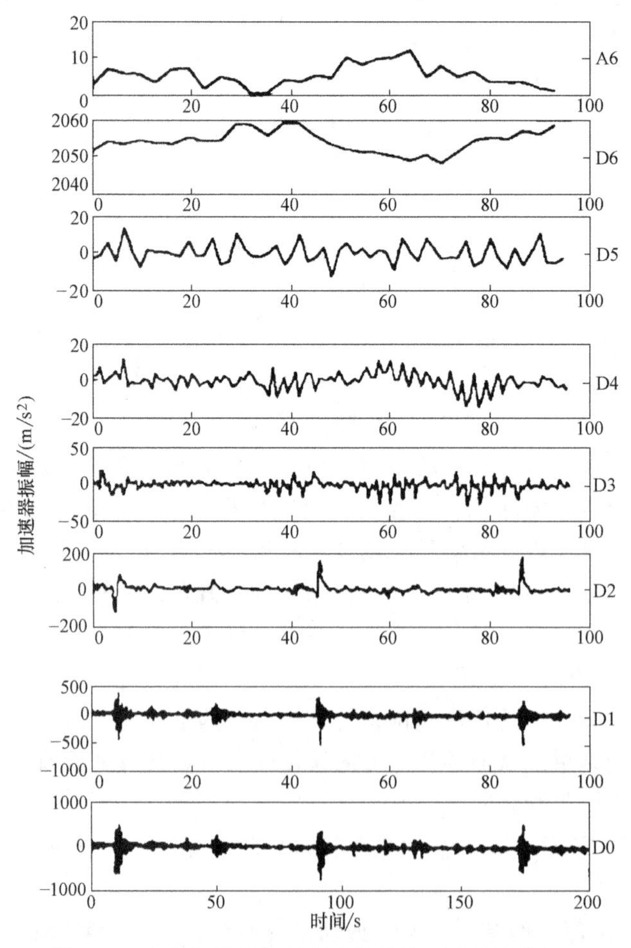

图 2-40　空气压缩机气阀振动信号的二进小波分解

D5 位于 468.75~937.5Hz 频带，D4 位于 937.5~1875Hz 频带，D3 位于 1.875~3.75kHz 频带，D2 位于 3.75~7.5kHz 频带，D1 位于 7.5~15kHz 频带。在全频带内正交分解的结果，信息量既无冗余，也不疏漏，而且信号分解和重构可有针对性地选择有关频带信息并剔除噪声干扰，从中提取故障特征，以便进行故障类型的识别。

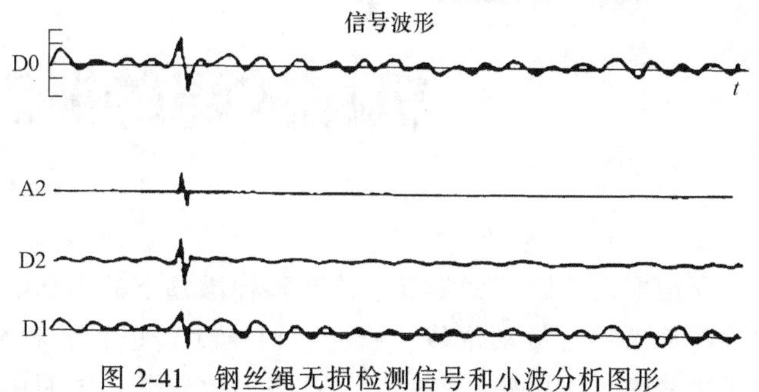

图 2-41 钢丝绳无损检测信号和小波分析图形

（2）局部异常信号的检测 在设备探伤或诊断中，常常只对设备异常区域所引起的信号局部变化感兴趣，如果将这些局部异常区分离出来，就可对设备故障的大小和位置做出分析。图 2-41 所示为一段在钢丝绳无损检测中获得的信号和小波分析图形，信号波形中的跳变部分为由断绳所引起的局部异常成分。

突变信号的峰点在对应的同一位置的所有尺度上都产生相应的最大值点，因此通过小波变换后，根据各尺度上最大值点的位置和数值就可以确定出信号异常的程度。特别是当信号中含有较强高频噪声时，时域波形往往很混乱，不易准确判断。对信号进行小波变换后，噪声一般只干扰低阶小波系数，这时可由高阶小波中的最大值点位置来判定峰点位置。

（3）干扰信号的剔除 实测中的信号往往受到多种因素的干扰，如常见的高频噪声和低频扰动等。通过小波变换将信号分解为位于不同频段和时段内的成分，若干扰信号与有用信号位于不同的频带内，则只要将干扰信号所对应的那一阶小波系数置零，然后按小波逆变换公式对信号进行重构，即可达到消除干扰的目的。图 2-42 所示为反映柴油机燃油系统故障的高压油管中的压力波形，为了便于分析，采用小波变换与重构消去了信号中的高频干扰。

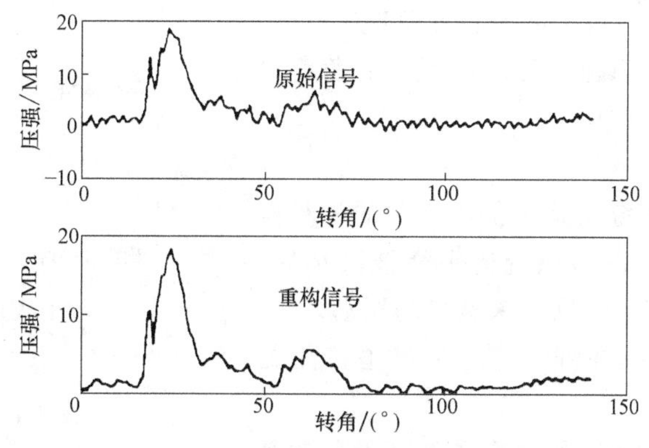

图 2-42 柴油机高压油管中的压力波形与小波变换波形

第3章 机械故障的振动诊断

所谓振动诊断，就是以系统在某种激励下的振动响应作为诊断信息的来源，通过对所测得的振动参量（振动位移、速度、加速度）进行各种分析处理，并以此为基础，借助一定的识别策略，对机械设备的运行状态做出判断，进而确定出机械故障的部位、故障程度及故障原因等方面的信息。机械振动是机械故障的外在反映，是分析识别机械故障，评价机械运行状态、安全性和稳定性的重要标准。本章以单自由度系统的振动为例，介绍机械振动的动力学基础。在此基础上，着重针对旋转机械，如转子、齿轮和轴承的常见故障、振动机理及特征进行分析。

3.1 机械故障诊断的振动理论基础

3.1.1 机械振动的分类

机械振动是一种特殊的运动形式。受外界条件的影响，机械系统将会围绕其平衡位置作往复运动，此即机械振动。在研究振动问题时，一般将研究对象——机械设备称为系统，把外界对系统的作用称为激励或输入，把系统在激励作用下产生的动态行为称为输出或响应。振动分析就是要研究这三者之间的相互关系。

为了便于分析振动问题，可以从不同的角度对振动进行分类，如图3-1所示。

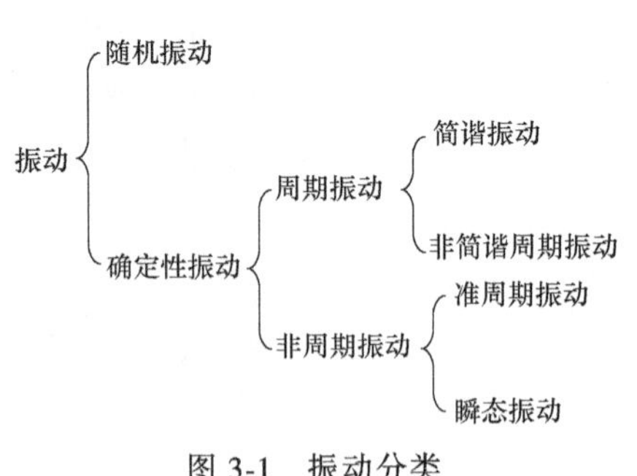

图3-1 振动分类

1. 按系统的输入分类

（1）自由振动 系统初始干扰或原有的外激振力取消后产生的振动，即当系统的平衡被破坏后，没有外力作用而只靠其弹性恢复来维持的振动。

（2）强迫振动 系统在外力作用下被迫产生的振动。

（3）自激振动 由于系统具有非振荡性能源和反馈特性，存在能源补充而形成的一种稳定的周期性振动。

2. 按系统的输出特性分类

能够用数学表达式描述为时间的函数的振动，按其运动的表现形式分为周期运动和非周期运动。

（1）简谐振动 振动量的时间历程为单一正弦或余弦函数的振动。简谐运动是最基本的一种周期振动，用余弦函数表达为

$$x(t)=A\cos(\omega t-\varphi) \tag{3-1}$$

式中，$\omega=2\pi f=\dfrac{2\pi}{T}$；$A$ 为振幅，表示作简谐振动物体离开平衡位置的最大距离；φ 为初相位，从时刻 0 到达振动最高量所需要转过的角度，单位为 rad；ω 为圆频率，单位为 rad/s；f 为振动频率，即每秒振动次数，单位为 Hz；T 为振动周期，单位为 s。

式（3-1）的简谐振动曲线如图 3-2 所示，通过振幅、频率及初相位便可以确定简谐振动。

如果式中所示 x 表示位移，那么对时间 t 求导便可以得到振动速度与加速度的表达式

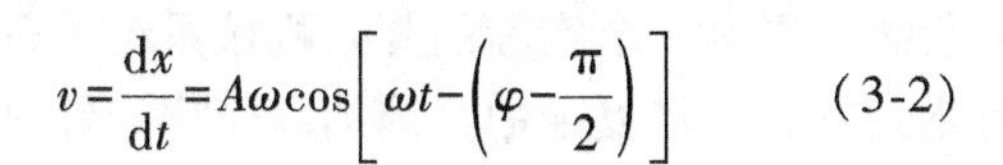

$$v=\frac{\mathrm{d}x}{\mathrm{d}t}=A\omega\cos\left[\omega t-\left(\varphi-\frac{\pi}{2}\right)\right] \tag{3-2}$$

$$a=\frac{\mathrm{d}v}{\mathrm{d}t}=A\omega^2\cos[\omega t-(\varphi-\pi)] \tag{3-3}$$

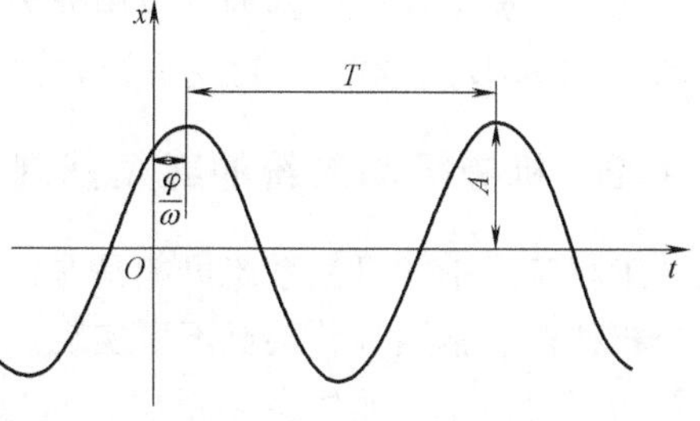

图 3-2　简谐振动曲线

通过式（3-1）~式(3-3) 不难看出，简谐振动的位移、速度和加速度都随时间以同样的频率变化，速度、加速度的相位分别超前位移 π/2、π。

实际振动中，测得的振动量往往包含了不同频率或幅值的简谐振动，因此有必要对经常遇到的几个简谐振动合成问题加以阐述：

1）频率相同的两个简谐振动的叠加仍然是简谐振动，并且保持原来的频率。

2）频率不同的两个简谐振动的叠加不再是简谐振动，频率比为有理数时，叠加成为周期运动；频率比为无理数时，叠加成为非周期振动。

3）频率很接近的两个简谐振动的叠加会出现“拍振现象”。

以上结论，读者可自行证明。

（2）非简谐周期振动　振动量为时间的周期函数，而又不是简谐振动的振动，即简谐振动之外的周期振动。

（3）瞬态振动　振动量为时间的非周期函数，且通常只在一定的时间段内发生的振动。

（4）准周期振动　所谓准周期振动，也是由一些不同频率的简谐振动合成的振动，这点与复杂周期振动相似，但组成它的简谐分量中至少有一个分量与另一个分量的频率之比为无理数，因而没有周期性，如 $x(t)=x_1\sin(2t+\varphi_1)+x_2\sin(2\pi t+\varphi_2)$。

（5）随机振动　振动量不是时间的确定性函数，而只能用数理统计的方法来研究的非周期性振动。

3. 按系统的自由度分类

（1）单自由度系统的振动　用一个独立坐标（自由度）就能确定的系统振动。

（2）多自由度系统的振动　需用两个以上的有限个独立坐标才能确定的系统振动。

（3）弹性体振动　需用无限多个独立坐标才能确定的系统振动，又称无限自由度系统振动。

4. 按描述系统的微分方程分类

（1）线性振动　可用常系数线性微分方程来描述它的惯性力、阻尼力及弹性力，只分别与加速度、速度及位移成正比。

（2）非线性振动　要用非线性微分方程来描述，即微分方程中存在非线性项。

5. 按振动位移的特征分类

（1）扭转振动　振动体上的质点只作绕轴线的振动。

（2）直线振动　振动体上的质点只作沿轴线方向（纵向）或只作垂直轴线方向（横向）运动的振动。

此外，振动还可按其频率范围分为低频振动（<1kHz）、中频振动（1~10kHz）和高频振动（>10kHz）。本章只讨论有限自由度的线性振动。

3.1.2　机械振动系统的建模基础

工程实际中的机械系统可能是非常复杂的，要对一个实际的复杂机械系统进行精确的振动分析往往非常困难，甚至不可实现。因此，有必要将复杂的系统加以简化。针对所研究的问题的不同性质，抓住主要矛盾，而忽略那些次要的因素，从而建立起系统的简化力学模型，并以此为基础，对原机械系统进行振动分析，这种简化模型的分析方法是研究机械振动的一种最常用的手段。

在将一个复杂的机械系统简化为一个可被分析计算的力学模型的过程中，建立力学模型是进行振动分析的前提，而将一个实际的机械系统简化为力学计算模型一般要做以下方面的工作。

1. 连续系统的离散化

实际机械系统的结构元件的质量和弹性都是均匀分布的，即所谓的连续系统。为分析计算的方便，有必要将连续系统离散化，常用的处理方式是：把弹性较小、质量较大的构件简化为不计弹性的集中质量；把质量较小、弹性较大的构件简化为不计质量的弹性元件；也可把构件中阻尼特性较大的部分简化为不计质量和弹性的阻尼元件。

2. 非线性系统的线性化

严格地说，质量、弹性（刚度）、阻尼等都与系统的运动状态呈复杂的关系。但在一定的条件下，可将这些复杂的关系简化为线性关系，此即线性化过程。当位移和速度较小时，就可以认为弹性力与位移成正比，阻尼力与速度成正比等。

3. 振动系统力学模型的三要素

机械系统之所以会发生振动，就是因为它本身具有质量和弹性，这是产生振动的根本条件，而阻尼则会使振动得到抑制。从能量角度来看，当外界对系统做功时，系统的质量因获得动能而具有运动速度，弹簧因变形而储存势能，从而具有使质量恢复原来状态的能。这样，能量不断地交换，才使系统的质量反复运动。如果没有外界能量的输入，那么，由于阻尼的消耗，振动将会逐渐消减。由此可见，质量、弹性和阻尼是振动系统力学模型的三要素。以这三者作为元件，通过它们的不同组合来建立所需的力学模型。

（1）弹簧单元

在线性化的假设前提下，弹簧的弹性恢复力与变形量成正比，即

$$F=kx$$

式中，F 为弹性恢复力；x 为变形量；k 为弹簧的刚度，定义为使弹簧产生单位长度变形所需要的力，其倒数称为柔度。

（2）质量单元

质量单元是表示力（力矩）与加速度（角加速度）关系的元件。在力学模型中，它被抽象为绝对不变形的刚体。对于质量作直线平动的物件，力与加速度的关系为

$$F = ma$$

式中，m 为刚体的质量。

而对于扭转振动系统，其对应形式为

$$M = J\ddot{\theta}$$

式中，J 为刚体的转动惯量。

（3）阻尼单元

与弹簧单元不同的是，阻尼单元是消耗能量的，它以热能、声能等方式耗散系统的机械能。工程实际中的阻尼种类很多，在振动、冲击和噪声领域涉及的主要有：黏性阻尼和非黏性阻尼。这里只介绍线性阻尼器。

黏性阻尼是一种最具代表性的理想阻尼形式，在系统线性化的假设前提下，黏性阻尼力与速度成正比，而方向与速度相反，即

$$F = cv$$

式中，F 为阻尼力；v 为速度；c 为黏性阻尼系数，是使阻尼器产生单位速度所需要施加的力，通常单位取 N · s/m，而对于扭振阻尼器，其单位取 N · m · s/rad。

采用线性阻尼的模型使得振动分析的问题大为简化，但工程实际中还存在有非黏性阻尼，例如干摩擦阻尼（库伦阻尼）、结构阻尼（材料内阻，也称滞后阻尼）等。在处理这类问题时，通常将之折算成等效的黏性阻尼，其等效的原则是：一个振动周期内由非黏性阻尼所消耗的能量等于等效黏性阻尼所消耗的能量。

3.1.3　单自由度系统的自由振动

单自由度振子是指只能在一个方向运动的可以简化为一个质点的振动系统，可以简化为多个质点的系统则是多自由度系统。工程中许多问题通过简化，用单自由度振动系统分析就可以得到满意的结果。因此，研究单自由度系统的振动具有重要的工程意义。

根据系统中是否有阻尼，可以将系统分为无阻尼系统和有阻尼系统。有黏性阻尼的系统的运动根据阻尼的大小又可以分为过阻尼、临界阻尼和欠阻尼三种状态，只有欠阻尼状态才产生自由振动，表现为振幅按指数规律衰减的简谐振动。实际工程中，机械系统总是存在着各种阻尼因素，如摩擦阻尼、电磁阻尼、介质阻尼和结构阻尼。黏性阻尼是实际中最常用的一种阻尼，在流体中低速运动或沿润滑表面滑动的物体，通常认为受到黏性阻尼。

图 3-3 所示为一单自由度阻尼-弹簧-质量振动系统，图中 k 为弹簧刚度，m 为振动质点的质量，c 为黏性阻尼系数。考虑黏性阻尼系统的单自由度振子的动力学方程可以表达为

$$m\ddot{x} + c\dot{x} + kx = 0 \tag{3-4}$$

引入两个参数：$\omega_n = \sqrt{\dfrac{k}{m}}$，$\zeta = \dfrac{c}{2\sqrt{km}}$。其中 ω_n 称为系统的固有频率，单位为 rad/s；ζ 称为阻尼率，那么动力学方程式（3-4）可以表达为

$$\ddot{x} + 2\omega_n\zeta\dot{x} + \omega_n^2 x = 0 \tag{3-5}$$

求解式（3-5）二次线性齐次方程，设 $x = e^{\eta t}$，代入方程（3-5）可以得到对应的特征方程

$$\eta^2+2\omega_n\zeta\eta+\omega_n^2=0 \tag{3-6}$$

方程（3-6）的特征根为

$$\eta_{1,2}=-\omega_n\zeta\pm\omega_n\sqrt{\zeta^2-1} \tag{3-7}$$

根据式（3-7），可以定义：$\omega_d=\omega_n\sqrt{1-\zeta^2}$，$\omega_d$ 称为阻尼固有频率。当阻尼率 $\zeta<1$ 时，为欠阻尼状态；$\zeta=1$ 时，为临界阻尼状态；$\zeta>1$ 时，为过阻尼状态。根据微分方程理论，可以得到动力学方程式（3-4）的通解为

$$x(t)=e^{-\omega_n\zeta t}(c_1\cos\omega_d t+c_2\sin\omega_d t) \tag{3-8}$$

式中，c_1、c_2 由初始条件决定。欠阻尼状态在工程实践中较为常见，因此选取该状态进行讨论。设初始条件：$x(0)=x_0$，$\dot{x}(0)=v_0$，根据式（3-8）可求出通解为

$$x(t)=e^{-\omega_n\zeta t}\left(x_0\cos\omega_d t+\frac{v_0+\omega_n\zeta x_0}{\omega_d}\sin\omega_d t\right) \tag{3-9}$$

设 $A=\sqrt{{x_0}^2+\left(\frac{v_0+\omega_n\zeta x_0}{\omega_d}\right)^2}$，$\theta=\arctan\frac{x_0\omega_d}{v_0+\omega_n\zeta x_0}$，则可得

$$x(t)=e^{-\omega_n\zeta t}A\sin(\omega_d t+\theta) \tag{3-10}$$

那么在欠阻尼状态下，阻尼固有频率 ω_d 和自由振动周期 T_d 分别为

$$\omega_d=\omega_n\sqrt{1-\zeta^2},T_d=\frac{2\pi}{\omega_d}=\frac{2\pi}{\omega_n\sqrt{1-\zeta^2}}$$

欠阻尼状态下的自由振动响应如图 3-4 所示。

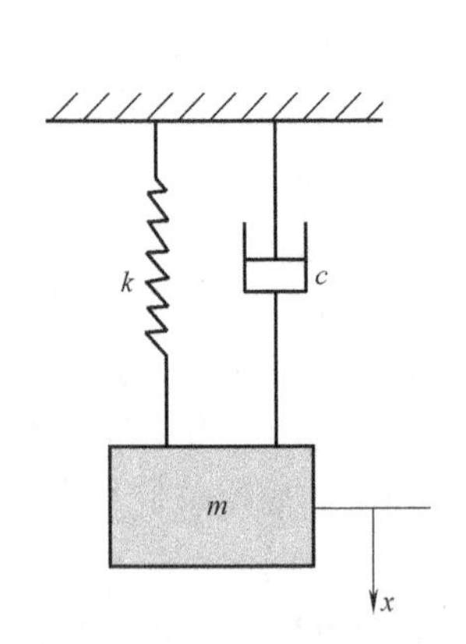

图 3-3　单自由度振动系统

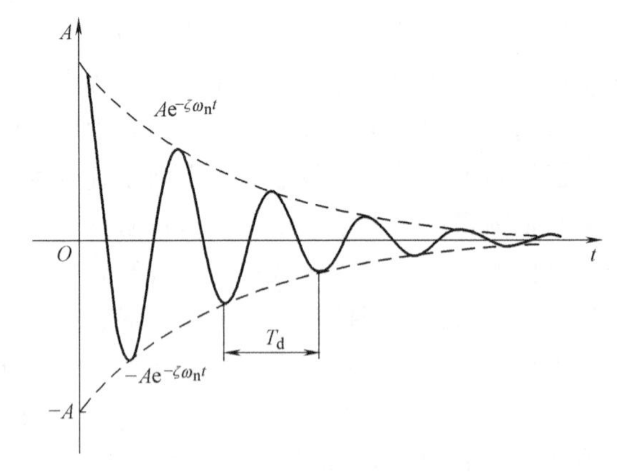

图 3-4　欠阻尼自由振动响应

3.1.4　单自由度系统的强迫振动

单自由度系统在持续激励时的振动响应为强迫振动。根据激励随时间变化的规律，可以分为简谐激励、周期激励和任意激励。下面分别介绍两类具有代表性的强迫振动响应问题，即简谐激励和脉冲激励下的强迫振动。

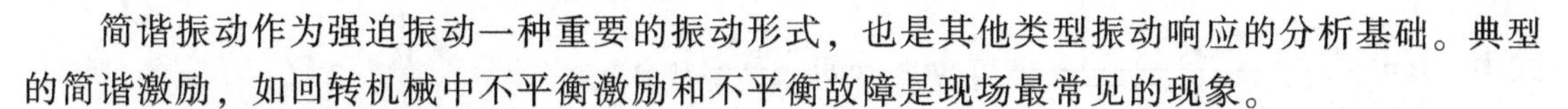

简谐振动作为强迫振动一种重要的振动形式，也是其他类型振动响应的分析基础。典型的简谐激励，如回转机械中不平衡激励和不平衡故障是现场最常见的现象。

1. 简谐激励下的强迫振动响应

设图3-3中质量块上作用有简谐激振力

$$F(t)=P_0\sin\omega t \tag{3-11}$$

式中，P_0 为激振力振幅；ω 为激振力频率。以静平衡位置为坐标原点，得到运动微分方程为

$$m\ddot{x}+c\dot{x}+kx=P_0\sin\omega t \tag{3-12}$$

由常微分方程理论可知，式（3-12）的通解 $x(t)$ 由相应的齐次方程的通解 $x_{\mathrm{h}}(t)$ 和非齐次方程的任一特解 $x_{\mathrm{p}}(t)$ 两部分组成，即

$$x(t)=x_{\mathrm{h}}(t)+x_{\mathrm{p}}(t) \tag{3-13}$$

当阻尼为欠阻尼时，通解 $x_{\mathrm{h}}(t)$ 即为有阻尼的自由振动，见式（3-9），它的特点是振动频率为阻尼固有频率，振幅按指数规律衰减，称为瞬态振动或瞬态响应。特解 $x_{\mathrm{p}}(t)$ 是一种持续的等幅振动，它是简谐激振力的持续作用的结果，称为稳态强迫振动或稳态振动。在间隔充分长时间后考虑的振动就是这种稳态振动；而在刚受到外界激励时，系统的响应则是上述两种振动响应之和。可见，系统受简谐激励后的响应可以分为两个阶段，一开始的过程称为过渡过程，经过一定时间后，由于阻尼作用瞬态响应消失，这时就进入稳态阶段。下面来讨论稳态阶段的强迫振动。

将式（3-12）两端同除以质量 m，则方程为

$$\ddot{x}+2\omega_{\mathrm{n}}\zeta\dot{x}+\omega_{\mathrm{n}}{}^2x=\frac{P_0}{m}\sin\omega t \tag{3-14}$$

这里以复数方法求式（3-14）的特解。由 $\mathrm{e}^{\mathrm{j}\omega t}=\cos\omega t+\mathrm{j}\sin\omega t$，将式（3-14）等号右边项改写成下列复数形式

$$\ddot{x}+2\omega_{\mathrm{n}}\zeta\dot{x}+\omega_{\mathrm{n}}^2x=\frac{P_0}{m}\mathrm{e}^{\mathrm{j}\omega t} \tag{3-15}$$

式中，x 为复数。设复数形式的特解为

$$x=\overline{B}\mathrm{e}^{\mathrm{j}\omega t} \tag{3-16}$$

式中，$\overline{B}$ 为振幅，且为复数，其意义是包含有相位的振幅。将式（3-16）代入式（3-15），解得

$$\overline{B}=\frac{P_0}{m}\frac{1}{\omega_{\mathrm{n}}^2-\omega^2+\mathrm{j}2\omega_{\mathrm{n}}\zeta\omega} \tag{3-17}$$

令 $\lambda=\dfrac{\omega}{\omega_{\mathrm{n}}}$，则式（3-17）可以写成

$$\begin{aligned}\overline{B}&=\frac{P_0}{k}\frac{1}{1-\lambda^2+\mathrm{j}2\zeta\lambda}\\&=\frac{P_0}{k}\frac{1}{\sqrt{(1-\lambda^2)^2+(2\zeta\lambda)^2}}\mathrm{e}^{-\mathrm{j}\varphi}\\&=B\mathrm{e}^{-\mathrm{j}\varphi}\end{aligned} \tag{3-18}$$

式中，$B=\frac{P_0}{k}\frac{1}{\sqrt{(1-\lambda^2)^2+(2\zeta\lambda)^2}}$；$\varphi=\arctan\frac{2\zeta\lambda}{1-\lambda^2}$。

将式（3-18）代入式（3-16），得到复数形式的特解为

$$x=Be^{j(\omega t-\varphi)} \tag{3-19}$$

比较式（3-14）和式（3-15），由线性方程的叠加原理可知式（3-12）中位移 x 是式（3-14）中复数 x 的虚部，因此式（3-19）的虚部就是式（3-12）的特解，即有

$$x=B\sin(\omega t-\varphi) \tag{3-20}$$

式中，B 为振幅；φ 为相位。

这里，再将在给定初始条件下的单自由度系统的运动微分方程列出来

$$\begin{cases} m\ddot{x}+c\dot{x}+kx=P_0\sin\omega t \\ x(0)=x_0,\dot{x}(0)=v_0 \end{cases} \tag{3-21}$$

根据前面的分析可知，单自由度振子在简谐激励作用下的振动响应由齐次方程的通解和非齐次方程的任一特解组成。结合前面的式（3-8）和式（3-19），得到式（3-21）的全解为

$$x(t)=x_h(t)+x_p(t)=e^{-\omega_n\zeta t}(c_1\cos\omega_d t+c_2\sin\omega_d t)+B\sin(\omega t-\varphi) \tag{3-22}$$

将初始条件代入式（3-22）及其导数表达式，可求出待定常数 c_1、c_2 于是可得到全解为

$$\begin{aligned} x(t)=&e^{-\omega_n\zeta t}\left(x_0\cos\omega_d t+\frac{v_0+\omega_n\zeta x_0}{\omega_d}\sin\omega_d t\right)+ \\ &Be^{-\omega_n\zeta t}\left[\sin\varphi\cos\omega_d t+\frac{\omega_n}{\omega_d}(\zeta\sin\varphi-\lambda\cos\varphi)\sin\omega_d t\right]+B\sin(\omega t-\varphi) \end{aligned} \tag{3-23}$$

式中，$\omega_n=\sqrt{\frac{k}{m}}$；$\zeta=\frac{c}{2\sqrt{km}}$；$\omega_d=\omega_n\sqrt{1-\zeta^2}$；$\lambda=\frac{\omega}{\omega_n}$；而

$$B=\frac{P_0}{k}\frac{1}{\sqrt{(1-\lambda^2)^2+(2\zeta\lambda)^2}};\varphi=\arctan\frac{2\zeta\lambda}{1-\lambda^2} \tag{3-24}$$

式（3-23）就是在简谐激振力作用下有阻尼单自由度系统强迫振动的完全响应。它由三部分组成，对应于式中的三项。第一项是与激振力无关的有阻尼自由振动，它完全取决于初始条件，在零初始条件下不存在；第二项的振幅与激振力有关，频率等于有阻尼自由振动频率，这一项称为伴随自由振动，在零初始条件下也存在；只有最后一项是纯粹的受迫振动，它是一个稳态的简谐振动，其频率等于激振力的频率，而相位较激振力滞后角 φ。由此式不难看出，由于阻尼的存在，自由振动和伴随自由振动随着时间的延续而逐渐消失，最后只剩下稳态的强迫振动。式（3-23）中的前两项之和表示的振动为瞬态振动，而最后一项称为稳态振动。从开始振动达到强迫振动的稳定状态需要一个时间过程，这个过程称为过渡过程。

2. 单位脉冲下的振动响应

（1）单位脉冲函数　单位脉冲函数，也称 δ 函数，其定义为

$$\begin{cases} \delta(t-a)=\begin{cases} 0 & (t\neq a) \\ +\infty & (t=a) \end{cases} \\ \int_{-\infty}^{+\infty}\delta(t-a)\mathrm{d}t=1 \end{cases} \tag{3-25}$$

显然，由于δ函数对时间的积分是无量纲的，所以δ函数的量纲为时间的倒数，通常取单位为s^{-1}。以上定义是一种理想情况，可以理解为矩形函数的底边宽度不断变小、高度不断增大的极限情况，这种极限情况即成为一个理想的单位脉冲，此脉冲的强度为1。从力学定义上来看，单位脉冲函数描述了一个单位脉冲，此冲量由一个作用时间极其短暂而幅值又极大的冲击力产生。因此，在$t=a$时，产生一个冲量为P_0的力$F(t)$可表示为

$$F(t)=P_0\delta(t-a) \tag{3-26}$$

（2）脉冲响应　设一个脉冲力$F(t)=P_0\delta(t)$作用在单自由度系统上，如图3-5所示，系统的运动微分方程为

$$m\ddot{x}+c\dot{x}+kx=P_0\delta(t) \tag{3-27}$$

系统原来是静止的，即$x(0)=0$，$\dot{x}(0)=0$，而在$t=0$时刻，系统突然受到脉冲力的作用。由于脉冲力作用的时间极其短促，因此，可以将作用以后的时刻记为$t=0^+$。根据动量定理（物体动量的增量等于作用力的冲量），有

$$m\dot{x}(0^+)-m\dot{x}(0)=P_0 \tag{3-28}$$

从而得出：在脉冲力$F(t)=P_0\delta(t)$作用以后，系统获得了一个初速度

$$\dot{x}(0^+)=\frac{P_0}{m} \tag{3-29}$$

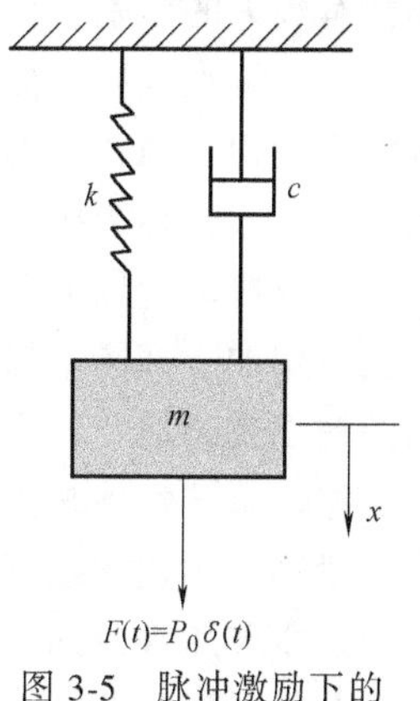

图3-5　脉冲激励下的单自由度系统

从$t=0$到$t=0^+$的一瞬间，由于在该时刻脉冲力幅值无限大，因而加速度无限大，导致系统的速度发生突变，但从0到0^+这么短暂的时间内来不及积累成为位移的变化，因此仍有$x(0^+)=0$。这表明，由于冲击激励的作用时间极短，其效果就相当于一个初始速度激励，从而将式（3-27）的强迫振动问题转化为系统对初始条件的自由振动问题。因此，在$x(0)=0$、$\dot{x}(0)=P_0/m$的初始条件下，系统的自由振动即为系统对冲量为P_0的脉冲力激励的响应。根据式（3-9）可得，脉冲响应表达式为

$$x(t)=\frac{P_0}{m\omega_d}e^{-\omega_n\zeta t}\sin\omega_d t \tag{3-30}$$

上式表明，脉冲激励作用下单自由度系统的振动是一种减幅振动，其振幅按指数规律衰减，振动的频率为阻尼固有频率ω_d。这实际上就是工程实践中人们采用力锤敲击机械结构识别其模态参数方法的理论基础。

3.1.5　振动系统特性描述

人们从长期观察和实践中发现机械设备的振动具有以下几个特点：

1）任何机械设备在动态下都会或多或少地产生一定的振动，即振动存在的广泛性。

2）当设备发生异常或故障时，振动将会发生变化，一般表现为振幅加大。这一特点使人们从振动信号中获取诊断信息成为可能，因此称为振动监测的有效性。

3）随着信号分析技术的发展，人们还看到由不同类型、性质、原因和部位产生的故障所激发的振动将具有不同的特征。这些特征可表示为频率成分、幅值大小、相位差别、波形形状和能量分布状况等。这一特点使人们从振动信号中识别故障成为可能，因此称为振动的可识别性。

4）进一步的研究表明，振动信号性质、特征不仅与故障有关，而且还与系统的固有特性有关。具体表现为：

a）同一故障对于不同的系统，由于系统固有特性不同，其振动的幅值和相位可能相差很大。

b）同一故障在不同部位布置测点，因传递通道不同（即传递函数不同），其振动响应亦会有较大的差别。

这一特点表明，振动特征不仅取决于故障，而且还受到系统特性的影响。特别是当数种故障不同程度地在不同位置同时发生时，将使振动特征表现得异常错综复杂、难于辨识。因此这一特点又称为振动识别的复杂性。

根据振动的以上几个特点，从工程控制论的观点，可以把振动系统、振动响应和故障间的关系用如下框图来描述（图 3-6），其中故障相当于系统的输入或激励，振动则相当于系统的输出或响应，而系统的特性则可通过系统的输入和输出来求出。

振动系统特性是指系统固有的性质，如质量矩阵、刚度矩阵、阻尼矩阵、固有频率和振型。激励、响应和系统特性这三者是互相联系、互相影响的，知道其中两个，就可以求出第三个。本节所涉及的只是已知系统特性和激励而求响应，这样一类问题称为振动分析的正问题。此外，振动分析还有两类逆问题。第一类逆问题是：已知激励和响应，要求确定系统特性。在本节的分析中，系统特性都是已知的，可以用理论分析的方法建立模型。有许多系统，难以从理论上确定它的系统特性，就需要通过实验来建立模型；或用理论分析确定质量矩阵、刚度矩阵的近似值，再通过实验进行修改。通过实验测试研究响应和激励的关系，辨识系统特性，从而来建立模型，这类问题称为振动测试、系统辨识和实验建模问题。第二类逆问题是：已知系统特性和响应，反求作用于系统上的激励。这属于振源判断、载荷识别、工况监控、故障诊断一类问题。这两类逆问题都离不开实验，与工程实践有更密切的关系。尤其是第二类逆问题，已基本上从机械振动理论中分离出去，而成为独立的学科领域。

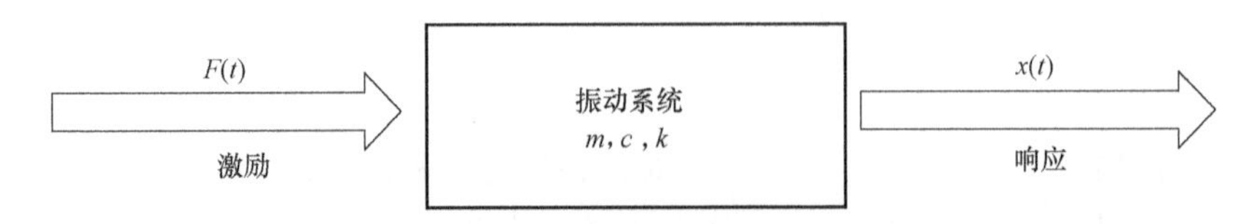

图 3-6　振动系统特性描述

把测量装置视为定常线性系统，可用常系数线性微分方程来描述，该系统以及它的输出 $y(t)$ 和输入 $x(t)$ 之间的关系，但使用时有许多不便。如果通过拉普拉斯变换建立与其相应的“传递函数”，通过傅里叶变换建立与其相应的“频率特性函数”，就可更简便、更有效地描述装置的特性与输出 $y(t)$ 和输入 $x(t)$ 之间的关系。

(1) 传递函数　设 $X(s)$ 和 $Y(s)$ 分别为输入 $x(t)$、输出 $y(t)$ 的拉普拉斯变换。对式 (3-23) 取拉普拉斯变换得

$$Y(s)=H(s)X(s)+G_{\mathrm{h}}(s)$$

$$H(s)=\frac{b_m s^m+b_{m-1}s^{m-1}+\cdots+b_1 s+b_0}{a_n s^n+a_{n-1}s^{n-1}+\cdots+a_1 s+a_0} \tag{3-31}$$

式中，s 为复变量，$s=a+\mathrm{j}\omega$，与输入和系统初始条件有关的。$H(s)$ 却与系统初始条件及输入无关，只反映系统本身的特性。$H(s)$ 称为系统的传递函数。

若初始条件全为零，则因 $G_{\mathrm{h}}(s)=0$，便有

$$H(s)=\frac{Y(s)}{X(s)} \tag{3-32}$$

显然，简单地将传递函数说成输出、输入两者拉普拉斯变换之比是不妥当的。因为式 (3-32) 只有在系统初始条件均为零时才成立。今后若未加说明而引用式 (3-32) 时，便是假设系统初始条件为零，希望读者特别注意。

传递函数有以下几个特点：

1) $H(s)$ 与输入 $x(t)$ 及系统的初始状态无关，它只表达系统的传输特性。对具体系统而言，它的 $H(s)$ 不因输入 $x(t)$ 变化而不同，却对任一具体输入 $x(t)$ 都确定地给出相应的、不同的输出。

2) $H(s)$ 是对物理系统的微分方程（即式 (3-23)）取拉普拉斯变换而求得的，它只反映系统传输特性而不局限于系统的物理结构。同一形式的传递函数可以表征具有相同传输特性的不同物理系统。如液柱温度计和 RC 低通滤波器同是一阶系统，具有形式相似的传递函数，而其中一个是热学系统，另一个却是电学系统，两者的物理结构完全不同。

3) 对于实际的物理系统，输入 $x(t)$ 和输出 $y(t)$ 都具有各自的量纲。用传递函数描述系统传输、转换特性理应真实地反映量纲的这种变换关系。这一关系正是通过系数 a_{n}、a_{n-1}，…，a_1，a_0 和 b_m，b_{m-1}，…，b_1，b_0 来反映的。这些系数的量纲将因具体物理系统和输入、输出的量纲而异。

4) $H(s)$ 中的分母取决于系统的结构。分母中 s 的最高幂次 n 代表系统微分方程的阶数；分子则与系统同外界之间的关系 [如输入（激励）点的位置、输入方式、被测量及测点布置情况] 有关。一般测量装置总是稳定系统，其分母中 s 的幂次总是高于分子中 s 的幂次，即 $n>m$。

(2) 频率响应函数　频率响应函数是在频率域中描述系统特性的，而传递函数是在复数域中来描述系统特性的，与在时域中用微分方程来描述系统特性相比有许多优点。许多工程系统的微分方程及其传递函数极难建立，而且传递函数的物理概念也很难理解。与传递函数相比较，频率响应函数有物理概念明确、容易通过实验来建立和利用它与传递函数的关系，以及由它极易求出传递函数等优点。因此，频率响应函数就成为实验研究系统的重要工具。

1) 幅频特性、相频特性和频率响应函数。根据定常线性系统的频率保持性，系统在简谐信号 $x(t)=X_0\sin\omega t$ 的激励下，所产生的稳态输出也是简谐信号 $y(t)=Y_0\sin(\omega t+\varphi)$。这一结论可从微分方程解的理论得出。此时输入和输出虽为同频率的简谐信号，但两者的幅值并

不一样。其幅值比 $A=Y_0/X_0$ 和相位差 φ 都随频率 ω 而变，是 ω 的函数。

定常线性系统在简谐信号的激励下，其稳态输出信号和输入信号的幅值比被定义为该系统的幅频特性，记为 $A(\omega)$；稳态输出对输入的相位差被定义为该系统的相频特性，记为 $\varphi(\omega)$。两者统称为系统的频率特性。因此系统的频率特性是指系统在简谐信号激励下，其稳态输出对输入的幅值比、相位差随激励频率 ω 变化的特性。

注意到任何一个复数 $z=a+\mathrm{j}b$，也可以表达为 $z=|z|\mathrm{e}^{\mathrm{j}\theta}$。其中，$|z|=\sqrt{a^2+b^2}$；相角 $\theta=\arctan(b/a)$。现用 $A(\omega)$ 为模、$\varphi(\omega)$ 为幅角来构成一个复数 $H(\omega)$

$$H(\omega)=A(\omega)\mathrm{e}^{\mathrm{j}\varphi(\omega)}$$

$H(\omega)$ 表示系统的频率特性。$H(\omega)$ 也称为系统的频率响应函数，它是激励频率 ω 的函数。

2）频率响应函数的求法。

a）在系统的传递函数 $H(s)$ 已知的情况下，可令 $H(s)$ 中的 $s=\mathrm{j}\omega$，便可求得频率响应函数 $H(\omega)$。如，设系统的传递函数为式（3-31），令 $s=\mathrm{j}\omega$ 并将其代入，便得到该系统的频率响应函数 $H(\omega)$ 为

$$H(\omega)=\frac{b_m(\mathrm{j}\omega)^m+b_{m-1}(\mathrm{j}\omega)^{m-1}+\cdots+b_1(\mathrm{j}\omega)+b_0}{a_n(\mathrm{j}\omega)^n+a_{n-1}(\mathrm{j}\omega)^{n-1}+\cdots+a_1(\mathrm{j}\omega)+a_0} \tag{3-33}$$

有人把频率响应函数记为 $H(\mathrm{j}\omega)$，以此来把它与 $H(s)/s=\mathrm{j}\omega$ 相联系。另一方面，若研究在 $t=0$ 时刻将激励信号接入稳定常系数线性系统时，令 $s=\mathrm{j}\omega$ 并代入拉普拉斯变换中，实际上就是将拉普拉斯变换变成傅里叶变换。同时考虑到系统在初始条件均为零时，有 $H(s)$ 等于 $Y(s)$ 和 $X(s)$ 之比的关系，因而系统的频率响应函数 $H(\omega)$ 就成为输出 $y(t)$ 的傅里叶变换 $Y(\omega)$ 和输入 $x(t)$ 的傅里叶变换 $X(\omega)$ 之比，即

$$H(\omega)=\frac{Y(\omega)}{X(\omega)} \tag{3-34}$$

这一结论有着广泛的用途。

b）用实验来求频率响应函数来描述系统是它的最大优点。实验求得的频率响应函数的原理，比较简单明了。可依次用不同频率 ω_i 的简谐信号去激励被测系统，同时测出激励和系统的稳态输出的幅值 X_{0i}、Y_{0i} 和相位差 φ_i。这样对于某个 ω_i，便有一组 $\frac{Y_{0i}}{X_{0i}}=A_i$ 和 ω_i 全部的 A_i-ω_i 和 φ_i-ω_i（$i=1,2,\cdots$）便可表达系统的频率响应函数。

c）也可在初始条件全为零的情况下，同时测得输入 $x(t)$ 和输出 $y(t)$，由其傅里叶变换 $X(\omega)$ 和 $Y(\omega)$ 求得频率响应函数 $H(\omega)=Y(\omega)/X(\omega)$。

需要特别指出，频率响应函数是描述系统的简谐输入和相应的稳态输出的关系。因此，在测量系统频率响应函数时，应当在系统响应达到稳态阶段时才进行测量。

尽管频率响应函数是对简谐激励而言的，但如第 1 节所述，任何信号都可分解成简谐信号的叠加。因而在任何复杂信号输入下，系统频率特性也是适用的。这时，幅频、相频特性分别表征系统对输入信号中各个频率分量幅值的缩放能力和相位角前后移动的能力。

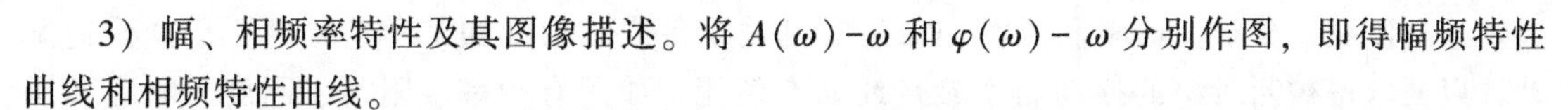

3）幅、相频率特性及其图像描述。将 $A(\omega)-\omega$ 和 $\varphi(\omega)-\omega$ 分别作图，即得幅频特性曲线和相频特性曲线。

实际作图时，常对自变量 ω 或 $f=\omega/(2\pi)$ 取对数标尺，幅值比 $A(\omega)$ 的坐标取分贝（dB）数标尺，相角 φ 取实数标尺。由此所作的曲线分别称为对数幅频特性曲线和对数相频特性曲线，总称为伯德图（Bode 图）。

自然也可作出 $H(\omega)$ 的虚部 $Q(\omega)$、实部 $P(\omega)$ 和频率 ω 的关系曲线，即所谓的虚、实频特性曲线；以及用 $A(\omega)$ 和 $\varphi(\omega)$ 来作极坐标图，即奈奎斯特（Nyquist）图，图中向径的长度和向径与横坐标轴的夹角分别为 $A(\omega)$ 和 $\varphi(\omega)$。

本节所介绍的振动方程都是线性微分方程，即只含有广义坐标及其导数的一次项的方程，相应的振动系统称为线性系统。线性系统振动理论能够解释很多振动现象，解决许多工程问题。但是，它仍然有一定的局限性。在实际问题中发现了一些振动现象，它们是无法用线性振动理论来解释的。例如，弹性连杆机构中存在着复杂的谐振现象，它是无法用线性系统的共振理论来透彻说明的。线性系统受到多个激励的作用时，总的响应等于各个激励所产生的响应的叠加，在有的系统中，这一“叠加原理”也不适用了。实际上，几乎所有的实际系统都是非线性系统，几乎所有的振动问题都应该归结为非线性振动问题。只是在微幅振动条件下，有时可将非线性项忽略而得到线性系统，这就是在建模时的线性化。所以在线性化时要慎重。非线性系统在运动性质方面和线性系统有一些本质上的变化，非线性振动的研究方法和线性振动也有很大的不同，所以非线性系统的振动问题已成为机械振动理论中的一个专门领域。

3.2　测振传感器

3.2.1　测振传感器的分类

机械振动是自然界、工程领域和日常生活中普遍存在的物理现象。各种机械在运动时，由于旋转件的不平衡、负载的不均匀、结构刚度的各向异性、间隙、润滑不良和支撑松动等因素，总是伴随着各式各样的振动。

机械振动在大多数情况下是有害的，振动往往会影响机器的正常工作，降低其性能，缩短其使用寿命，甚至导致机毁人亡的事故。机械振动还伴随着同频率的噪声，恶化环境和劳动条件，危害人们的健康。另一方面，振动也能被利用来完成有益的工作，如运输、夯实、清洗、粉碎及脱水等。这时必须正确选择振动参数，充分发挥机器的振动性能。

随着现代工业技术的日益发展，除了对各种机械设备提出低振动和低噪声的要求外，还需随时对机器的运行状况进行监测、分析和诊断，对工作环境进行控制等，这些都离不开振动测量；为了提高机械结构的抗振性能，有必要进行机械结构的振动分析和振动设计，找出薄弱环节，改善其抗振能力；为了保证大型机电设备的安全、正常、有效运行，必须检测其振动信息，监视其工况并进行故障诊断。因此，振动的测试在生产和科研等各方面都占有十分重要的地位。

振动测试包括两方面的内容：一是测量机械设备或结构在工作状态下存在的振动，如振动位移、速度、加速度、频率和相位等，了解被测对象的振动状态，评定等级并寻找振源，以及进行监测、分析、诊断和预测；二是对机械设备或结构施加某种激励，测量其受迫振动，以便求得被测对象的振动力学参量或动态性能，如固有频率、阻尼、刚度、响应和模态等。

机械振动测试方法一般有机械方法、光学方法和电测方法。机械方法常用于振动频率低、振幅大、精度要求不高的场合；光学方法主要用于精密测量和振动传感器的标定；电测方法应用范围最广，在工业界被广泛采用。用于各种测振方法的传感器可按不同的原理进行分类：

1）按测振参数分为位移传感器、速度传感器、加速度传感器。

2）按参考坐标分为相对式传感器、绝对式传感器。

3）按工作原理分为磁电式、压电式、电阻应变式、电感式、电容式和光学式。

4）按传感器与被测物关系分为接触式传感器、非接触式传感器。

相对式传感器是以空间某一固定点作为参考点，测量振动物体上的某点对参考点的相对位移或速度。绝对式传感器是以大地为参考基准，即以惯性空间为基准，测量振动物体相对于大地的绝对振动，又称为惯性式传感器。接触式传感器有磁电式、压电式及电阻应变式等；非接触式传感器有电涡流式和光学式等。在振动测试中所用的传感器多数是磁电式、电涡流式、电阻应变式和压电式。

拾取振动信息的装置通常称为拾振器，其核心组成部分是传感器。表达振动信号特性的基本参数是位移、速度、加速度、频率和相位，它们都可以用作监视诊断的特征信号。拾振器的作用是在要求的频率范围内正确地检测被测对象的振动参数，并将此物理量转换成电信号输出。

惯性式拾振传感器的力学模型如图 3-7 所示，图中 $x_1(t)$、$x_0(t)$、$x_{01}(t)$ 分别表示壳体绝对位移、质块的绝对位移和质块与壳体的相对位移。测试时，壳体与被测物体连接（用胶接或机械方法），使壳体与被测物体之间无相对振动，则被测物体的振动也即拾振器的输入。拾振器内质块对壳体的相对位移量为图 3-7 所示力学模型的输出，经变换原件转换为电信号，即拾振器的输出，用于描述被测物体的绝对振动量。

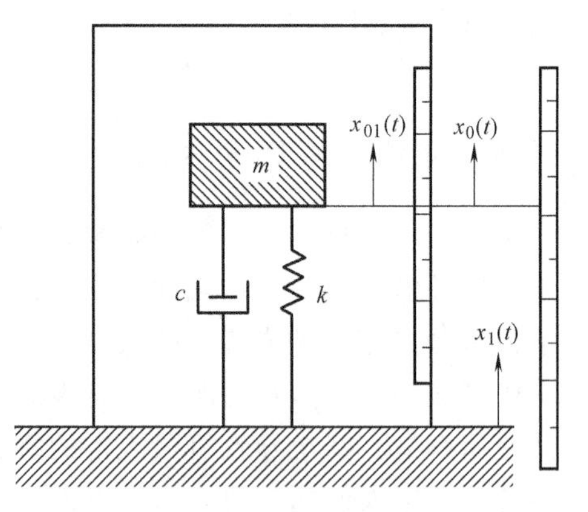

图 3-7 惯性式拾振传感器的力学模型

如以被测物体的加速度 $\ddot{x}_1(t)$ 作为输入，则质块和壳体的相对位移 $x_{01}(t)$ 为该惯性系统的输出。显然，这是一个典型的弹簧-质块-阻尼系统，可用二阶微分方程描述，它的解在数学、力学等参考书中均有介绍。如果以质块对基础的相对位移作为响应时的幅频和相频特性，可用下列方程描述：

$$A(\omega)=\frac{\left(\dfrac{\omega}{\omega_{\mathrm{n}}}\right)^2}{\sqrt{\left[1-\left(\dfrac{\omega}{\omega_{\mathrm{n}}}\right)^2\right]^2+\left(2\xi\dfrac{\omega}{\omega_{\mathrm{n}}}\right)^2}} \tag{3-35}$$

$$\varphi(\omega)=-\arctan\left[\frac{\dfrac{2\xi\omega}{\omega_n}}{1-\left(\dfrac{\omega}{\omega_n}\right)^2}\right] \tag{3-36}$$

式中，ω 为基础运动的角频率；ω_n 为振动系统的固有频率，$\omega_n=\sqrt{\dfrac{k}{m}}$，$k$ 为系统的刚度，m 为质块的质量；ξ 为振动系统的阻尼比，$\xi=\dfrac{c}{2\sqrt{km}}$，$c$ 为阻尼系数。其幅频和相频特性曲线如图 3-8 所示。

由图可知，当 $\omega \ll \omega_n$ 时，质块相对基础的运动速度接近于零，它意味着质块几乎跟着基础一起振动，相对运动很小。而当 $\omega \gg \omega_n$ 时，$A(\omega)$ 接近于 1，表明质块和壳体的相对运动（输出）和基础的振动（输入）近乎相等，即表明质块在惯性坐标中几乎处于静止状态。上述原理是研究振动测试的基础。下面将分别介绍三类常用的惯性式测振传感器。

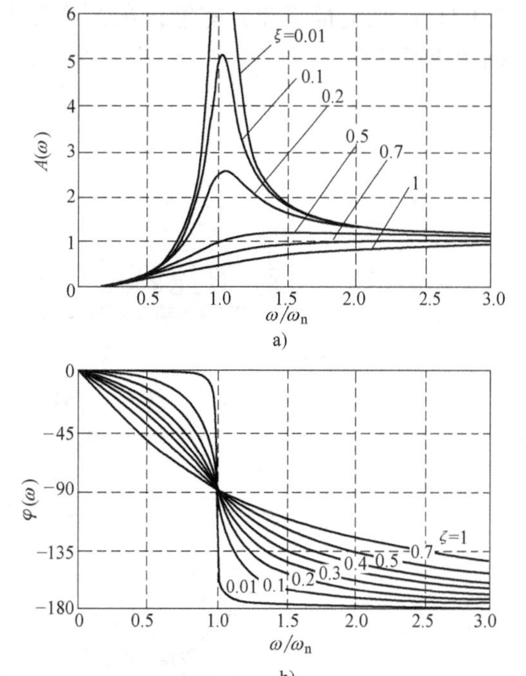

图 3-8　基础激振时以质块对基础的相对位移作为输出时的频率响应特性

a）幅频特性　b）相频特性

3.2.2　电涡流式位移传感器

1. 电涡流式位移传感器的测振原理

电涡流式位移传感器（常称为涡流传感器）是一种非接触式测振传感器，其基本原理是利用金属体在交变磁场中的涡电流效应，如图 3-9 所示，当传感器与被测金属物体接近时，间距为 δ，若有一高频交变电流 i 通过线圈，便产生磁通 Φ。此磁通通过被测金属物体，并在被测金属物体表面产生感应电流 i_1 和交变磁通 Φ_1，这种电流在金属物体上是闭合的，故称为涡电流，简称为涡流。根据楞次定理，涡电流的交变磁场与线圈的磁场变化方向相反，即 Φ_1 总是抵抗 Φ 的变化。由于涡流磁场的作用使原线圈的等效阻抗 z 改变，变化程度与间距 δ 有关。分析表明，线圈自感量 L 与 δ 间距成反比，而与间距导磁截面积 A 成正比，它们的关系为

$$L=\frac{\omega^2\mu_0 A}{2\delta} \tag{3-37}$$

式中，ω 为线圈匝数；μ_0 为空气的磁导率，$\mu_0=4\pi\times10^{-7}$。

涡流传感器已形成系列产品，测量范围从±0.5mm 至±10mm 以上。常用的外径为 8mm 的传感器与工件的安装间隙约为 1mm，在±0.5mm 范围内具有良好的线性，灵敏度为 7.87V/mm，频响范围为 0~12000Hz（-3dB）。图 3-10 所示为涡流传感器的典型结构图。

涡流传感器具有结构简单、线性范围大、灵敏度高、频率范围宽、抗干扰能力强、不受油污等介质影响及非接触测量等特点。这类传感器属于相对式拾振器，能方便地测量运动部件与静止部件间的间隙变化。但被测材料的电导率和磁导率会对灵敏度造成影响。零部件表面粗糙度、表面微裂缝等对测量也会有影响。

涡流传感器除用来测量静态位移外，还被广泛用于测量汽轮机、压缩机、电机等旋转轴系的振动（图 3-11）、轴向位移和转速等，在工况监测与故障诊断中应用甚广。

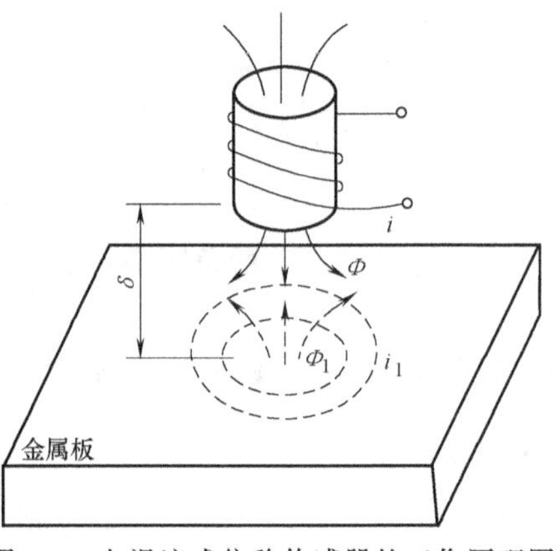

图 3-9　电涡流式位移传感器的工作原理图

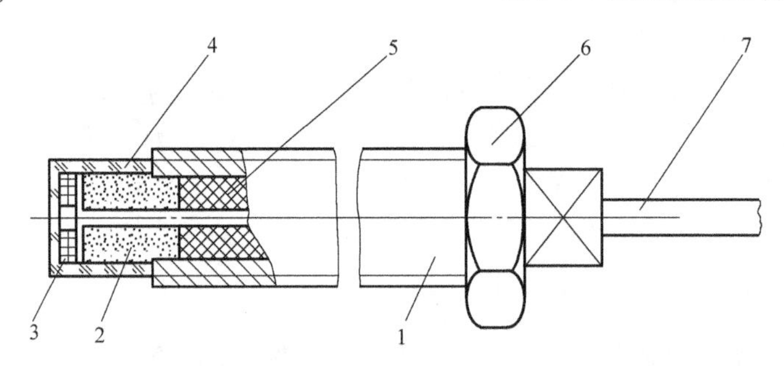

图 3-10　涡流传感器的典型结构图

1—壳体　2—框架　3—线圈　4—保护套　5—填料　6—螺母　7—电缆

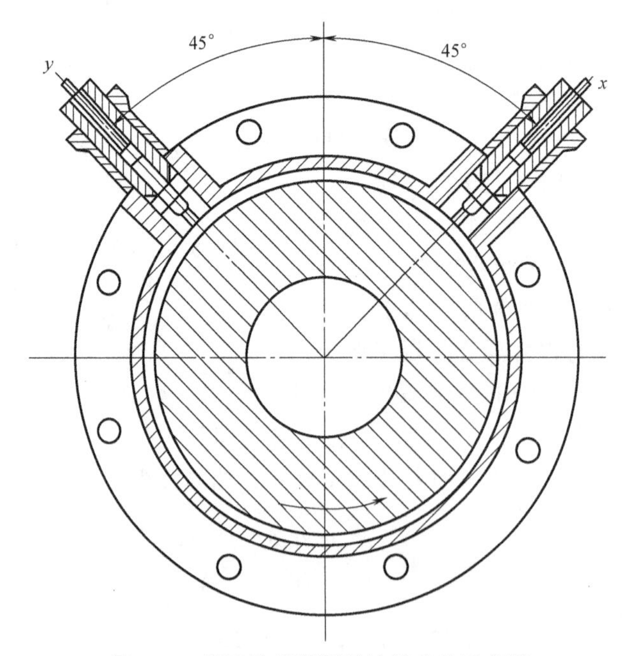

图 3-11　涡流传感器测量轴振动的示意图

2. 轴心轨迹的测量

一般大型高速旋转机械均在轴承处装有相互垂直的电涡流位移传感器，可以直接采集两个方向上轴心相对于轴承的位移信号。经电荷放大器及高通滤波器处理后，将信号放大并消除直流分量后即可在示波器上或 x-y 绘图仪上合成为轴心轨迹，如图 3-12 所示。实验证明，轴心轨迹携带着丰富的诊断信息，特别是与亚同步振动有关的一些故障的诊断信息。因此，轴心轨迹是一些大型旋转机械（如汽轮机、压缩机等）的重要诊断手段之一。

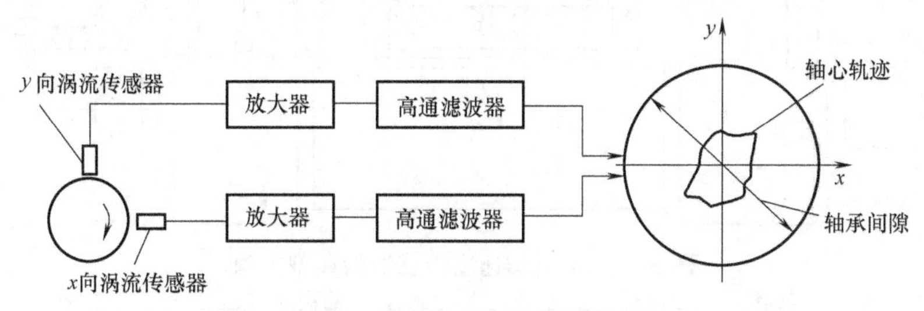

图 3-12 轴心轨迹的测量

图 3-13 所示为一台空压机转子的实测轴心轨迹图。由于包含多种频率成分的波形，在 x、y 方向合成的结果，其每一循环的轨迹均不一定重合。因此形成的轴心轨迹十分紊乱，很难从其中获取具有明显特征的诊断信息。为了解决这一问题，可以根据频谱分析的原理，从 x-y 方向频谱图中提取出主要的频率分量（即与故障有关的频谱分量）。设 x、y 方向的信号由下列谐波成分所组成

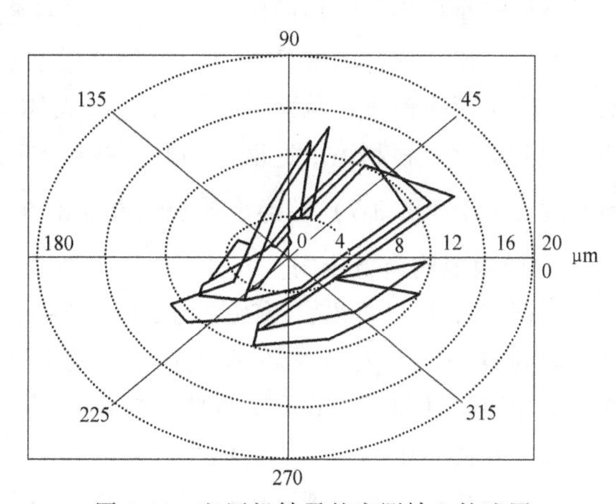

图 3-13 空压机转子的实测轴心轨迹图

$$
\begin{aligned}
x(t) &= \sum_{k=1}^{n} a_k \sin(2\pi k f_r t + \varphi_k) \\
y(t) &= \sum_{k=1}^{n} b_k \sin(2\pi k f_r t + \varphi_k)
\end{aligned}
\tag{3-38}
$$

式中，f_r 为基频，一般为工作频率或旋转频率。

若将其中一个或几个较突出的谐波分量提出，用计算机合成而得的轴心轨迹，称为计算机仿真的轴心轨迹。这是一种排除了随机干扰、有选择的、经过提纯了的轴心轨迹，因此比较清晰，能够显示某些特征，便于提取有关的诊断信息。

3.2.3 磁电式速度传感器

磁电式速度传感器为惯性式速度传感器，其工作原理为：当穿过某一线圈的磁通发生变化时，会产生感应电动势，其电动势的输出与线圈的运动速度成正比。

磁电式速度传感器的结构有两种：一种是绕组与壳体连接，磁钢用弹性元件支承；另一种是磁钢与壳体连接，绕组用弹性元件支承。常用的是后者，图 3-14 所示为磁电式速度传感器的典型结构。在测振时，传感器固定或紧压于被测系统上，磁钢 6 与壳体 4 一起随被测系统的振动而振动，装在心轴上的线圈 7 和阻尼环 3 组成惯性系统的质量块并在磁场中运动。弹簧片 1 和 9 的径向刚度很大、轴向刚度很小，使惯性系统既得到可靠的径向支承，又保证有很低的轴向固有频率。阻尼环一方面可增加惯性系统质量，降低固有频率；另一方面

又利用其在磁场中运动产生的阻尼力使振动系统具有合理的阻尼。

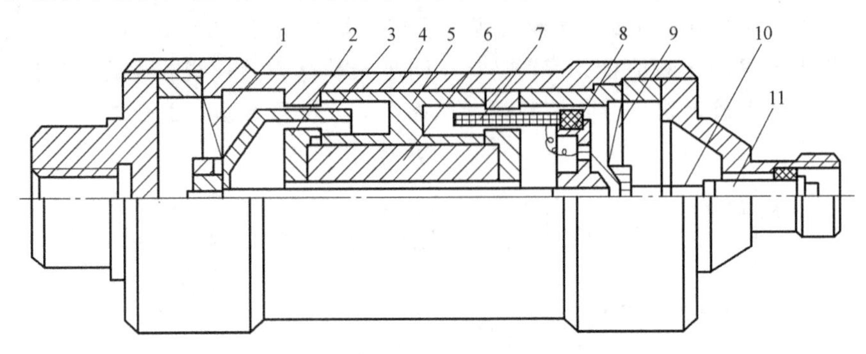

图 3-14　磁电式速度传感器的典型结构

1、9—弹簧片　2—磁靴　3—阻尼环　4—壳体　5—铝架　6—磁钢　7—线圈

8—线圈架　10—导线　11—接线座

因线圈是作为质量块的组成部分，当它在磁场中运动时，其输出电压与线圈切割磁力线的速度成正比。前述内容已指出，由基础运动所引起的受迫振动，当 $\omega \gg \omega_n$ 时，质量块在绝对空间中近乎静止，从而被测物（它与壳体固接）与质量块的相对位移、相对速度就分别近似其绝对位移和绝对速度。因此，绝对式速度计实际上是先由惯性系统将被测物体的振动速度 $\dot{x}_1(t)$（图 3-7）转换成质块对壳体的相对速度 $\dot{x}_{01}(t)$，而后利用磁电变换原理，将 $\dot{x}_{01}(t)$ 转换成输出电压的。

从图 3-8a 可以看出，当阻尼比 ξ 在 0.5~0.7 范围内，其幅值误差不超过 5%，工作下限可扩展到 $\omega/\omega_n=1.7$。这样的阻尼比也有助于迅速衰减意外瞬态扰动所引起的瞬态振动。但这时的相频特性曲线与频率不成线性关系，因此，在低频范围内无法保证相位的精确度。

在实际使用中，为了能够测量较低的频率，希望尽量降低绝对式速度计的固有频率，但过大的质量块和过低的弹簧刚度使其在重力场中静变形很大。这不仅造成结构设计困难，而且易受交叉振动的干扰。因此，其固有频率一般取为 10~15Hz。绝对式速度计的上限测量频率取决于传感器的惯性部分质量，一般在 1kHz 以下。

磁电式速度传感器的优点是不需要外加电源，输出信号可以不经调理放大即可远距离传送，这在实际长期监测中是十分方便的。但另一方面，由于磁电式速度传感器中存在机械运动部件，它与被测系统同频率振动，这不仅限制了传感器的测量上限，而且其疲劳极限造成了传感器的寿命比较短。因此，在长期连续测量中必须考虑传感器的寿命，一般要求其寿命大于被测对象的检修周期。

3.2.4　压电式加速度传感器

1. 压电式加速度传感器的工作原理

压电式加速度传感器又称为压电式加速度计。它也属于惯性式传感器。其基本工作原理是利用某些物质（如石英晶体）的压电效应，即当受到外力作用后，不仅几何尺寸发生变化，其内部还产生极化，表面出现电荷，形成电场。在加速度计受振时，质量块加在压电元件上的力也随之变化，当被测振动频率远低于加速度计的固有频率时，则力的变化与被测加速度成正比。

2. 压电式加速度计的结构形式

常用的压电式加速度计的结构如图 3-15 所示。S 是弹簧，M 是质量块，B 是基座，P 是压电元件，R 是夹持环。图 3-15a 所示为中心安装压缩型，压电元件-质量块-弹簧系统装在圆形中心支柱上，支柱与基座连接。这种结构具有较高的共振频率。然而基座 B 与测试对象连接时，如果基座 B 有变形，则将直接影响拾振器输出。此外，测试对象和环境温度变化将影响压电元件，并使预紧力发生变化，易引起温度漂移。图 3-15b 所示为环形剪切型，其结构简单，能做成极小型高共振频率的加速度计，环形质量块粘在中心支柱上的环形压电元件上，由于黏结剂会随温度增高而变软，因此最高工作温度受到限制。图 3-15c 所示为三角剪切型，压电元件由夹持环将其夹在三角形中心柱上。加速度计感受轴向振动时，压电元件承受切应力。这种结构对底座变形和温度变化有极好的隔离作用，有较高的共振频率和良好的线性。

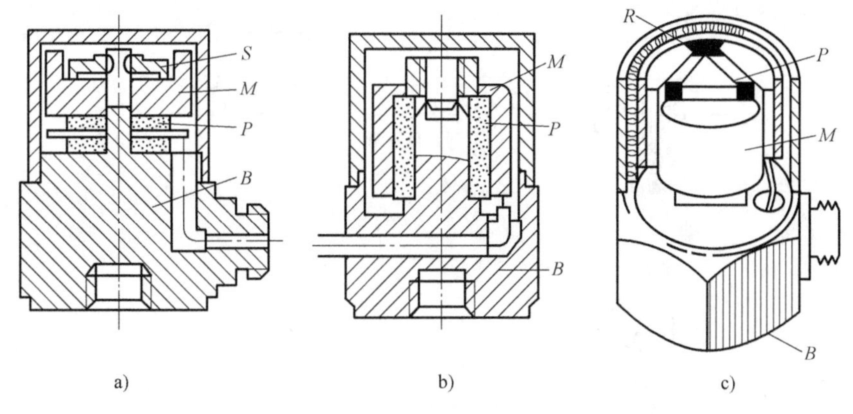

图 3-15　压电式加速度计的结构

a）中心安装压缩型　b）环形剪切型　c）三角剪切型

S—弹簧　M—质量块　B—基座　P—压电元件　R—夹持环

加速度计的使用上限频率取决于幅频特性中的共振频率（图 3-16）。一般小阻尼（≤0.1）的加速度计，上限频率若取为共振频率的 1/3，便可保证幅值误差低于 1dB（即 12%）；若取为共振频率的 1/5，则可保证幅值误差小于 0.5dB（即 6%），相移小于 3°。共振频率与加速度计的固定状况有关，加速度计出厂时给出的幅频特性曲线是在刚性连接的固定情况下得到的。实际使用的固定方法往往难以达到刚性连接，因而共振频率和使用上限频率都会有所下降。加速度计与试件的各种固定方法如图 3-17 所示。其中图 3-17a 所示为采用钢螺栓固定，是使实际共振频率能达到出厂共振频率的最好方法。在安装时螺栓不得全部旋入基座螺孔，以免引起基座变形，影响加速度计的输出。在安装面上涂一层硅脂可增加不平整安装表面的连接可靠性。需要绝缘时可用绝缘螺栓和云母垫圈来固定加速度计（图 3-17b），但垫圈应尽量薄。用一层薄蜡把加速度计粘在试件的平整表面上（图 3-17c），也可用于低温（40℃以下）的场合。手持探针测振方法（图 3-17d）在多点测试时使用特别方便，但测量误差较大，重复性差，使用上限频率一般不高于 1000Hz。用专用永久磁铁固定加速度计（图 3-17e），使用方便，多用于低频测量。此法也可使加速度计与试件绝缘。用硬性黏结螺栓（图 3-17f）或黏结剂（图 3-17g）的固定方法也常使用。某种典型的加速度计采用上述各种固定方法的共振频率分别约为：钢栓固定法 31kHz、云母垫圈 28kHz、涂薄蜡层 29kHz、手持法 2kHz，以及永久磁铁固定法 7kHz。

3. 压电式加速度计的灵敏度

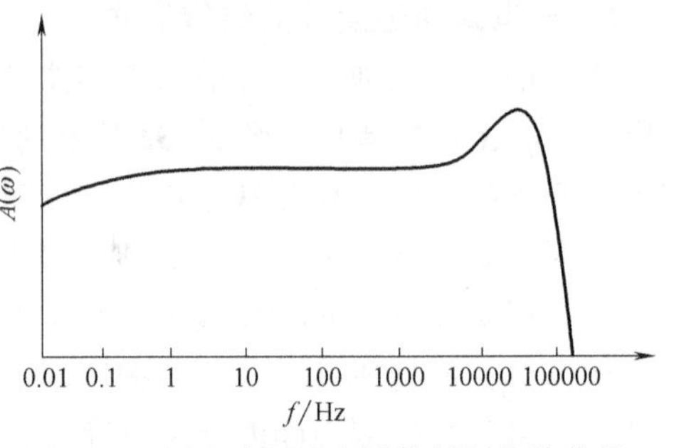

图 3-16　压电式加速度计的幅频特性曲线

压电式加速度计属于发电型传感器，可把它看成电压源或电荷源，故其灵敏度有电压灵敏度和电荷灵敏度两种表示方法。前者是加速度计输出电压与所承受加速度之比；后者是加速度计输出电荷与所承受加速度之比。加速度单位为 m/s^2，但在振动测量中往往用标准重力加速度 g 作为加速度单位，$g=9.806m/s^2$。这是一种已为大家所接受的表示方式，几乎所有测振仪器都用 g 作为加速度单位并在仪器的面板上和说明书中标出。

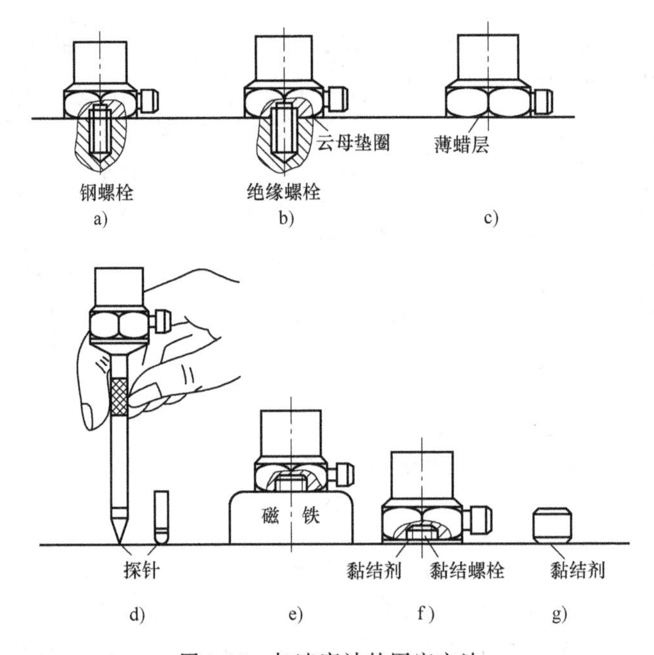

图 3-17　加速度计的固定方法

对给定的压电材料而言，灵敏度随质量块的增大或压电元件的增多而提高。一般来说，加速度计尺寸越大，其固有频率越低。因此选用加速度计时应当综合权衡灵敏度与结构尺寸、附加质量的影响和频率响应特性之间的利弊。压电式加速度计的横向灵敏度表示它对横向（垂直于加速度计轴线）振动的敏感程度，横向灵敏度常以主灵敏度（即加速度计的电压灵敏度或电荷灵敏度）的百分比表示。一般在壳体上用小红点标出最小横向灵敏度方向，一个优良的加速度计的横向灵敏度应小于主灵敏度的 3%。因此，压电式加速度计在测试时具有明显的方向性。

4. 压电式加速度计的前置放大器

由于压电元件受力后产生的电荷量极其微弱，压电式传感器的输出电信号是微弱的电荷，而且由于传感器本身有很大内阻，故输出能量甚微，这给后接电路带来一定困难。要测定这样微弱的电荷（或电压）的关键是防止导线、测量电路和加速度计本身的电荷泄漏。

为此，通常把传感器信号先传输到高输入阻抗的前置放大器，经过阻抗变换以后，方可用于一般的放大和检测电路将信号输出给指示仪表或记录器。换句话讲，压电式加速度计所用的前置放大器应具有极高的输入阻抗，把泄漏减少到测量精确度所要求的限度以内。

压电式传感器的前置放大器有电压放大器和电荷放大器两种类型。电压放大器就是高输入阻抗的比例放大器，其电路比较简单，但输出易受连接电缆对地电容的影响，故适用于一般振动测量。电荷放大器以电容作负反馈，使用中基本不受电缆电容的影响，但其电路相对比较复杂，价格较高。

从压电式传感器的力学模型看，它具有“低通”特性，理论上可测量极低频的振动。但实际上由于低频振动尤其是小振幅低频振动时，加速度值小，传感器的灵敏度有限，因此输出的信号将很微弱，信噪比很低；另外电荷的泄漏、积分电路的漂移（用于测量振动速度和位移）、器件的噪声都是不可避免的，所以实际低频端也出现 0.1～1Hz 的“截止频率”。

随着电子技术的发展，制造厂家已生产出把压电式加速度传感器与前置放大器集成在一起的产品，不仅方便了使用，而且也大大降低了成本。这类内装集成放大器的加速度计可使用长电缆而无衰减，并可直接与大多数通用的仪表、计算机等连接。一般采用 2 线制，即用 2 根电缆给传感器供给 2～10mA 的恒流电源，而输出信号也由这 2 根电缆输出，大大方便了现场的接线。

3.3　转轴组件故障的振动诊断

振动是机械工作过程中的常见现象。当机械出现故障时，相应的振动特征也会发生变化。这里的特征可以是振动幅值的变化、频率的变化、相位的变化或调制参数的变化等多种形式，这些振动特征的变化往往与机械故障相联系。对机械故障与振动特征间关系和机理的分析，有助于更好地通过振动信号分析判断机械的运行状态。不同类型的机械由于工作原理、方式不同，其故障特征也不尽相同。

转轴组件是旋转机械系统中重要的一类基础件，它是以旋转轴为中心，包括齿轮、叶轮等工作件、联轴器及支承轴承在内的组合。转轴组件的工作转速若低于其一阶横向固有频率，这时转子自身的变形可忽略，称为刚性转子。常见的刚性转子有电机的转子、数控机床的电主轴等。如果转轴组件的工作转速高于其一阶横向固有频率，这时转子因不平衡离心力的作用产生的自身变形比较明显，故称为柔性转子。如汽轮发电机组的转子系统。

转轴组件的常见故障现象有不平衡、不同轴（不对中）、机械松动、自激振动及电磁力激振等。用振动方法诊断转轴组件的故障，是基于对各类激振频率及其振动波形的识别。下面讨论以上各类故障形式在振动信息中的映射特点。

3.3.1　不平衡

在旋转机械的各种异常现象中，由于不平衡而造成振动的情形占有很高的比例。所谓不平衡，就是由于旋转体轴心周围的质量分布不均，从而在旋转过程中产生离心力而引起振动的现象。造成转子不平衡的主要原因有：①材质不均、制造精度较差（如内、外圆不同心）以及特定的结构（如键槽等）；②安装不良造成的偏心（如斜键）；③配合松动；④轴弯曲或轴变形（受热不匀、水平存放过久等）；⑤转子运行过程中旋转零件（如叶片、齿轮等）的磨损、腐蚀、剥落或介质沉积不匀；⑥旋转零件的断裂（如崩齿、叶片脱落等）。

图 3-18 所示为一单盘转子振动系统示意图，由于质心与旋转几何中心不重合而产生不平衡。设偏心距为 e，转子质量为 m，轴不计质量但其横向刚度为 k，转子的转动角速度为 ω，则转子由于不平衡引起的横向振动 y 可以简化为一单自由度振动模型

$$m\ddot{y}+c\dot{y}+ky=me\omega^2\sin(\omega t) \tag{3-39}$$

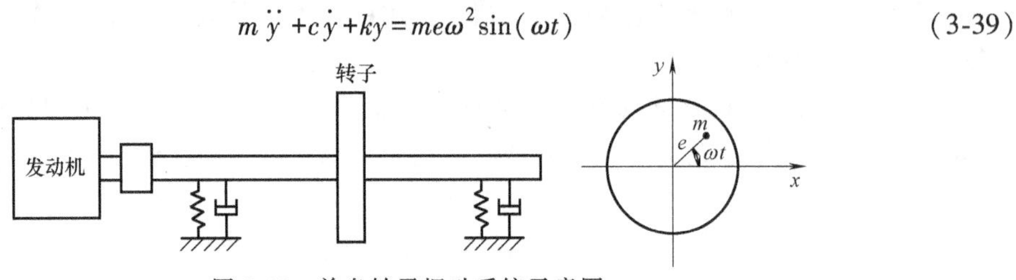

图 3-18　单盘转子振动系统示意图

依据前面的理论分析可知，振动响应中的暂态解部分很快就会消失，因此只考虑稳态的强迫振动部分即可，有

$$y(t)=eH(\omega)\sin[\omega t-\varphi(\omega)] \tag{3-40}$$

式中，

$$H(\omega)=\frac{\left(\frac{\omega}{\omega_n}\right)^2}{\sqrt{\left[1-\left(\frac{\omega}{\omega_n}\right)^2\right]^2+\left[2\zeta\left(\frac{\omega}{\omega_n}\right)\right]^2}};\varphi(\omega)=\arctan\frac{2\zeta\left(\frac{\omega}{\omega_n}\right)}{1-\left(\frac{\omega}{\omega_n}\right)^2} \tag{3-41}$$

其中，$H(\omega)$ 称为幅频响应函数（图 3-19），它表示振幅随频率比 ω/ω_n 的变化而变化的放大系数。当转速增加时振幅随之增加，临界转速时（即 $\omega/\omega_n\approx1$ 时）达到某一峰值，称为共振峰。共振峰的高度与阻尼率的大小有关。然后，振幅随转速的增加而逐渐减小，最后趋向于一定值。$\varphi(\omega)$ 称为相频响应函数，表示强迫振动的滞后相角随转速的变化而变化的规律。由图 3-19 可见，幅频及相频函数均受阻尼率 ζ 的影响。一般阻尼率越大共振峰值越低。在临界转速时，相角 φ 与阻尼无关且 $\varphi=\pi/2$。当转子超临界转速运行时与低临界转速运行时相比，其相角趋于相反。

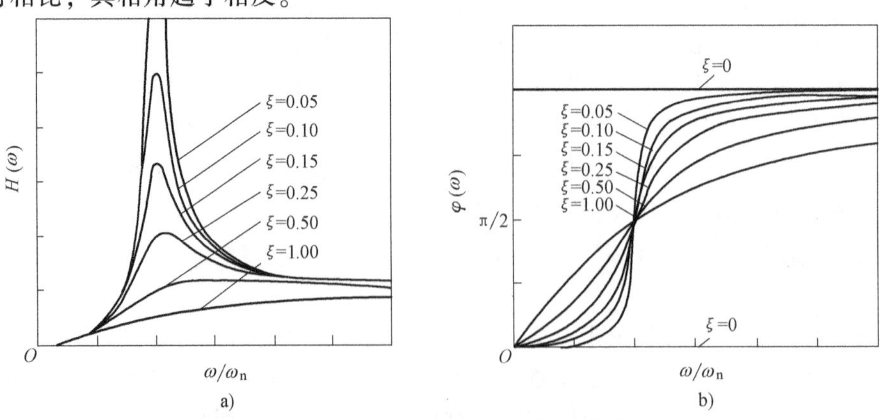

图 3-19　转子不平衡的振动特性曲线

a）幅频特性曲线　b）相频特性曲线

由于不平衡所引发的振动，其最重要的特点就是发生与旋转同频的强迫振动，在频谱上表现为以旋转频率的1倍频为主。图3-20所示为车床主轴转速为1200r/min时实测的工件振动位移信号及其频谱，可见由于切削力的存在，工件存在不平衡振动问题。表3-1给出了不平衡故障的振动特性。

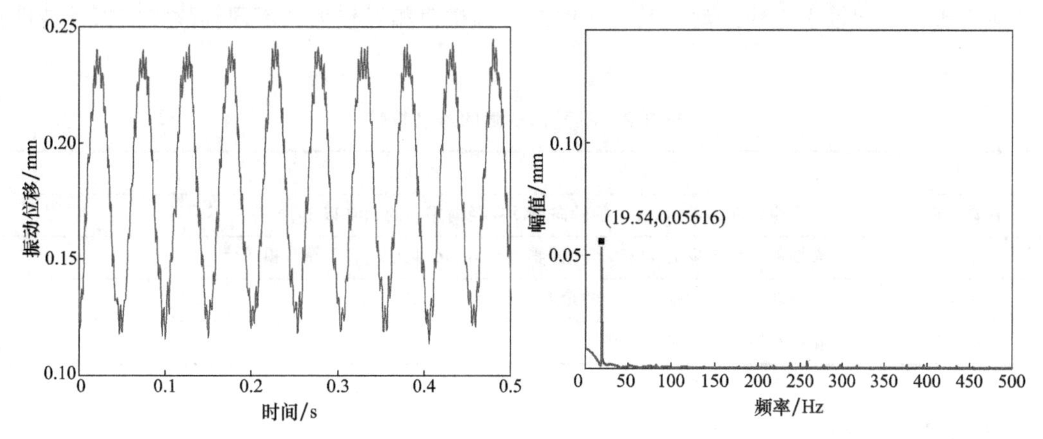

图3-20　不平衡振动信号及其频谱

表3-1　不平衡故障的振动特性

项目	性质
振动方向	以径向为主
振动频率	以旋转频率f_r为主要频率成分
相位	与旋转标记经常保持一定的角度(同步)
振幅	随着转速的升高,振幅增长得很快;转速降低时,振幅可趋近于零(共振范围除外)

3.3.2　不同轴（不对中）

转子不同轴指多根转子通过联轴器相连，安装时的转子中心误差或在运转过程中转子支承基座受热发生大小不一的尺寸变化，导致转子中心线不共线的现象，又称不对中。转子不同轴，可以分为平行不同轴、交角不同轴和复合不同轴三种形式，如图3-21所示。

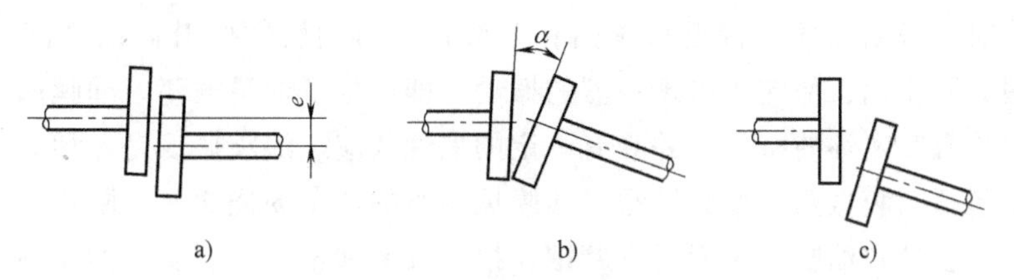

图3-21　不同轴的类型

a）平行不对中　b）交角不同轴　c）复合不对中

存在不同轴时，除产生径向振动外，还容易发生轴向振动。转子由于不同轴激发的振动中含有转频、二倍转频、三倍转频及高倍转频分量，并且一般都伴有较明显的轴向振动。实际上，当不同轴转子通过联轴器连接在一起旋转时，两根转子上对应连接点经过不同轴方向时均会受到最大连接力作用。转子旋转一周，连接力会出现两次最大值，从而将导致转子振动产生二倍及高倍转频的振动分量。不同轴不严重时，其频率成分为旋转基频；不同轴严重时，则产生旋转基频的高次谐波成分。这样，仅从频率方面来考察，有时则很难区分不同轴与不平衡故障。两者的重要区别在于振幅随转速的变化特性：对于不平衡故障，振幅随转速的升高增大得很快；而对于不同轴故障，振幅大体固定，与转速没有太强的关系。此外，与不平衡相比，不同轴引起的振动，其转频的二倍频幅值相对较大。不同轴故障的振动特性见表 3-2。

表 3-2 不同轴故障的振动特性

项目	性质
振动方向	易发生轴向振动，如发生的轴向振动在径向振动的 50%以上，则存在不同轴
振动频率	普通的联轴节以 f_r 为主，如不同轴剧烈时，则出现 $2f_r$、$3f_r$ 等谐频成分
相位	与旋转标记经常保持一定的角度（同步）
振幅	振幅与转速的关系不大

3.3.3 自激振动

自激振动是由于系统内各部分之间的相互作用而得以维持和扩大的，它不需要持续的外加交变激励的作用，这是与强迫振动所不同的。

油膜涡动是由滑动轴承支承的转子中心绕着轴承中心转动的亚同步振动现象，其回转频率约为转子回转频率的一半（0.42~0.48），因此通常又称为半速涡动。产生半速油膜涡动的原因与轴颈轴瓦之间油膜速度的分布有关。正常情况下轴瓦表面的油膜速度为零，而轴颈表面油膜速度与轴颈表面速度相同，在圆周上的任一径向油膜剖面上的油膜的平均速度都等于转子转速的一半。转子的自转将润滑油从轴颈间隙大的地方带入，从间隙小的地方带出。当带入的油量大于带出的油量时，由于液体的不可压缩性，多余的油就推动转子轴颈向前运动，形成了与轴自转方向相同的涡动运动。由于油膜平均速度为轴颈表面速度的一半，转子轴涡动的速度也为转子转速的一半。由于轴瓦表面粗糙度的影响及油液的端面泄漏，实际转子涡动速度小于轴颈表面轴向速度的一半。

一旦产生油膜涡动，随着转子转速的升高，油膜涡动的频率也升高。当转频达到一阶固有频率的二倍时，涡动频率（接近系统固有频率）不再随转频的升高而升高。这时油膜涡动与系统共振共同作用，使转子出现强烈的振动，即产生了油膜振荡。油膜涡动和油膜振荡的产生和消失均有突发性的特点，并具有一定的惯性效应。油膜振荡是一种非线性的油膜共振，激荡频率包括油膜振荡频率和转频。油膜振荡时的转子的挠曲呈一阶振型。当产生激烈的油膜振荡时，会导致油膜破裂而引发摩擦，损伤轴承和密封。事实上油膜涡动的规律十分复杂，出现油膜涡动与油膜振荡现象的情况也多种多样。有时不出现油膜涡动，一发生就是油膜振荡；也有的先出现油膜涡动，然后才出现油膜振荡。

除了滑动轴承外，密封、转子内部封存流体、压缩机或涡轮机等转子顶隙不均、螺旋桨振荡等在一定条件下均会产生与油膜涡动相同的半速涡动现象。此外，机床切削、润滑油起泡、喘振和蠕动，以及气穴、摩擦等也会引起自激振动。自激振动的最基本特点在于振动频率为相关振动体的固有频率，其振动特性见表 3-3。

表 3-3 自激振动的振动特性

项目	性质	项目	性质
振动方向	无特殊方向性	相位	有变化(非同步)
振动频率	与转速无关的固有振动频率	振幅	转速的变化对振幅的影响较小

3.4 齿轮故障的振动诊断

1. 齿轮和齿轮箱的失效形式和原因

虽然现代机械传动方式多种多样，但齿轮传动仍是目前广泛采用的主要传动形式之一。由于齿轮传动具有结构紧凑、效率高、寿命长、工作可靠和维修方便等特点，所以在运动和动力传递以及变更速度等各个方面得到了普遍应用。但是齿轮传动也有明显缺点，其特有的啮合传动方式造成两个突出的问题：一是振动、噪声较其他传动方式大；二是其制造工艺、材质、热处理、装配等因素，若未达到理想状态，则常成为诱发机器故障的重要因素，且诊断较为复杂。例如摇臂齿轮箱作为采煤机截割部重要的传动装置，其故障在采煤机的所有故障中占主导地位。表 3-4 所示为神华集团神东矿区 2004—2010 年采煤机摇臂齿轮箱故障占采煤机总体故障的比例统计数据。由表 3-6 可见，随着设备的老化，齿轮箱故障频率有发展劣化趋势。

表 3-4 采煤机摇臂齿轮箱故障占采煤机总体故障的比例统计数据

年份	2004	2005	2006	2007	2008	2009	2010
故障占比	27.5%	33.3%	29.4%	34.6%	38.5%	36.2%	39.8%

齿轮传动多以齿轮箱的结构出现。齿轮箱是各类机械设备通常具备的变速传动部件，一般包含轴、齿轮和轴承等零部件。在齿轮箱的各类零件中，失效比例分别为：齿轮 60%、轴承 19%、轴 10%、箱体 7%、紧固件 3%和油封 1%。可见，在所有零件中，齿轮自身的失效比例最大。齿轮和齿轮箱工作状态的好坏直接影响整个机械系统的工作，它们的故障往往是造成系统不能正常运转的常见原因之一，所以它们的制造质量、工作平稳性和噪声是机器制造质量的重要标志。以下分别从齿轮的制造、装配和使用运行过程介绍齿轮故障的原因。

(1) 由制造误差引起的缺陷　制造齿轮时通常会产生偏心、周节误差、基节误差和齿形误差等几种典型误差。偏心指齿轮基圆或分度圆与齿轮旋转轴线不同心的程度；周节误差指齿轮同一圆周上任意两个周节之差；基节误差指齿轮上相邻两个同名齿形的两条相互平行的切线间，实际齿距与公称齿距之差；齿形误差指在轮齿工作部分内，容纳实际齿形的两理论渐开线齿形间的距离。产生这些误差的原因是多方面的：机床运动的误差，切削刀具的误差，刀具、工件、机床系统安装调整不当的误差和热处理引起的齿轮变形等。当齿轮的这些误差较严重时，会导致齿轮传动中忽快忽慢的转动、在啮合时产生冲击而引起较大噪声等。

(2) 由装配误差引起的故障　由于装配技术和装配方法等原因，通常在装配齿轮时会造成“一端接触”、齿轮轴的直线性偏差（不同轴、不对中）和齿轮的不平衡等异常现象，如图 3-22 所示。“一端接触”或齿轮轴的直线性偏差会造成轮齿负荷不匀、个别齿负荷过重引起早期磨损，严重时甚至引起断裂等。

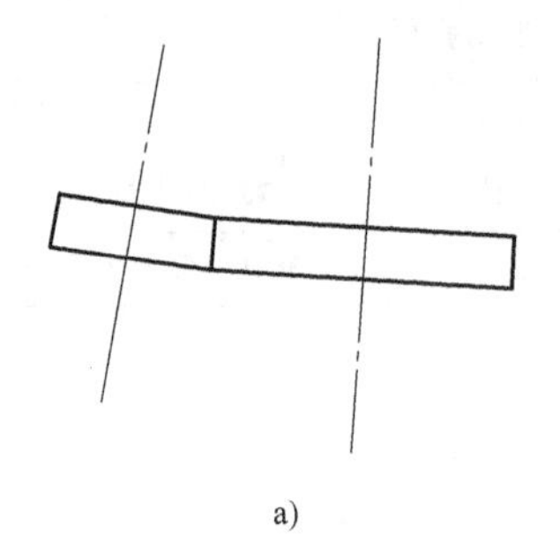

a)

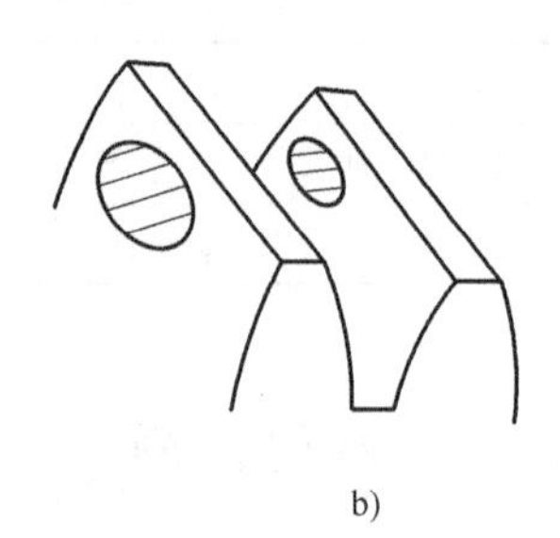

b)

图 3-22 齿轮的装配误差引起的故障

a）齿轮的装配误差 b）“一端接触”示意图

（3）齿轮运用中产生的故障 齿轮运行一段时间后才产生的故障，主要与齿轮的热处理质量及运行润滑条件有关，也可能与设计不当或前述的制造误差或装配不良有关。根据齿轮损伤的形貌和损伤过程或机理，故障的形式通常可分为齿的断裂、齿面疲劳（点蚀、剥落、龟裂）、齿面磨损或划痕和塑性变形四类。抽样统计的结果表明，齿轮的各种损伤发生的概率如下：齿的断裂 41%；齿面疲劳 31%；齿面磨损 10%，齿面划痕 10%；其他故障，如塑性变形、化学腐蚀、异物侵入等，占 8%。

1）齿的断裂。齿轮副在啮合传递运动时，主动轮的作用力和从动轮的反作用力都通过接触点分别作用在对方轮齿上，最危险的情况是接触点某一瞬间位于轮齿的齿顶部，此时轮齿如同一个悬臂梁，受载后齿根处产生的弯曲应力为最大。若突然过载或冲击过载，很容易在齿根处产生过负荷断裂，即使不存在冲击过载的受力工况，当轮齿重复受载后，由于应力集中现象，也易产生疲劳裂纹，并逐步扩展，致使轮齿在齿根处产生疲劳断裂。对于斜齿轮或宽直齿齿轮，也常产生轮齿的局部断裂。另外，淬火裂纹、磨削裂纹和严重磨损后齿厚过分减薄时，在轮齿的任意部位都可能产生断裂。轮齿的断裂是齿轮最严重的故障，常因此造成设备停机。

2）齿面磨损或划痕。齿轮传动中润滑不良、润滑油不洁或热处理质量差等均可造成磨损或划痕，磨损可分为黏着磨损、磨粒磨损、划痕（一种很严重的磨粒磨损）和腐蚀磨损等。

a）黏着磨损。润滑对黏着磨损影响很大，在低速、重载、高温、齿面粗糙度差、供油不足或油黏度太低等情况下，油膜易被破坏而发生黏着磨损。但在润滑油膜层完整且有相当厚度时就不会发生金属间的接触，也就不会发生磨损。润滑油的黏度高，有利于防止黏着磨损的发生。

b）磨粒磨损与划痕。当润滑油不洁、含有杂质颗粒或在开式齿轮传动中的外来砂粒或在摩擦过程中产生的金属磨屑，都可以产生磨粒磨损与划痕。一般齿顶、齿根部摩擦较节圆部严重，这是因为啮合过程中节圆处为滚动接触，而齿顶、齿根处为滑动接触。

c）腐蚀磨损。由于润滑油中的一些化学物质，如酸、碱或水等污染物，与齿面发生化学反应造成金属的腐蚀而导致齿面损伤。

d）烧伤。尽管烧伤本身不是一种磨损形式，但它是由于磨损造成又反过来造成严重的磨损失效和表面变质。烧伤是由于过载、超速或不充分的润滑引起的过分摩擦所产生的局部区域过热，这种温度升高足以引起变色和过时效，或使钢的几微米厚的表面层重新淬火，出现白层。烧伤的表面容易产生疲劳裂纹。

e）齿面胶合。大功率软齿面或高速重载的齿轮传动，当润滑条件不良时易产生齿面胶合（咬焊）破坏，即一齿面上的部分材料胶合到另一齿面上而在此齿面上留下坑穴，在后续的啮合传动中，这部分胶合上的多余材料很容易造成其他齿面的擦伤沟痕，形成恶性循环。

3）齿面疲劳（点蚀、剥落）。齿面疲劳主要包括齿面点蚀与剥落。造成点蚀的原因，主要是由于工作表面的交变应力引起的微观疲劳裂纹，润滑油进入裂纹后，由于啮合过程可能先封闭入口然后挤压，微观疲劳裂纹内的润滑油在高压下使裂纹扩展，结果小块金属从齿面上脱落，留下一个小坑，形成点蚀。如果表面的疲劳裂纹扩展得较深、较远，或一系列小坑由于坑间材料失效而连接起来，造成大面积或大块金属脱落，这种现象则称为剥落。剥落与严重点蚀只有程度上的区别而无本质上的不同。

实验表明，在闭式齿轮传动中，点蚀是最普遍的破坏形式；在开式齿轮传动中，由于润滑不够充分以及进入污物的可能性增多，磨粒磨损总是先于点蚀破坏。

4）齿面塑性变形。软齿面齿轮传递载荷过大（或在大冲击载荷下）时，易产生齿面塑性变形。在齿面间过大的摩擦力作用下，齿面接触应力会超过材料的抗剪强度，齿面材料进入塑性状态，造成齿面金属的塑性流动，使主动轮节圆附近齿面形成凹沟，从动轮节圆附近齿面形成凸棱，从而破坏了正确的齿形。有时可在某些类型的齿轮的从动齿面上出现“飞边”，严重时挤出的金属充满顶隙，引起剧烈振动，甚至发生断裂。

2. 齿轮振动机理与特征频率

众所周知，在齿轮传动过程中，每个轮齿周期地进入和退出啮合。对于直齿圆柱齿轮，其啮合区分为单齿啮合区和双齿啮合区。在单齿啮合区内，全部载荷由一对齿副承担；一旦进入双齿啮合区，则载荷分别由两对齿副按其啮合刚度的大小分别承担（啮合刚度是指啮合齿副在其啮合点处抵抗挠曲变形和接触变形的能力）。很显然，在单、双齿啮合区的交变位置，每对齿副所承受的载荷将发生突变，这必将激发齿轮的振动。同时，在传动过程中，每个轮齿的啮合点均从齿根向齿顶（主动齿轮）或从齿顶向齿根（从动齿轮）逐渐移动，由于啮合点沿齿高方向不断变化，各啮合点处齿副的啮合刚度也随之改变，相当于变刚度弹簧，这也是齿轮产生振动的一个原因。此外，由于轮齿的受载变形，其基节发生变化，在轮齿进入啮合和退出啮合时，将产生啮入冲击和啮出冲击，这更加剧了齿轮的振动。综上所述，在齿轮啮合过程中，由于单、双齿啮合区的交替变换、轮齿啮合刚度的周期性变化以及啮入冲击和啮出冲击，即使齿轮系统制造得绝对准确，也会产生振动。

根据上述工作原理，将齿轮副简化为一个振动系统，其简化模型如图 3-23 所示。其振动方程为

$$M\ddot{x}+C\dot{x}+k(t)x=k(t)E_1+k(t)E_2(t) \tag{3-42}$$

式中，M 为当量质量，$M=m_1m_2/(m_1+m_2)$；x 为沿啮合线方向齿轮的相对位移，$x=x_1-x_2$；C 为啮合阻尼；$k(t)$ 为啮合刚度；E_1 为齿轮受载后的平均静弹性变形；$E_2(t)$ 为齿轮误差和故障造成的两齿轮间的相对位移，也称为故障函数。公式的左侧表示齿轮副的振动特性，右侧为激振函数。激振函数有两个组成部分：齿轮受载后由弹性变形引起的，与齿轮缺陷和故障状态无关的常规振动 $k(t)E_1$；齿轮综合刚度和故障函数激起的振动 $k(t)E_2(t)$。

齿轮的啮合刚度是个很复杂的参量，它是研究齿轮动态性能的基础。由于受到传递载荷、载荷分布、齿轮变形和啮合位置等因素的影响，啮合刚度以该对齿轮啮合频率进行周期性变化。图 3-24 所示为直齿轮和斜齿轮的啮合刚度变化曲线，可见斜齿轮的刚度变化较为

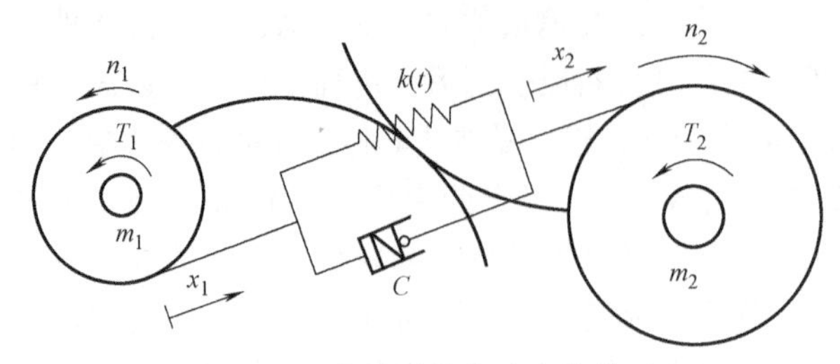

图 3-23　齿轮副简化动力学模型

平缓，这也就解释了斜齿轮的传动较直齿轮平稳的原因。由于啮合刚度呈现随时间的非线性变化，齿轮的啮合振动具有明显的非线性特征。由啮合力激发的振动不但包含一倍啮合频率的振动，也包含二倍及高倍啮合频率的振动。同时，由故障函数激发起的振动也将出现复杂的调幅、调频现象。

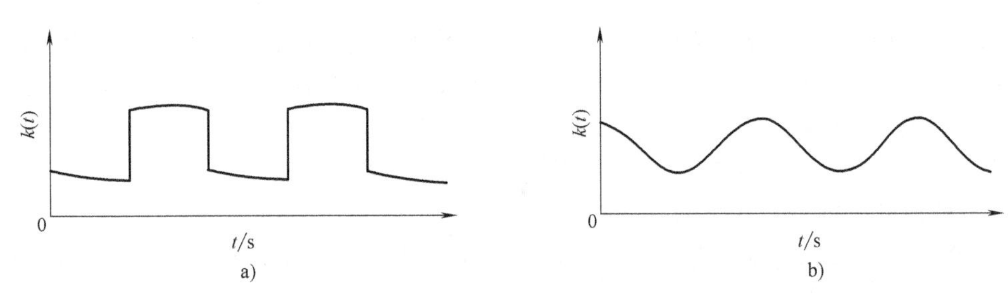

图 3-24　齿轮啮合刚度变化曲线

a）直齿轮　b）斜齿轮

从齿轮的运动方程中可知，正常齿轮传动中由于啮合刚度的周期性变化会引起参数振动，其振动频率与转速、齿数和重叠系数有关。由于齿形误差的随机激励，可能引起齿轮弹性系统的共振，当齿轮出现故障时，振动往往加剧，也会产生一些新的频率成分，这些都统称为齿轮的特征频率。当同一频率成分能对应于不同的运动或故障时，将增加分析诊断的难度。因此，论述特征频率时还应尽可能地论述频率结构及变化趋势，为进行有效的分析提供可靠的依据。

（1）轴的转动频率及其谐频　齿轮-轴系统的不平衡引起离心惯性力，使齿轮-轴系统产生强迫振动，当转动频率接近齿轮-轴系统横向振动的固有频率时，将产生临界转速现象，造成转轴大幅度的变形，这样又会恶化齿轮的啮合关系，造成更大的振动。若齿轮已经有一轮齿断裂，每转一圈轮齿猛烈冲击一次，展开为傅里叶级数，其频率结构为转动频率及其谐频。齿轮及轴的转动频率 f_r 为

$$f_r = \frac{n}{60} \tag{3-43}$$

式中，n 为齿轮及轴的转速，单位为 r/min。谐频为转动频率 f_r 的整倍数，如 $2f_r$、$3f_r$ 等。

（2）啮合频率及其谐频　齿轮在啮合中，节线冲击、啮合冲击、轮齿弹性、变形误差和故障等都会使轮齿与轮齿之间发生冲击，冲击的频率称为啮合频率。

1）定轴转动的齿轮的啮合频率为

$$f_m = z_1 f_{r1} = z_2 f_{r2} \tag{3-44}$$

式中，f_{r1} 为主动轮的旋转频率，单位为 Hz；z_1 为主动轮的齿数；f_{r2} 为从动轮的旋转频率，单位为 Hz；z_2 为从动轮的齿数。

2）有固定齿圈的行星轮系齿轮的啮合频率为

$$f_m = z_r(f_r \pm f_c) \tag{3-45}$$

式中，z_r 为齿轮的齿数；f_r 为该齿轮的旋转频率，单位为 Hz；f_c 为行星架的旋转频率，单位为 Hz，当 f_c 与 f_r 转向相反时，f_c 前取正号，否则取负号。

齿轮以啮合频率振动的特点：

a）振动频率随转速变化而变化。

b）振动展开为傅里叶级数后，一般存在啮合频率的谐频。

c）当啮合频率或其高阶谐频接近或等于齿轮的某阶固有频率时，齿轮产生强烈振动。

d）由于齿轮的固有频率一般较高，这种强烈振动振幅不大，但是常为强烈噪声。

（3）边频带　在齿轮箱的振动频谱中，常见到啮合频率或其高阶谐频附近存在一些等间距的频率成分，这些频率成分称为边频带。边频带的产生主要与振动信号被调制有关，调制在数学上可分为幅值调制、频率调制和相位调制等。实际的齿轮振动信号中幅值调制与频率调制或相位调制往往同时存在。当两者的边频间距相等时，对于同一频率的边带谱线，相位相同时，两者的幅值相加；相位相反时，两者的幅值相减。这就破坏了边频带原有的对称性，所以实际齿轮振动频谱中啮合频率或其高阶谐频附近的边频带分布一般是不对称的。例如图 3-25 所示为实测某 CST 齿轮箱在额定载荷工况下振动加速度信号及其频谱。

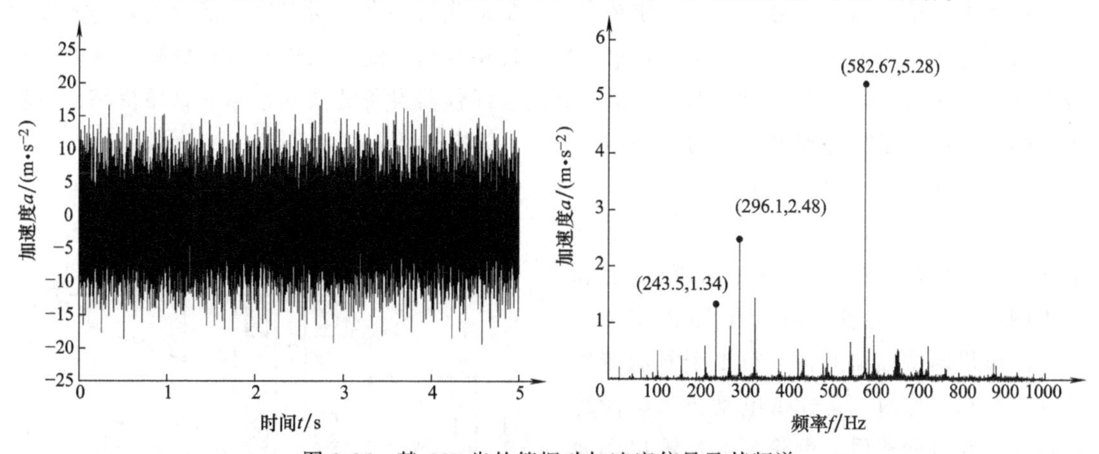

图 3-25　某 CST 齿轮箱振动加速度信号及其频谱

（4）齿轮的固有频率　单个齿轮可近似地看作是周边自由、中心固定的较厚的无齿圆板，径向振动固有频率较高，一般不予考虑，轴向振动固有频率较低，可按下式近似地计算

$$f_{ns} = \frac{\alpha_{ns}}{2\pi r^2}\sqrt{\frac{Et^2}{12(1-\mu^2)\rho}} \tag{3-46}$$

式中，r 为齿轮的分度圆半径；E 为齿轮材料的弹性模量；t 为齿轮厚度；μ 为齿轮材料的泊松比；ρ 为齿轮的（密度单位体积质量）；α_{ns} 为齿轮的振型常数，下标 n 为径向节线数，s 为节圆数。

3. 齿轮典型故障特征

下面以几种常见的齿轮故障为例，来分析其振动特性，以便对故障进行诊断。

（1）齿面损伤　当齿轮所有的齿面产生磨损或齿面上有裂痕、点蚀、剥落等损伤时，齿轮副在啮合时产生冲击振动，并激发齿轮按其固有频率振动，固有振动频率成分的振幅与其他振动成分相比是非常大的，与冲击振动的振幅具有几乎相同的大小。

与此同时，低频的啮合频率成分的振幅也增大。此外，随着磨损的发展，齿的刚性（弹性常数）表现出非线性的特点，在其振动频谱中存在啮合频率的2次、3次谐波或1/2、1/3等的分频成分。

（2）齿轮偏心　当齿轮存在偏心时，齿轮每转中的压力时大时小地变化，致使啮合振动的振幅受旋转频率的调制，其频谱包含旋转频率f_r、啮合频率f_m成分及其边频带$f_m \pm f_r$。

（3）齿轮局部性缺陷　当齿轮存在个别轮齿折损、个别齿面磨损、点蚀和齿根裂纹等局部性缺陷时，在啮合过程中该轮齿将激发异常大的冲击振动，在振动波形上出现较大的周期性脉冲幅值。其主要频率成分为旋转频率f_r及其高次谐波nf_r，并经常激发系统以固有频率振动。

（4）齿距误差　当齿轮存在齿距误差时，齿轮在每转中的速度将时快时慢地变化，致使啮合振动的频率受旋转频率振动的调制。其频谱包含旋转频率f_r、啮合频率f_m成分及其边频带$f_m \pm nf_r$（$n=1，2，3，\cdots$）。

需要说明的是，实际测试所得到的频谱图远非上述的特征那么简洁明了，而是要比此复杂得多，其中的谱峰通常很少以单一频率线出现，而多表现为一个连续的频段。齿轮的异常现象也很少以单一的形式出现，而往往是多种故障形式的综合。所有这些都给齿轮的故障诊断带来了许多应用上的困难。尽管如此，仍然有理由相信，随着人们对齿轮故障的振动诊断研究的继续深入，诊断算法会越来越丰富，加之诊断仪器设备的技术指标的日益提高，齿轮故障的振动诊断必将得到更广泛的应用。

4. 齿轮箱故障的振动诊断实例

某公司二号空气压缩机组的结构示意图如图3-26所示。在齿轮箱两侧的轴瓦上和风机两侧的轴瓦上各装有4个加速度传感器，压缩机两侧轴瓦上各装有1个涡流传感器。机组在工作时，首先由电动机带动齿轮箱转动，经过变速后，齿轮箱低速输出端通过联轴器带动风机鼓风，送入压缩机，高速输出端带动压缩机进行空气压缩，然后把高压气体经管道送到各个车间，作为气压阀、气压表及其他气动装置的动力来源。二号机组是该公司的重要供气装置，它的安全运行直接关系到其他车间乃至全厂的正常生产。

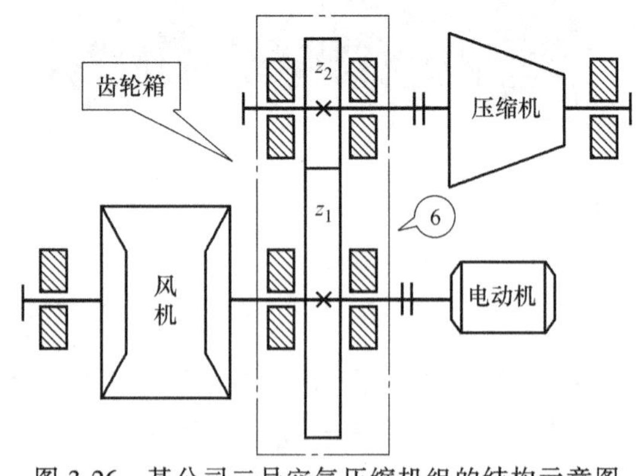

图3-26　某公司二号空气压缩机组的结构示意图

在该机组中，风机、齿轮箱和压缩机都是非常关键的设备，根据机组安装的技术资料可知齿轮箱的基本参数（见表3-5），从而可以方便地计算出齿轮箱各输出轴的工频：$f_1 = n_1/60 = 49.75\text{Hz}$，$f_2 = 212.38\text{Hz}$，齿轮传动啮合频率：$f_e = f_1 z_1 = f_2 z_2 = 5522.0\text{Hz}$。

采用便携式监测与分析系统，在现场采用临时加装速度传感器的方法，选择对齿轮箱6号位置（图3-26）进行数据采集和实时监测，然后再对这些数据实行分析。

表 3-5　二号机组齿轮箱的参数

齿轮	齿数 z	转速 n/r · min^{-1}
z_1	111	2985
z_2	26	12743

（1）齿轮传动中振动信号的时域和频谱分析　齿轮箱的振动信号一般至少由两部分组成：载波信号和调制信号。载波信号一般是齿轮传动中的啮合频率；而调制信号则往往是故障信息，一般为故障齿轮的转动频率。图 3-27 和图 3-28 所示分别为齿轮箱实测数据的时域图和频谱图。从时域波形上看，齿轮箱振动信号有高频调制分量，这一信号频率对应于压缩机的工作频率，进一步分析知，2974Hz≈1487. 9Hz×2≈212. 8Hz×14；而 5521. 6Hz 则对应于齿轮的啮合频率。由于齿轮箱调制信号的振动幅值较小，在时域波形上就很难反映出来，这也说明齿轮运行情况正常。

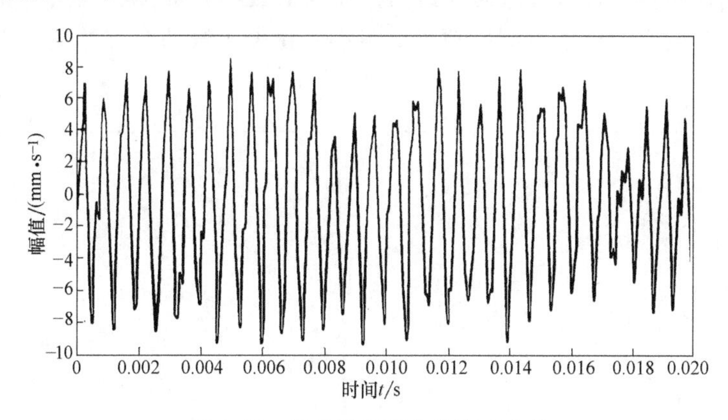

图 3-27　齿轮箱实测数据的时域图

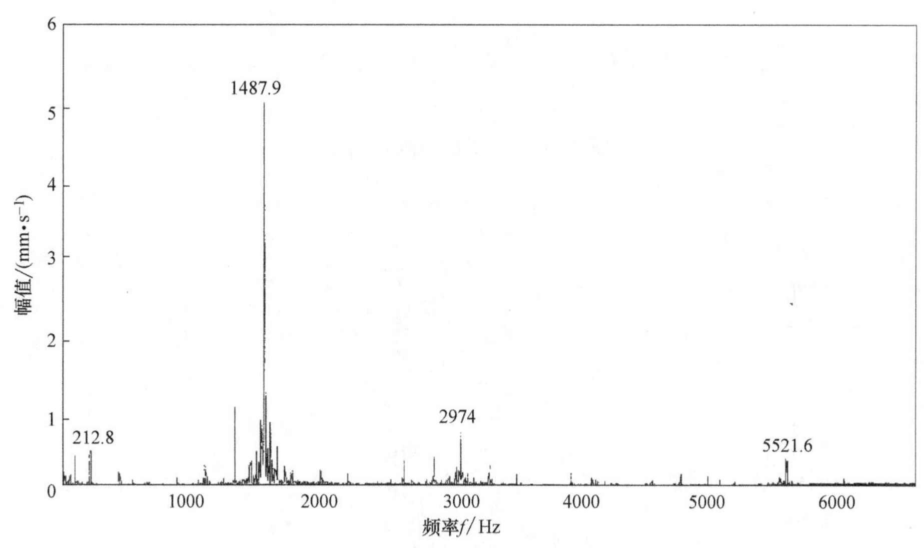

图 3-28　齿轮箱实测数据的频谱图

（2）边频特征的细化谱分析　齿轮振动信号无论是调幅还是调频，其特点是在频谱图上都会有对称的边带结构，边带的间隔反映了故障源的频率，幅值的大小表示故障的程度，提取齿轮的边频信息是齿轮诊断的关键技术问题。但是，以啮合频率为中心的两边分布或单边分布有边频族，谱线间隔很小，采用一般的频率分析方法难以精确分辨，在此采用选频带细化技术来提取边频特征信息。

细化谱边频故障诊断一般从两个方面着手：一是利用边带的对称性，找出 $f_m \pm nf_0$（$n=1, 2, \cdots$）的频率关系，确定是否成为一组边带，若是边带，就可以知道啮合频率 f_m 和调制频率 f_0；二是比较各次测量中边带幅值变化的趋势。由此可以判断故障的类型和故障发展的程度。

为此，先对图 3-28 中 2974Hz 位置进行选频带细化分析，得到如图 3-29 所示的图形。各相邻峰值之间的频率在 212.4Hz 附近。进一步分析还可以得到：紧靠 2974Hz 左右两侧的两个峰值与 2974Hz 的频率差为 50Hz，对应于齿轮箱大齿轮工频。再对 5521.6Hz 谱峰以啮合频率为中心进行细化谱分析，如图 3-30 所示。其边频特性比较明显，边频族间隔频率均为 50Hz，这说明齿轮箱蕴含有轻微的（边频振动幅值较小）故障，且这一故障存在于工频 $f_1=49.75$Hz 的大齿轮上。由于边频振动幅值很小，在齿轮振动允许的范围之内，故认为齿轮箱工作正常。

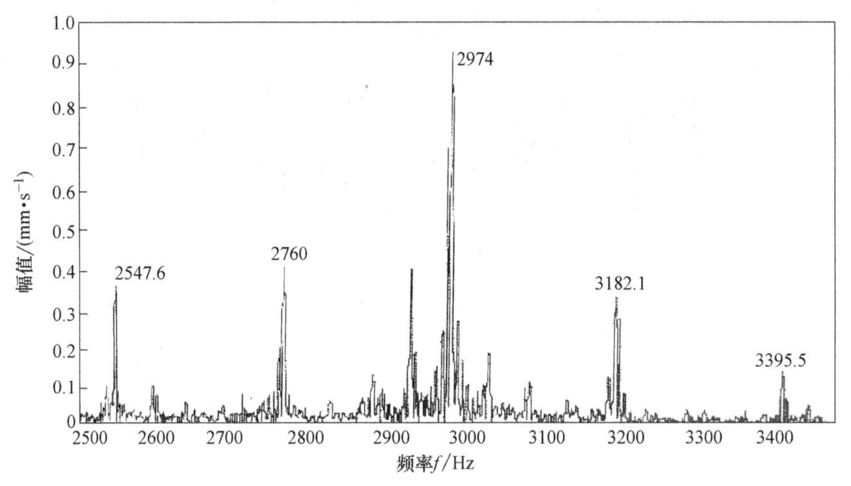

图 3-29　2974Hz 处细化谱图

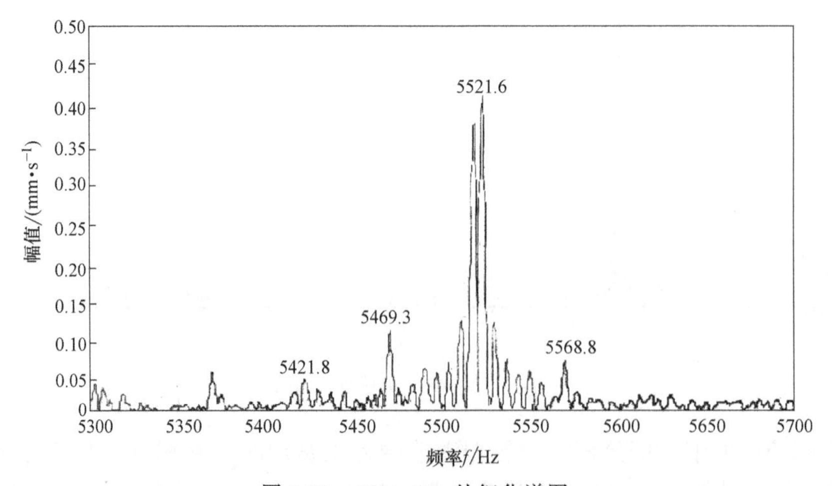

图 3-30　5521.6Hz 处细化谱图

3.5　滚动轴承故障的振动诊断

滚动轴承是机械系统中重要的支承部件，其性能与工况的好坏直接影响到与之相连的转轴以及安装在转轴上的齿轮乃至整台机器设备的性能。滚动轴承是机械设备中最常用也是最易损坏的零件之一，滚动轴承的故障及其监测技术是近年来国内外研究的一个热点。

由于滚动轴承破坏形式复杂，且还受到如安装等方面因素的影响，故工作中轴承的运转信息甚为复杂，且反映运转状态信息的能量往往也很微弱，常常被其他信号所淹没。因此，对故障的诊断也带来了一定的困难。由于滚动轴承直接接触回转部分，经长时间使用后必然产生振动和噪声。因此，滚动轴承的振动和噪声也就成为其故障诊断的重要依据。这里着重讲述滚动轴承通过振动信号特征进行故障诊断的原理。

1. 滚动轴承失效的基本形式

滚动轴承有很多种损坏形式，常见的有磨损失效、疲劳失效、腐蚀失效、压痕失效、断裂失效和胶合失效。

（1）滚动轴承的磨损失效　磨损是滚动轴承最常见的一种失效形式。在滚动轴承运转中，滚动体和套圈之间均存在滑动，这些滑动会引起零件接触面的磨损。尤其在轴承中侵入金属粉末、氧化物以及他硬质颗粒时，则会形成严重的磨料磨损，加剧恶化情况。另外，由于振动和磨料的共同作用，对于处在非旋转状态的滚动轴承，会在套圈上形成与钢球节距相同的凹坑，此即为摩擦腐蚀现象，如果轴承与座孔或轴颈配合太松，在运行中引起的相对运动，又会造成轴承座孔或轴径的磨损，当磨损量较大时，轴承便产生游隙噪声，使振动增大。

（2）滚动轴承的疲劳失效　在滚动轴承中，滚动体或套圈滚动表面由于接触负荷的反复作用，在表面下形成细小裂纹，随着以后的持续负荷运转，裂纹逐步发展到表面，致使材料像岩块一样裂开，直至金属表层产生片状或点坑状剥落。轴承的这种失效形式称为疲劳失效。其主要是由于疲劳应力造成的，有时是由于润滑不良或强迫安装所至。随着滚动轴承的继续运转，损坏逐渐增大。因为脱落的碎片被滚压在其余部分的滚道上，并给那里造成局部超负荷而进一步使滚道损坏。轴承运转时，一旦发生疲劳剥落，其振动和噪声将急剧恶化。

（3）滚动轴承的腐蚀失效　轴承零件表面的腐蚀分三种类型：一是化学腐蚀，当水、酸等进入轴承或者使用含酸的润滑剂，都会产生这种腐蚀；二是电腐蚀，由于轴承表面间有较大电流通过使表面产生点蚀；三是微振腐蚀，因轴承套圈在机座座孔中或轴颈上的微小相对运动产生。结果使套圈表面产生红色或黑色的锈斑。轴承的腐蚀斑则是以后损坏的起点。

（4）滚动轴承的压痕失效　压痕主要是由于滚动轴承受负荷后，在滚动体和滚道接触处产生塑性变形。负荷过量时会在滚道表面形成塑性变形凹坑。另外，若装配不当，也会由于过载或撞击造成表面局部凹陷，或者由于装配敲击，而在滚道上造成压痕。

（5）滚动轴承的断裂失效　轴承零件的破断和裂纹主要是由于运行时载荷过大、转速过高、润滑不良或装配不善而产生过大的热应力导致的；也有的是由于磨削或热处理不当而导致的。

（6）滚动轴承的胶合失效　滑动接触的两表面，一个表面上的金属黏附到另一个表面上的现象称为胶合。对于滚动轴承，当滚动体在保持架内卡住，或者润滑不足、速度过高造成摩擦热过大，使保持架的材料黏附到滚子上，从而形成胶合，其胶合状为螺旋形污斑状；也有的是由于粗暴安装，在轴承内滚道引起胶合和剥落。

2. 滚动轴承的振动诊断方法

引起滚动轴承振动的因素有很多。有与部件相关的振动，有与制造质量相关的振动，还有与轴承装配以及工作状态相关的振动。所不同的是，当滚动轴承运动时，出现随机性的机械故障时，运转所产生的随机振动的振幅相应增加，通过对轴承振动的剖析，找出激励特点，从振动信号中获取振源的可靠信息，从而进行滚动轴承的故障诊断。

（1）轴承刚度变化引起的振动　当滚动轴承在恒定载荷下运转时（图 3-31），由于其轴承和结构的状态变化，系统内的载荷分布状况呈现周期性变化。如滚动体与外圈的接触点的变化，使系统的刚度参数形成周期的变化，而且是一种对称周期变化，从而使其恢复力呈现非线性的特征。由此便产生了分谐波振动。

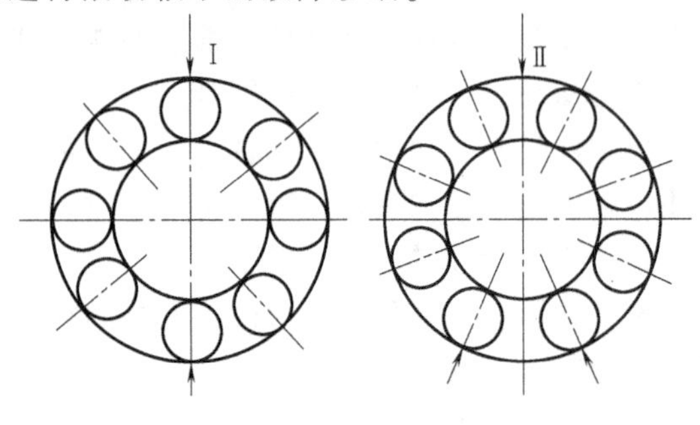

图 3-31　滚动轴承刚度随滚动体位置而变化

此外当滚动体处于载荷下非对称位置时，转轴的中心不仅有垂直方向的移动，而且还有水平方向的移动。这类参数的变化与运动都将引起轴承的振动，也就是随着轴的转动，滚动体通过径向载荷处就会产生激振力。

这样在滚动轴承运转时，由于刚度参数形成的周期变化和滚动体产生的激振力及系统存在非线性，便产生多次谐波振动并含有分谐波成分，不管滚动轴承正常与否，这种振动都要发生。

（2）由滚动轴承的运动副引起的振动　当轴承运转时，滚动体便在内外圈之间滚动。轴承的滚动表面虽加工得非常平滑，但从微观来看，仍高低不平，滚动体在这些凹凸面上转动，则产生交变的激振力。所产生的振动，既是随机的，又含有滚动体的传输振动，其主要频率成分为滚动轴承的特征频率。

滚动轴承的特征频率（即接触激发的基频），完全可以根据轴承元件之间滚动接触的速度关系建立方程求得。用它计算的特征频率值往往十分接近测量数值，所以在诊断前总是先算这些值，以此作为诊断的依据。

图 3-32 所示为角接触球轴承模型，内圈固定在轴上与轴一起旋转，外圈固定不动。

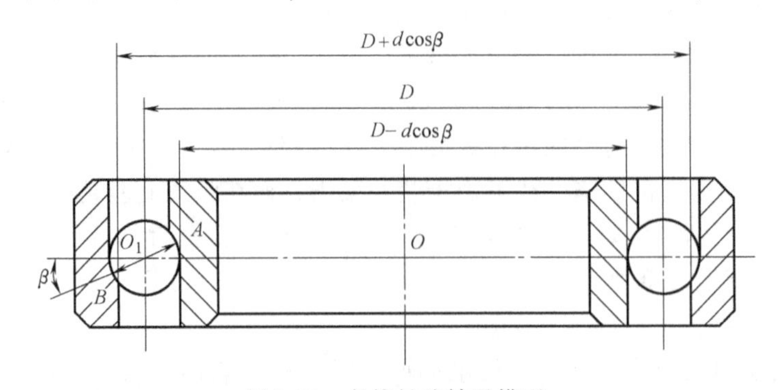

图 3-32　角接触球轴承模型

接触点 A、B 和滚珠中心 O_1，到轴中心 O 的距离从图 3-32 的简单几何关系得到，分别为$\frac{1}{2}(D-d\cos\beta)$、$\frac{1}{2}(D+d\cos\beta)$ 和 $D/2$，由此很容易求得几个特征频率。

1）内圈旋转频率。

$$f_i = n/60 \tag{3-47}$$

式中，n 为轴的转速，单位为 r/min。

2）保持架旋转频率。

$$f_c = \frac{1}{2}\left(1-\frac{d}{D}\cos\beta\right)f_i \tag{3-48}$$

式中，D 为轴承的节圆直径；d 为滚珠直径；β 为接触角。

证明：保持架旋转频率等于一个滚珠绕轴心 O 旋转的频率。由于滚珠在固定的外圈滚道上作纯滚动（即刚体平面运动），B 点为速度瞬心，则滚珠中心 O_1 的速度为

$$v_{O1} = \frac{1}{2}v_A$$

其中，由于在滚珠与内圈接触点 A 处的速度相等，故有

$$v_A = \overline{OA}\cdot\omega_i = \overline{OA}\cdot 2\pi f_i = \frac{1}{2}(D-d\cos\beta)\cdot 2\pi f_i = \pi(D-d\cos\beta)f_i$$

可得保持架的旋转频率应该等于 O_1 的切线速度 v_{O1} 除以节圆周长 πD，即

$$f_c = \frac{v_{O1}}{\pi D} = \frac{1}{\pi D}\frac{\pi}{2}(D-d\cos\beta)f_i = \frac{1}{2}\left(1-\frac{d}{D}\cos\beta\right)f_i$$

3）滚珠自转频率。

$$f_b = \frac{1}{2}\frac{D}{d\cos\beta}\left[1-\left(\frac{d\cos\beta}{D}\right)^2\right]f_i \tag{3-49}$$

证明：由于滚珠和保持架分别绕 O_1 和 O 作反向旋转，根据刚体绕平面轴反向转动的合成定理，它们绕 O_1 和 O 的转动频率（或角速度）与距此两轴瞬心 B 的距离成反比

$$\frac{f_b}{f_c} = \frac{OB}{O_1B} = \frac{\frac{1}{2}(D+d\cos\beta)}{\frac{1}{2}(d\cos\beta)} = \frac{D}{d\cos\beta}\left(1+\frac{d\cos\beta}{D}\right)$$

则得

$$\begin{aligned} f_b &= \frac{D}{d\cos\beta}\left(1+\frac{d\cos\beta}{D}\right)f_c = \frac{D}{d\cos\beta}\left(1+\frac{d\cos\beta}{D}\right)\cdot\frac{1}{2}\left(1-\frac{d}{D}\cos\beta\right)f_i \\ &= \frac{1}{2}\frac{D}{d\cos\beta}\left[1-\left(\frac{d\cos\beta}{D}\right)^2\right]f_i \end{aligned}$$

4）保持架通过（内圈）频率。由于保持架通过频率等于内圈和保持架旋转频率之差，即

$$f_{ci} = f_i - f_c = \frac{1}{2}\left(1+\frac{d}{D}\cos\beta\right)f_i \tag{3-50}$$

5）滚珠通过内圈频率。滚珠通过内圈频率，显然等于滚珠数 N 乘以 f_{ci}，即

$$f_{Bi}=Nf_{ci}=\frac{N}{2}\left(1+\frac{d}{D}\cos\beta\right)f_i \tag{3-51}$$

6）滚珠通过外圈频率。滚珠通过外圈频率等于滚珠数 N 乘以 f_c，即

$$f_{BO}=Nf_c=\frac{N}{2}\left(1-\frac{d}{D}\cos\beta\right)f_i \tag{3-52}$$

（3）滚动轴承元件的固有频率　滚动轴承元件出现缺陷或结构不规则时，在运行中，激发各个元件以其固有频率振动，各轴承元件的固有频率取决于本身的材料、外形和质量，如钢球的固有频率（单位为 Hz）为

$$f_B=\frac{0.424}{r}\sqrt{\frac{E}{2\rho}} \tag{3-53}$$

式中，r 为钢球的半径，单位为 m；ρ 为材料密度，单位为 kg/m^3；E 为弹性模量，单位为 N/m^2。轴承套圈在圈平面内的固有频率（单位为 Hz）为

$$f_n=\frac{n(n^2-1)}{2\pi\sqrt{n^2+1}}\frac{1}{a^2}\sqrt{\frac{EI}{M}} \tag{3-54}$$

式中，n 为固有频率阶数；a 为回转轴线到中心轴的半径，单位为 m；M 为套圈单位长度内的质量，单位为 kg/m；I 为套圈截面绕中性轴的惯性矩。

一般来讲，轴承元件固有频率在 20～60kHz 的频率内。

（4）与滚动轴承安装有关的振动　安装滚动轴承的旋转轴系弯曲，或者不慎将滚动轴承装歪，使保持架座孔和引导面偏载，轴在运转时则引起振动，其振动频率成分中含有轴旋转频率的多次谐波。同时，滚动轴承紧固过紧或过松，在滚动体通过特定位置时，也会引起振动，其频率与滚动体通过频率相同。

（5）滚动轴承故障所产生的振动　滚动轴承的故障现象很多，大体可分为有代表性的三种类型，即表面皱裂、表面剥落和轴承烧损。

表面皱裂是轴承使用时间较长，经磨损使轴承的滚动面全周慢慢劣化的异常形态。此时轴承的振动与正常轴承的振动具有相同的特点，即两者振动的波形都是无规则的，振幅的概率密度分布大多为正态分布；与正常轴承振动的唯一区别是轴承皱裂时的振幅变大了。

表面剥落是疲劳、裂纹、压痕、胶合斑等失效形式所造成的滚动面的异常形态。它们所引起的振动为冲击振动如图 3-33 所示，在它含有的频谱中有一类为低频脉动形式，即为前面提到的轴承的传输振动，其含有的特征频率的能量将更突出。另一类为轴承构件的固有振动，所以通过查找这些固有振动中的某一构件运行中的特征频率是否出现，可作为轴承故障诊断的可靠判据。

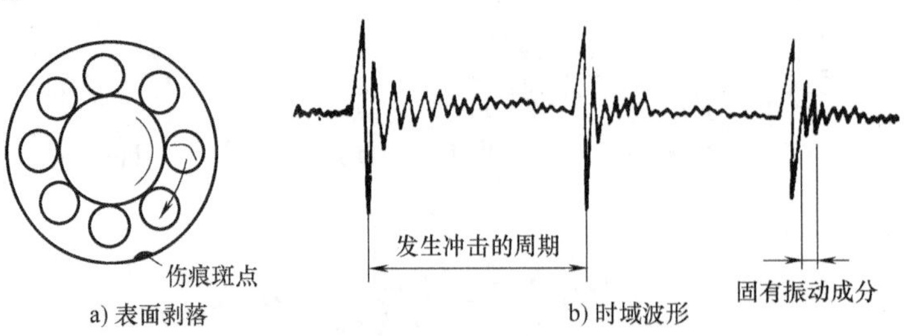

图 3-33　滚动轴承故障引起的冲击振动

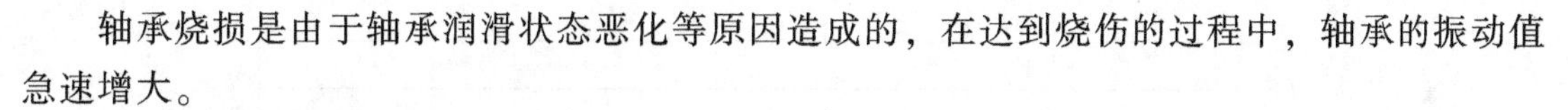

轴承烧损是由于轴承润滑状态恶化等原因造成的，在达到烧伤的过程中，轴承的振动值急速增大。

3. 滚动轴承故障的振动诊断实例

在某滚动体有缺陷的滚动轴承的轴承座处测得的加速度信号如图 3-34 所示。从时域波形中可以明显地看出突发的高频衰减信号既有正跳变也有负跳变，初始相位角是时变的，而从自相关函数中无法观测出任何周期成分。

图 3-34 所示的实测信号的分析结果如图 3-35 所示。机器转轴转速为 3000r/min，由轴承结构算得滚动体内圈故障特征频率为 134. 6Hz，保持架转频为 20. 5Hz，信号采样频率为 10kHz。图 3-35a 为原信号的幅值谱图，图 3-35b 为 2500～4000Hz 带通包络信号的幅值谱图（细化 10 倍），图 3-35c 为 2500～4000Hz 带通包络信号的自相关函数图，图中清晰地反映出了冲击发生的周期，在 7. 5ms 及其整数倍处出现了尖峰，特别在 50ms 及 100ms 附近出现了几个较大的尖峰，故障特征很明显。

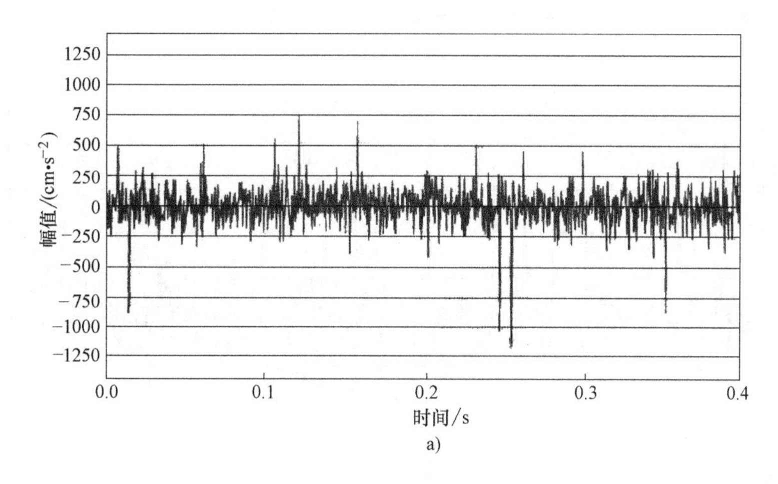

a)

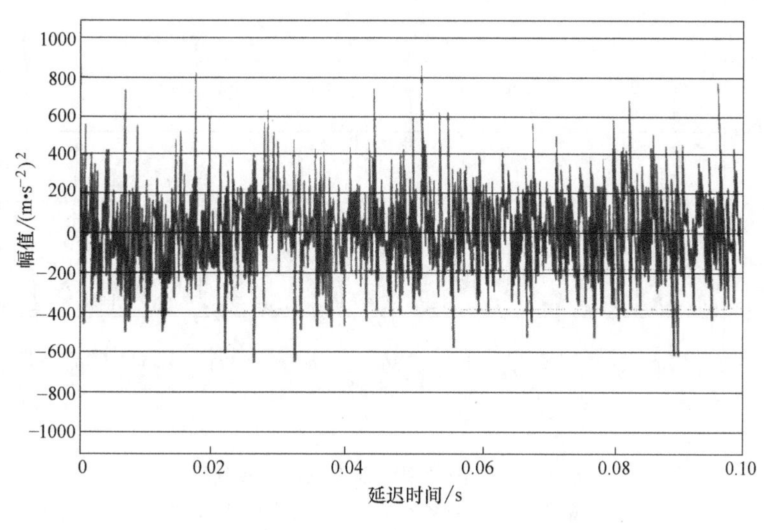

b)

图 3-34　某滚动体有缺陷的滚动轴承加速度信号

a）时域波形　b）自相关函数

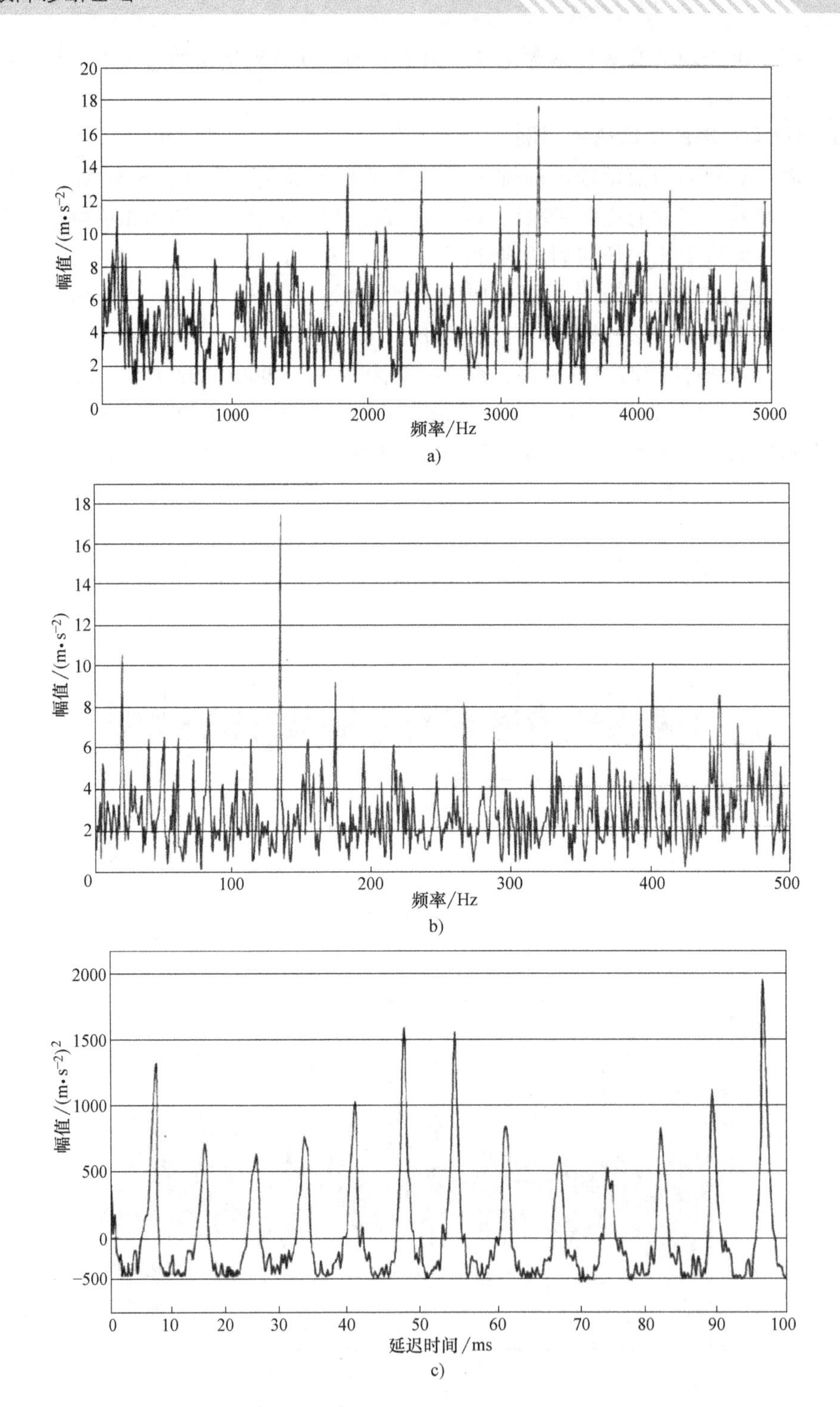

图 3-35　实测某滚动轴承故障信号分析

a）幅值谱　b）包络幅值谱　c）包络自相关函数

第4章

机械故障的油液诊断

油液诊断主要包含两大技术领域：一个是对润滑剂进行分析；另一个是对润滑剂中的磨损微粒进行分析。前者通过监测由于添加剂损耗和基础油衰变引起的油品物理和化学性能指标的变化程度，来反映机械设备的润滑状态并识别机器因润滑不良所引起的故障；后者通过对润滑剂中所携带的磨损微粒的尺寸、形态、颜色和浓度等性态的观测，来实现对机械设备摩擦状态有效而准确的监测和诊断。

实际上，人们已经注意到，机器磨损与油品变质、摩擦产物之间有着密切的相关性。也就是说作为载体的润滑油，其性能的劣化，一方面可能是机器磨损的原因，另一方面也可能是机器磨损的结果。同时，磨损微粒的产生，不仅仅是机器磨损的原因和结果，也可能是润滑油劣化的原因和结果。因此，在机械设备的油液诊断中，对油品和磨粒的监测缺一不可。

4.1 油液诊断的相关理论与技术

4.1.1 摩擦、磨损与润滑

摩擦、磨损与润滑是一种普遍存在于人类生产和生活中的现象，对社会物质生产和人类精神生活有极其深远的影响。人类研究和运用有关摩擦、磨损、润滑方面知识的记载，可以追溯到公元前3000多年前，然而发展成为摩擦学（Tribology），还是1966年的事，那是英国著名学者P. H. Jost在写给政府的报告中首次使用的词汇。将“Tribology”译为“摩擦学”，则是在1980年才被正式确定。美国于1984年，接受以“Tribology”代替“Lubrication（润滑）”的地位，而日本则更晚。摩擦学被定义为是研究相对运动中相互作用表面的科学、技术和有关实践。与传统的方法不同，它强调生产实践，以系统工程的理念来研究摩擦、磨损与润滑问题。

摩擦过程，其实质就是能量的消耗过程，如纺织机械中因摩擦而损失的功率占总功率的85%。据估计，目前世界上有1/3~1/2的能源消耗在各种不同形式的摩擦上。因此，减少摩擦，也就是减少摩擦损耗，可以提高效率、节约能源。

摩擦作为现象或原因，一般来说，其结果必然形成磨损。磨损是材料的消耗过程。但在特定条件下，摩擦不一定导致磨损，如流体润滑中外摩擦转变为内摩擦，有能量损失，却不一定有材料损失。

润滑是降低摩擦和减少磨损的重要措施，摩擦、磨损与润滑三者之间密切相关。摩擦学就是要既从它们各自的角度又从它们相关的关系出发，系统地研究问题。应说明的是，随着人类的科技进步，人们会在更多的应用领域中面临更为复杂的摩擦学问题。现代机器设备中的摩擦副有些是处于超高速、超高温、超低温或超真空等特殊工况条件下工作的。例如，必须解决真空中的摩擦、磨损和润滑问题，才能保证人造卫星顺利发射和宇宙飞船中的机器正常工作。因此，有关机械摩擦、磨损和润滑形式的分类问题也会不断地更新和发展。本节仅就与油液诊断相关的摩擦学基本知识加以介绍。

1. 摩擦

两个相互接触的物体，在外力的作用下发生相对运动，或者具有相对运动的趋势时，在接触表面之间将产生阻止其发生相对运动或相对运动趋势的作用力，这种现象称为摩擦。简单地说就是产生一种抵抗两物体接触表面相对运动的切向力，即摩擦力，其方向与物体相对运动或相对运动趋势相反。

摩擦可以按不同的方式来分类。

（1）按摩擦副表面的润滑状况分类

1）干摩擦。干摩擦常指名义上无润滑的摩擦。然而无润滑的摩擦不等于干摩擦，只有既无润滑又无湿气的摩擦，才能称为干摩擦。

2）边界摩擦。边界摩擦指两接触表面间存在一层极薄的润滑膜，部分微凸体发生接触所产生的摩擦和磨损现象。

3）流体摩擦。流体摩擦指由具有体积特性的流体层完全隔开的两固体表面相对运动时的摩擦，即摩擦力是由流体黏性引起的。

另外还有两种混合摩擦，即半干摩擦（此时部分接触点是干摩擦，而另一部分是边界摩擦）和半流体摩擦（此时部分接触点是边界摩擦，另一部分是流体摩擦）。

（2）按摩擦副的运动形式分类

1）滑动摩擦。接触表面相对滑动（或具有相对滑动趋势）时的摩擦，称为滑动摩擦。

2）滚动摩擦。物体在力矩的作用下沿接触表面滚动时的摩擦，称为滚动摩擦。

（3）按摩擦副的材料分类

1）金属材料的摩擦。金属材料的摩擦指摩擦副由金属材料（钢、铸铁及有色金属等）组成的摩擦。

2）非金属材料的摩擦。非金属材料的摩擦指摩擦副由高分子聚合物、无机物等与金属配对时的摩擦。

（4）按摩擦副的工况条件分类

1）一般工况下的摩擦。一般工况下的摩擦即常见工况（速度、压力、温度）下的摩擦。

2）特殊工况下的摩擦。特殊工况下的摩擦指在高速、高温、高压、低温和真空等特殊环境下的摩擦。

此外，还有静摩擦（两物体趋于产生位移，但尚未产生相对运动的摩擦）与动摩擦（相对运动两表面之间的摩擦），以及外摩擦（两个相接触物体的表面相对运动时在实际接触处的分界面上所产生的摩擦）与内摩擦（同一物体的物质相对位移产生的摩擦）之分。

2. 磨损

磨损是摩擦产生的结果，它是相互接触的物体在相对运动时，表层材料不断发生损耗或产生残余变形的过程。因此，磨损不仅是材料消耗的主要原因，也是影响机器使用寿命的重要因素。材料的损耗，最终反映到能源的消耗上，减少磨损是节约能源不可忽视的一环。在现代工业高度自动化、连续化的生产中，某一零件发生磨损失效，就会影响全线的生产。因此，人们十分关注对磨损的研究。

磨损是多因素相互影响的复杂过程，如摩擦副的磨损程度与零件所用材料的性质、表面加工方法和质量以及使用条件（载荷、温度、速度和润滑状态）等有关。磨损的结果是使摩擦表面产生多种形式的破坏，因而磨损的形式也就相应不同。人们可以从不同的角度来对磨损进行分类，但比较常用的方法是基于磨损的破坏机理，一般可分为五类：①黏着磨损；②磨料磨损；③表面疲劳磨损；④腐蚀磨损；⑤微动磨损。实验结果表明，机械零件的正常磨损时间过程大致可分为三个阶段（见图 4-1）。

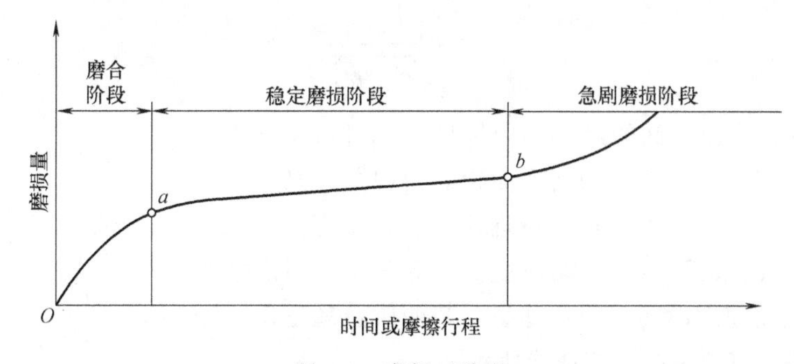

图 4-1　磨损三阶段

1）磨合阶段。磨合，指摩擦副在一定载荷作用下，摩擦表面逐渐磨平，实际接触面积逐渐增大的初始工作过程。磨损速度开始很快，然后减慢，如图 4-1 中的 Oa 段。

2）稳定磨损阶段。经过磨合，摩擦表面加工硬化，微观几何形状改变，从而建立了弹性接触的条件。这时磨损已经稳定下来，磨损量与时间成正比增加，如图 4-1 中的 ab 段。

3）急剧磨损阶段。稳定磨损阶段以后，由于摩擦条件发生较大的变化（如温度的急剧增高、金属组织的变化等），磨损速度急剧增加。这时机械效率下降，精度降低，出现异常的噪声及振动，最后零件完全失效，如图 4-1 中 b 点右侧的曲线。

从磨损过程的变化来看，为了提高机器零件的使用寿命，应尽量延长稳定磨损阶段。

根据大量统计，有 75%的机器零件是由于磨损而损坏的，因此磨损是引起机械零件失效的主要原因。

磨损量通常用三种参数来表示：

W_1——线磨损，这是以摩擦表面法向尺寸减少计量的磨损。

W_2——体积磨损，这是以体积减少计量的磨损。

W_3——质量磨损，这是以质量减少计量的磨损。

有时还可以用磨损率 W_{rt} 表示磨损。磨损率是指磨损量与产生磨损的行程或时间之比。它可用三种方式表示，即：①单位滑动距离的材料磨损量；②单位时间的材料磨损量；③每一转或每一往复行程的材料磨损量。试验材料磨损率与标准材料在相同条件下的磨损率之比称为相对磨损率。此外，还可以用相对耐磨性和磨损系数来表征磨损特性。

3. 润滑

减少摩擦和磨损的有效办法，是采用液体润滑将摩擦副两固体表面完全分开，如流体动压润滑轴承的设计。只要摩擦副能保持这种润滑状态，其摩擦系数就能达到 0.003 或更小，从而尽可能降低磨损。

一般说来，润滑状态对是否发生黏着磨损有很大的影响。实验证明，边界润滑状态下发生黏着磨损的可能性大于流体动压润滑。在润滑脂中加入油性和极压添加剂能提高润滑油膜的吸附能力及润滑油膜的强度，因此能成倍地提高抗黏着磨损能力。

摩擦、磨损和润滑，作为摩擦学的三个主要分支，尽管有各自独立的理论内容和实验方法，但相互之间仍有着密切的联系。膜厚比 Λ，即油膜厚度与表面粗糙度的比值，见式（4-1），既是划分摩擦副各种润滑状态的依据，同时也是影响摩擦系数和磨损形式的重要因素。

$$\Lambda=\frac{h_{\min}}{\sqrt{\sigma_1^2+\sigma_2^2}} \tag{4-1}$$

式中，$h_{\min}$ 为摩擦表面之间的最小油膜厚度；σ_1 和 σ_2 分别为两个接触表面的粗糙度数值，即两表面轮廓的均方根偏差。

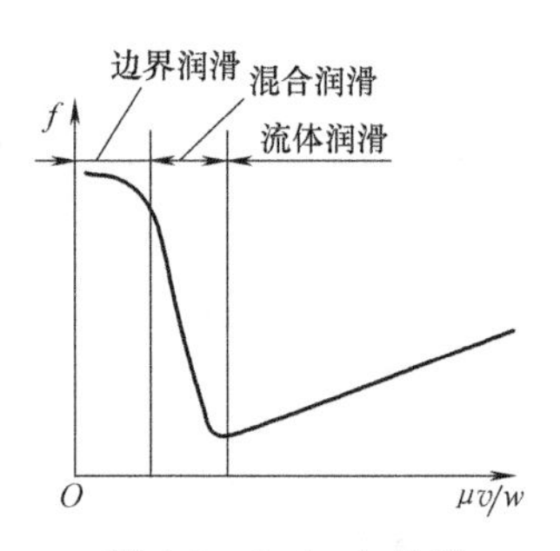

图 4-2 Stribeck 曲线

根据弹性流体动力润滑（EHL）理论，油膜厚度主要取决于润滑油的黏度 μ、表面相对运动速度 v 和载荷 w。润滑油黏度越高，相对运动速度越高，载荷越小，其油膜也就越厚，摩擦系数随之减少，如图 4-2 中的曲线所示。

两摩擦表面间存在一层极薄的起润滑作用的膜（称为边界膜）的润滑状态称为边界润滑；两摩擦表面被一层油膜完全隔开的润滑状态称为流体润滑（油膜厚度可达 0.1mm 或更厚），由于没有金属的直接接触，不产生黏着磨损，所以它是一种比较理想的润滑状态；混合润滑是介于边界润滑和流体润滑之间的一种润滑状态，两摩擦表面之间的相互作用力靠边界膜和较厚的流体动压或静压油膜共同承担，也可能有个别的微凸体直接接触。摩擦表面间处于何种润滑状态，要视膜厚比 Λ 而定。一般来说，当 $\Lambda<1$ 时为边界润滑区，摩擦系数很大，而且接触表面的金属直接接触，磨损则很严重；当 Λ 在 1~3 之间时为混合润滑区，摩擦系数急剧减小，而磨损率也随油膜的连续百分比的迅速增大而减小；当 $\Lambda>3$ 时为流体润滑区，这时油膜的连续百分比趋近于 100%，而摩擦系数和磨损率均维持在较小的水平上。

三种润滑状态在机器设备的运行中是相互转化的，单独存在的情况较少，只是有主次之分。对于高速运转的机器设备，通常采用流体润滑来保证其处于良好的润滑状态。

4.1.2 几种油液诊断技术

1. 理化性能分析

润滑油的常规理化性能分析就是采用物理化学化验方法对润滑油的各种理化指标进行测定。在针对机械故障诊断这一特定目标时，需要分析的项目一般为：黏度、水分、闪点、酸值和机械杂质等。各类润滑油在这些项目上都有各自的正常值控制标准。

黏度是评定润滑油使用性能的重要指标。这是因为只有正常的黏度才可保证机器在良好的润滑状态下工作。黏度过大，会增加摩擦阻力；黏度过小，会降低油膜的支撑能力，油膜无法建立自然会导致机械磨损状态的恶化。

水分是润滑油质量的另一个重要指标。润滑油含水会造成乳化和破坏油膜，从而降低润滑效果而增加磨损，同时还可能加速对机器的腐蚀和使润滑油质量劣化。特别是对加有添加剂的油品，含水会使添加剂乳化、沉降或分解而失去效用。

酸值也是衡量润滑油使用性能的重要指标之一。它表明了油品中含有酸性物质的数量。酸值大的润滑油容易对机器造成腐蚀，特别是在有水分存在的条件下，其腐蚀性更强。润滑油在贮存和使用过程中发生氧化变质，也表现为酸值的增大。因此，常用酸值大小来判断润滑油的变质程度。

机械杂质是指存在于润滑油中所有不溶于溶剂（如汽油、苯）的沉淀状或悬浮状物质，多数由砂子、黏土、炭渣和金属屑等组成。它可以反映机械磨损和污染情况，同时它也会增加机器的磨损和堵塞机油滤清器。

以上是衡量润滑油使用性能最简易的指标。通过对这些指标的测定，一方面可以监测润滑系统，另一方面可以预测甚至预防机器设备因为润滑不良而可能出现的故障。

2. 铁谱分析

铁谱分析技术是利用高梯度强磁场将机器润滑油中所含磨损微粒按其粒度大小有序地分离出来，通过对磨粒形态、大小、成分、浓度和粒度分布等方面进行定性定量观测，得到有关摩擦磨损状态的重要信息。

铁谱分析的创新之处在于它能鉴别机械设备摩擦副在不同磨损状态下所产生的各种特征磨损微粒。它着重于对金属磨粒的形貌、大小及成分的微观分析，直观地获得机器主要摩擦副表面的磨损情况。当磨粒的大小在数微米以上时，应用铁谱技术判断故障，其优越性可得到很好的体现。

3. 原子光谱分析

光谱分析技术可以对各种样品的化学成分进行分析，可以完成对机器润滑油中所含各种微量元素浓度的测定。

机器润滑油中含有大量以分散形式存在的各种微粒。这些微粒包含机器零部件的磨损微粒、润滑系统本身的异常产物和外来污染物等。而油品中的各个磨损元素的浓度与零部件的磨损状态有关。根据光谱分析的结果就可以判断与这些元素相对应的各零部件的磨损情况，也可以监测和诊断与润滑系统有关的故障，从而达到掌握机器各部件技术和运行状态的目的。

常用的原子光谱分析技术有原子发射光谱技术、原子吸收光谱技术和 X 射线荧光光谱技术等。对油液监测范围内的原子光谱分析，主要是以原子发射光谱法为主要手段。原子发射光谱是物质原子受到电弧、火焰等能量的直接激发后而发射出光子所形成的可见光谱。每个元素受到激发后发出的光，有其固有的波长（即特征光谱线），这是发射光谱分析的定性依据。光的强度则是定量的基础。由此可见，通过发射光谱仪的测试，能迅速、准确地得到润滑油中各元素的种类和含量。通过数据积累，掌握数据规律，就可以判断机械的磨损状况。

4. 红外光谱分析

利用红外谱分析技术可以获知润滑油中的水分、积炭、硫化物、氧化物和抗磨剂等的变化。从广义上讲，各种电磁辐射都有相应的光谱。由原子的核外电子能量级跃迁所形成的光谱，为原子光谱；而由分子的振动和转动能级跃迁形成的光谱，为分子光谱。因其波长通常出现在红外区段，所以称作红外光谱。对在用润滑油进行红外光谱分析，正是利用这一原理实现对油液中各种分子或分子基团性质和状态的评定。传统的油液理化分析，主要从油液的物理化学参数来表征其状态，如黏度、水分、闪点等。这些分析方法和结果表达形式已经被人们接受，但是实际上这类定量数据只反映了油液性能变化的宏观表现，没有涉及油液内不同分子结构物质的变化内因。油液红外光谱分析可以实现这一目标。其常用的表征参数为：氧化、硝化、硫酸盐、抗磨剂损失、燃油稀释、水污染和积炭污染等。近年来，红外光谱技术引起美国军方重视并得到积极应用的原因，不仅在于红外光谱分析具有其独特的作用和意义，更主要的是红外光谱仪的迅速发展，以及分析方法和标准的日趋成熟。

5. 磁塞检测技术

磁塞检测技术的使用早于油液铁谱分析技术，是在飞机、轮船和其他工业部门中长期采用的一种检测方法。磁塞检测的基本原理是将磁塞安装在润滑系统中的管道内，用以收集悬浮在润滑油中的铁磁性颗粒，然后用肉眼对收集到的磨屑大小、数量和形貌进行观测与分析，以此推断机器零部件的磨损状态。磁塞检测法是一种简便易行的油液检测方法。

6. 颗粒计数分析

颗粒计数分析是评定油液中固体颗粒（包括机器磨损微粒）污染程度的一项重要技术。它的原理是对油样中的颗粒进行粒度测量，并按预选的粒度范围进行计数，从而得到有关颗粒粒度分布方面的重要信息。通过与标准对比，获得对油液污染程度的评价。起初主要是依靠光学显微镜和肉眼对颗粒进行测量和计数，现在则采用图像分析仪进行二维自动扫描和测量。但是这些都需要首先将颗粒从油液中分离出来，并且分散沉积在二维平面上。随着颗粒计数技术的发展，各种类型先进的自动颗粒计数器已成功研制，它们不需要从油液中将颗粒分离出来便能自动地对其中的颗粒大小进行测定和计数。

4.1.3 油液诊断技术的应用特点

任何一种技术方法或手段都有其局限性，都有着不同的适用范围。前述的几种可用于机械故障诊断的油液分析技术各有特点，但是任何一种单一的方法都不能全面地给出分析研究所需的信息和数据。例如，各种技术的分析效率与润滑油的颗粒粒度有关，图 4-3 和图 4-4 给出了不同油液检测技术的检测效率和检测粒度范围。

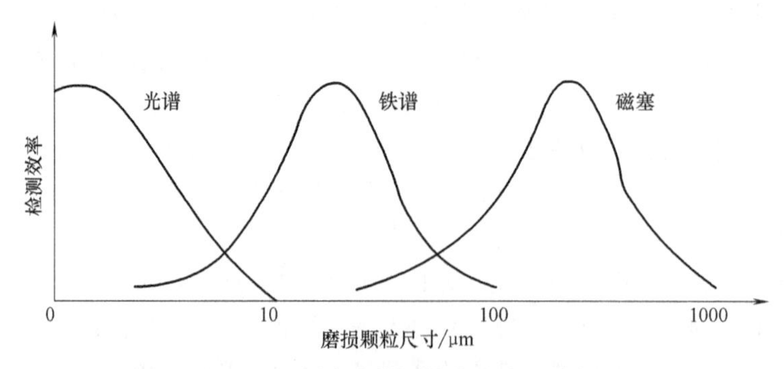

图 4-3 不同油液检测技术的检测效率

铁谱技术在颗粒度为 $1\sim1\times10^3\mu m$ 时，分析效率可达 100%，即这个粒度区间的磨粒完全可以被检测出来。这个区间正是机械产生磨粒的特征粒度范围，因此，采用铁谱技术开展机械设备状态监测与故障诊断是比较有效的。光谱分析对 $0.1\sim1\mu m$ 级的磨粒分析效率最高，实际上光谱数据所测得的数值是在润滑系统中具有较长寿命的小磨粒浓度的累计值。在

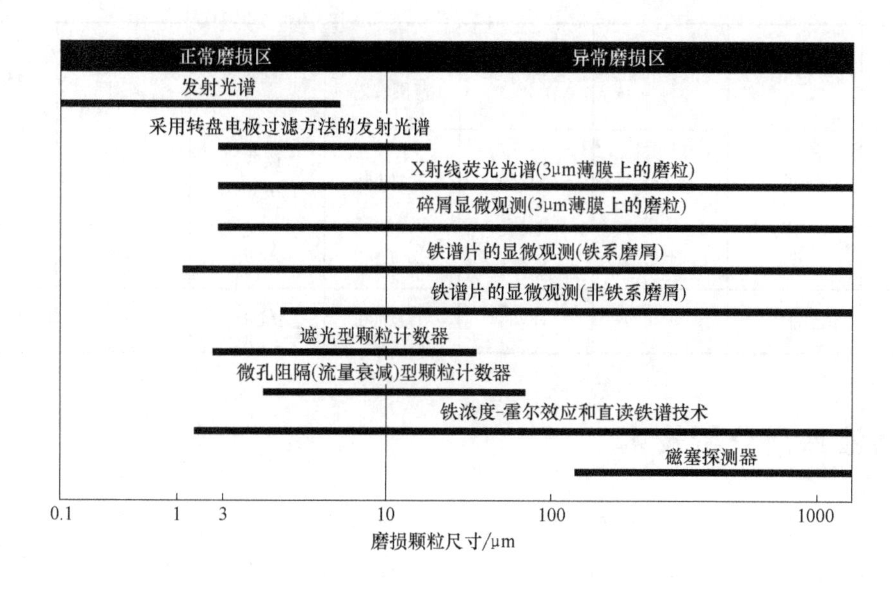

图 4-4 不同油液检测技术的检测粒度范围

实际监测中，人们在努力发掘一种检测技术潜力的同时，必须寻求多种检测技术的联合使用。例如，普遍采用常规理化分析、铁谱技术和光谱技术的联合应用。

在检测技术的联合应用中，理化分析主要是通过测量油品的黏度、闪点、积炭和酸值等指标来分析润滑油的状况，以判断是否有机械杂质增加、酸值增加或黏度值下降等油品劣化情况的发生。光谱分析的特点是能快速准确地提供润滑油中 20 余种元素的浓度，但是由于只对小粒子敏感，且反映的是所有摩擦副磨损颗粒累计的含量，而不能反映磨粒的具体尺寸、形貌方面的信息。铁谱分析特别适用于较大磨粒的检测，对润滑磨损故障诊断的机理有较强的解释性。通过对机械设备所产生磨损颗粒的形状、尺寸、颜色、数量和粒度分布等方面进行定性、定量监测，能够获得大量丰富的故障隐患信息。铁谱分析尤其对分析异常磨损故障机理和预防早期、突发性故障有较大的优势。铁谱分析虽然具有其他检测手段不具备的优点，但是其分析速度慢，油样通过能力低，操作繁琐费时。在磨粒识别、磨损类型及磨损程度分析、故障判断等方面，铁谱技术较大程度上依赖于专业技术人员经验的积累，对人的要求较高。

实践表明，光谱分析、铁谱分析及其他油液检测手段都有其自身的特点，它们各有长处和不足。如果将这几种检测技术联合使用，互为补充，充分发挥各自的长处，就能使机械故障的预报准确率得到进一步的提高。各种油液检测技术的比较见表 4-1。

表 4-1 各种油液检测技术的比较

检测技术	定量	形态分析	成分分析	适用粒度范围/μm	速度	实验室条件	投资成本
理化分析	准	不可	—	—	一般	一般	低
光谱	准	不可	可	0.1~1	快	高	高

（续）

检测技术	定量	形态分析	成分分析	适用粒度范围/μm	速度	实验室条件	投资成本
铁谱	较准	可	可	1~1000	直读式快；分析式一般	一般	一般
红外光谱	准	不可	可	分子级	较快	一般	高
颗粒计数	准	不可	不可	1~1000	较快	一般	高

4.2 油液铁谱分析技术

铁谱分析技术是在20世纪70年代出现的一种新的油液监测方法。它之所以能得到快速发展，是因为它具有其他机械磨损检测技术所不具备的优势。在所有有关机械磨损检测手段中，只有利用铁谱分析技术才能按磨粒大小依序沉积和排列并实现直接观察。无论是磨料的单体特征（如形状、大小、成分、表面细节等），还是磨粒的群体特性（如总量、粒度分布等），都带有有关机械摩擦副和润滑系统状态的丰富信息，应用铁谱分析技术可以很方便地获得这些信息。但是，该技术仍然存在着一些不足：一是采用磁性分离磨粒的工作原理，对有色金属磨粒的灵敏度远不及铁系磨粒；二是磨粒在磁场力的作用下的沉积和排列并非是一个确定的随机过程，这就导致其定量结果的重复性不如其他油液监测方法。

目前，应用铁谱技术来分析机器的磨损状态，主要是从以下几个方面来进行的：

1）根据磨粒的浓度和颗粒的大小等特征，反映机器磨损的严重程度。

2）根据磨损量对机器的磨损进度进行量的判断。

3）根据磨粒的大小和外形，就可以判断磨粒产生的原因，例如是由正常的轻微磨损产生，还是由磨合磨损、微切削磨损、疲劳磨损、腐蚀磨损和破坏磨损等产生。

4）根据磨粒的材质成分来判断机器磨损的具体部位以及磨损零件，也就是磨粒的来源。

由此可见，铁谱技术是一项技术性较高、涉及面较广的磨损分析与状态监测技术。

4.2.1 铁谱分析仪器及其原理

1. 直读式铁谱仪

直读式铁谱仪由微粒沉淀系统和光电检测系统两部分组成，如图4-5所示。

沉淀系统主要是一根斜放在高强度磁场中的玻璃沉淀管，其作用是使磨粒按尺寸大小分开沉淀。油样流经沉淀管时，油样中的铁磁性颗粒受到重力、浮力、磁力和黏性阻力的综合作用，在随着油样流过沉淀管的过程中，因磁力的大小和磨粒的体积成正比，而油的黏性阻力近似与磨粒表面积成正比，所以对大颗粒磨粒（>5μm）来说，磁力大于黏性阻力，一流入沉淀管便首先沉淀下来，小颗粒磨粒（1~2μm）则继续往下流动。磁力大小还取决于磁场强度和磁场梯度，由于沉淀管倾斜放置，磁场梯度由油样入口到出口逐渐增强，较小的磨

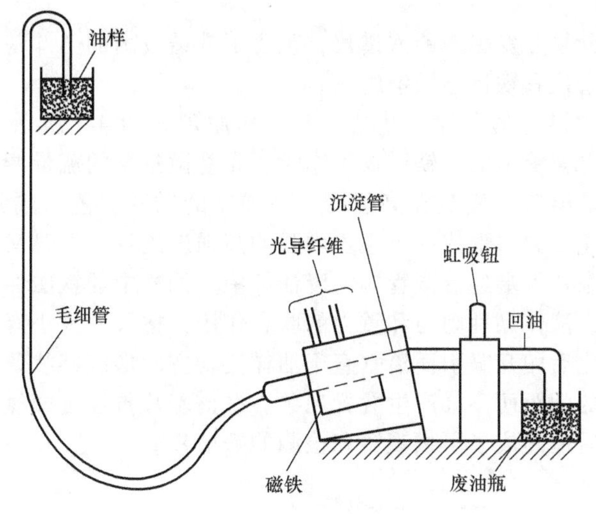

图 4-5　直读式铁谱仪

粒最终也要依尺寸大小依次沉淀下来。

光电检测系统的作用是检出因磨粒沉淀而引起的管的光强（透射）变化所显示的光密度值，从而间接反映出磨粒的数量和尺寸分布情况，由距进口 1mm 左右的第一导光孔测出的是大磨粒沉淀区的光密度值（D_c），而由距第一导光孔 5mm 处的第二导光孔测得的是小磨粒沉淀区的光密度值（D_s）。沉淀管内磨粒的分布如图 4-6 所示。

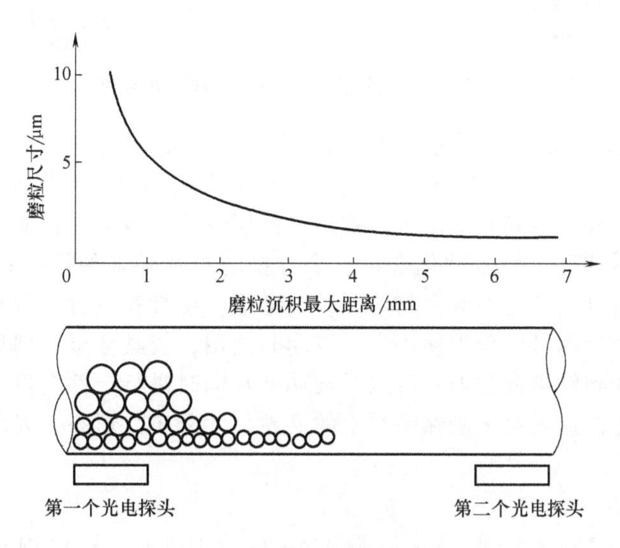

图 4-6　沉淀管内磨粒的分布

直读式铁谱仪具有如下的性能特点：

1）结构简单，价格便宜（约为分析式铁谱仪的 1/4）。

2）制谱与读谱合二为一，分析过程简便快捷。

3）目前的直读式铁谱仪读数稳定性、重复性较差，随机因素干扰影响大。

4）只能提供关于磨粒体积的信息，不能提供有关磨粒形貌、磨粒来源的信息，因而信息量有限，常用于油样的快速分析和初步诊断。

2. 分析式铁谱仪

分析式铁谱仪是最早开发出来的铁谱仪，包含了铁谱技术的全部基本原理。实际上它是一个分析系统，由铁谱仪和铁谱显微镜组成。

铁谱仪是制备铁谱谱片的装置，其结构与工作原理如图 4-7 所示，由磁铁装置、微量泵、玻璃基片和胶管支架等组成。铁谱仪工作时，先将微量泵的流量调至使分析油液沿基片连续稳定流动为宜，玻璃基片安放在高强度、高梯度的磁铁装置上端并与水平面成一定倾角，这样可以沿油样流动方向形成一个逐步增强的高强度磁场，同时又便于油液沿倾斜的基片向下流动，从玻璃基片下端经导流管排入废油杯中。油样中的铁磁性金属磨粒在基片上流动时受到高梯度磁力、液体黏性阻力和重力的联合作用，按尺寸大小有序地沉积在玻璃基片上，磨粒在磁场中磁化后相互吸引而沿垂直于油样流动方向形成链状条带。各条带之间磁极又相互排斥形成均匀的间距而不会产生叠置现象。铁谱基片再经过四氯乙烯溶液洗涤，清除残余油液和固定处理后便制成了可供观察和检测的铁谱片。

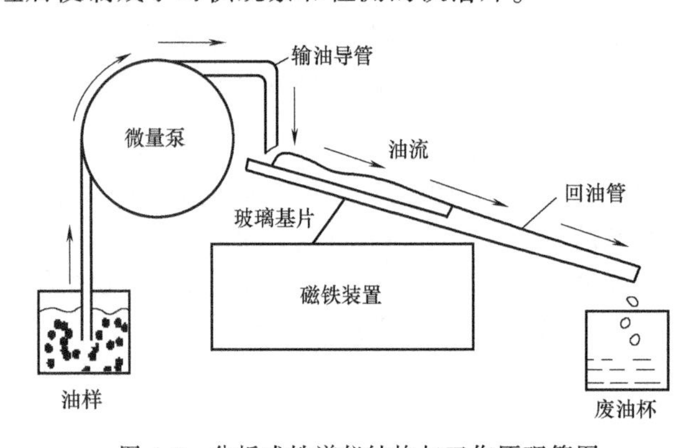

图 4-7　分析式铁谱仪结构与工作原理简图

图 4-8 所示为铁谱片的磨粒尺寸分布。用于沉淀磨粒的玻璃基片又称铁谱基片，在它的表面上制有 U 形栅栏，用于引导油液沿基片中心流向下端的出口端到废油杯。

铁谱显微镜是一种双色光学显微镜。铁谱仪配用双色显微镜或扫描电子显微镜的原因是磨粒中的金属磨粒不透明，而各种化合物、聚合物磨粒及外来的污染颗粒是透明或半透明的。应用普通显微镜难以清楚地观察与鉴别。铁谱显微镜具有投射（绿色）和反射（红色）两套照明系统，两个光源可以单独使用也可以同时使用，使其分析鉴别功能大为加强。铁谱显微镜配有光密度计和铁谱读数器，可以对玻璃基片同时进行定性定量分析。此外，其还带有摄影装置，可以方便地观察记录在谱片上的磨粒尺寸分布、形态、表面形貌、成分及数量等情况。

3. 旋转式铁谱仪

旋转式铁谱仪的创意是英国斯旺西大学的 D. C. Jones 和韩国机械工程研究院的 O. K. Kwon 在斯旺西摩擦学中心进行铁谱技术应用研究中，为改进分析式铁谱仪的不足而于 1982 年提出的，当时取名为旋转式磨粒沉积器。我国高等院校和研究单位的科技工作者也于 1987 年研制成功了基于相同原理但结构有所不同的仪器，并因同属磁性分离磨粒的性质，便以旋转式铁谱仪的称谓代替了旋转式磨粒沉积器。

旋转式铁谱仪主要由圆柱形永久磁铁、传动装置、试样输送装置和控制部件等组成，如图 4-9 所示。

其工作原理是：用定量移液器将油样滴向固定在磁场上方的正方形基片中心，磁铁和基

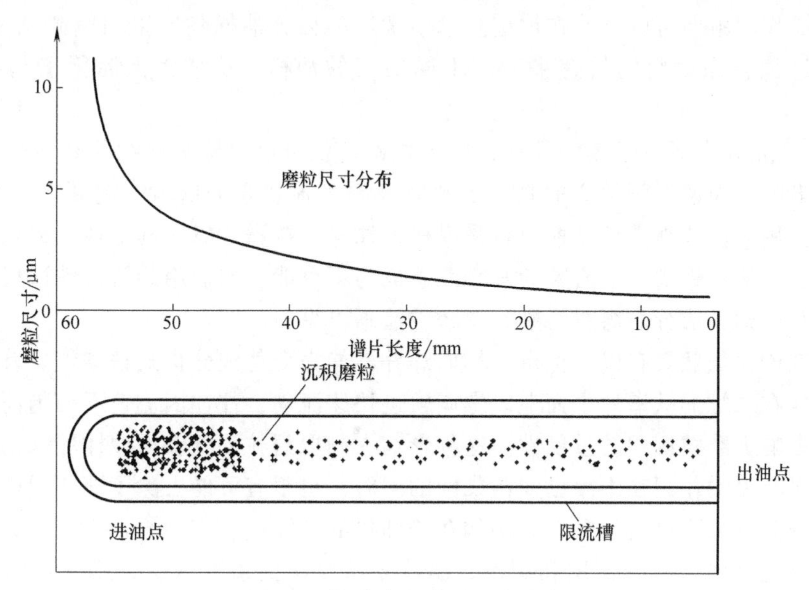

图 4-8　铁谱片的磨粒尺寸分布

片在电动机带动下一起旋转，油样中的磨粒物质在离心力、磁场力、重力和液体黏滞阻力等合力作用下，按其粒度不同在谱片上沉积成与环形结构磁场相对应的三个同心磨粒环，如图 4-10 所示。

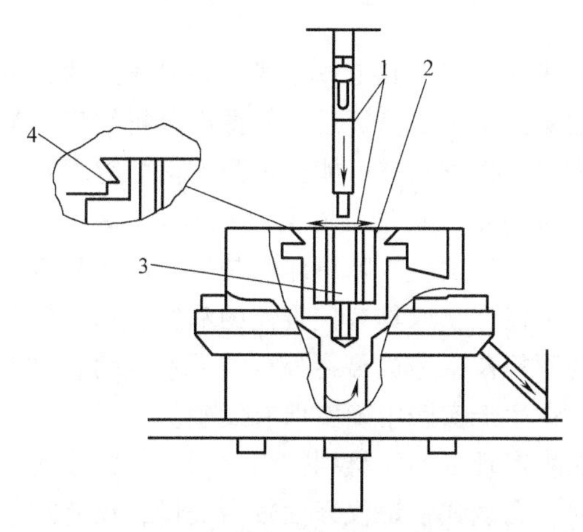

图 4-9　旋转式铁谱仪的构成

1—油样　2—铁谱片　3—磁铁　4—橡胶吸盘

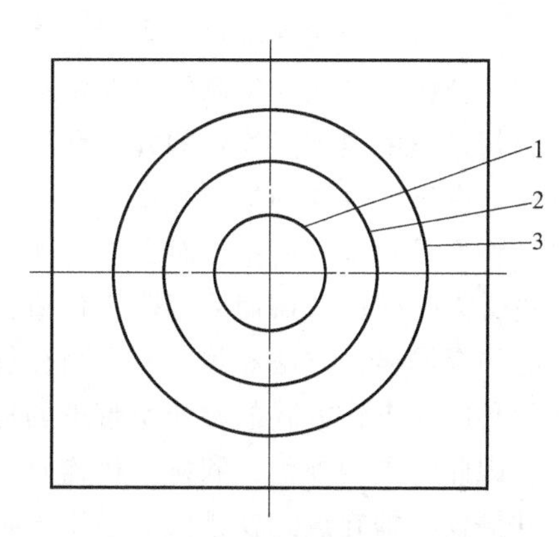

图 4-10　旋转式铁谱仪的铁谱片

1—内环　2—中环　3—外环

基于与分析式铁谱仪相同的沉积机理，在油样首先掠过的第一个磁隙内环上沉积的是大于 20μm 的磨粒；第二个磁隙中环上沉积的是 1~10μm 的磨粒；第三个磁隙外环上则是小于 1μm 的磨粒。与分析式铁谱仪相比，旋转式铁谱仪有以下几个优点：

1）分析式铁谱仪中，磨粒按其粒度分布在不同的“点”上；而旋转式铁谱仪是将不同粒度的磨粒分布在三个“环”上。这种“展开”更有利于磨粒的分隔，使磨粒边界更为清晰可辨，易于观察和进行图像处理。这个优势在处理磨粒粒度较大、浓度较高的油样（如齿轮箱的油样）时更为突出。

2）油样在铁谱片上的流动，借助了离心力，而不是如分析式铁谱仪中仅依靠自身的重力。因此，操作者不但可以省略在铁谱技术中常用的稀释油样黏度以加速磨粒沉积的做法，而且还可通过调整磁铁组的转速来适应不同黏度的油样。这样大大简化了制取铁谱片的步骤。

3）对于无法避免外界污染的油样，旋转式铁谱仪可以甩除那些往往是磁化率很低的无机或有机污染物，而留下所关心的真正反映摩擦副磨损状态的磨粒，起到“去伪存真”的作用。例如，用分析式铁谱仪制取取自采煤机械油样的铁谱片时，其上往往覆盖着一层煤粉或其他污染物，使对铁谱片上磨粒的观察几乎成为不可能。然而用旋转式铁谱仪可以去除仅起干扰作用并已知其成分的煤粉污染，使磨粒清晰可见。

旋转式铁谱仪虽然具有以上优点，然而却并不能完全替代分析式铁谱仪。首先，依靠离心力驱使油样在二维的铁谱片平面上以螺旋轨迹快速流动，往往因流速不均匀而很难形成层流，这样就影响了磨粒沉积的重复性。这种影响在制取磨粒浓度较低油样的铁谱片时更为明显。其次，离心力的作用在去除已知污染物的同时，也很有可能去除了那些同样是磁化率较低的磨损产物和有采集价值的颗粒。例如在柴油机的油样中，有色金属磨粒、Fe_2O_3 团粒和沙粒是反映有色金属材料摩擦副和润滑、滤清系统状况的重要依据，然而它们的磁化率很低。若使用旋转式铁谱仪就有可能丢失这些磨粒和颗粒，而使铁谱片上留下的磨粒信息不能完整地反映摩擦副磨损状态的全貌。

因此，分析式铁谱仪和旋转式铁谱仪同是有效的铁谱仪，各有千秋，优势互补，并非一定要分出伯仲。要根据不同的使用场合选择恰当的铁谱仪，以发挥其最佳效用。

4. 在线式铁谱仪

无论是分析式铁谱仪、直读式铁谱仪还是旋转式铁谱仪，其工作方式都是离线式的，即必须由分析人员从被检测的机器中取出油样，送往实验室进行分析后才能得出分析结果。整个分析过程中离不开油样的提取和传递。这种离线的工作方式有可能出现两方面的弊端：一方面，由于在油样的抽取与结果的得出之间有一段时间差（可能会有数日之久），这样在机器操作人员收到分析报告时，被检测的机器就有可能已经发生故障，即便是再准确的分析工作也会因时间的耽搁而变得毫无价值；另一方面为了保证获取具有代表性的油样，油样的提取有一套严格的方法和程序，然而往往由于取样的不规范，造成最终分析结果不准确。以上这两种离线工作方式的弊端所带来的迟判、误判，在生产实践中确实偶有发生。

因此，国内外生产和科研机构研制和开发了在生产现场即能得到铁谱检测结果的在线工作铁谱仪，即在线式铁谱仪。但出于技术上的原因，在线式铁谱仪开发较为缓慢，仅有在液压系统中取得应用的记录。我国在 20 世纪 90 年代开发研制了在线式铁谱仪，除了对传感器进行开发和改进，还形成了集多探头、多测点，以及计算机统一采集、处理、存储、显示和打印输出为一体的多功能在线式铁谱仪系统。其在炼油厂涡轮压缩机变速箱、电厂柴油机以及舰船柴油机的成功应用表明，在线式铁谱仪不但有着很好的开发和应用前景，而且在技术上能够取得突破。20 世纪 90 年代末，国内外又有许多基于与铁谱仪相似原理的各种类型的在线式润滑油监测仪问世，并进入市场。

4.2.2 铁谱分析过程

润滑油中的固体颗粒来源有三个方面：系统内部残留微粒、系统外部侵入微粒和摩擦副运行中生成的磨粒。为了获得可靠的分析结果，需要正确地取样和进行油样处理，取样的频

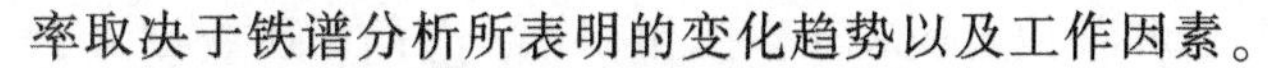

率取决于铁谱分析所表明的变化趋势以及工作因素。

1. 了解被监测的设备情况

要对被监测设备做出全面正确的监测诊断结论，就必须对该设备有一个全面的了解，主要了解的内容包括以下几个方面：

1）功能，即机器的重要程度。

2）使用期，即上次大修后使用的时间。

3）机器的运转条件，如机器是处于正常载荷还是超负荷、超速运行，温度情况如何，有无异常等。

4）设备运转历史及其保养情况。

5）润滑油性能，如生产厂家、牌号、批号等。

6）新设备是否有初期致命伤。

2. 采样

合适的油样抽取方法是保证获得正确分析结果的首要条件，关键是要保证取出的油样具有代表性。因此，铁谱技术要求采样时应遵循以下四条基本原则：

1）取样部位。应尽量选择在机油滤清器前，并避免从死角、底部等处采样。

2）取样间隔。取样间隔要根据机器的运行情况、重要性、使用期和负载特性等因素来确定。

3）取样范围。对某一待监测设备，除了要确定取样部位、停机后（或不停机）取样时间外，还应保证样品容器绝对清洁无污染，即无上次使用的残油、其他污染颗粒或水分混入。取样时动作应极其小心，不得将外界污染杂质带入所取的油样和待监测的设备。

4）做好原始记录。认真填写样品瓶所贴的标签，包括采样日期、大修后的小时数、换油后的小时数，以及上次采样后的加油量、油品种类、取样部位、取样人员等。

3. 油样处理

取出铁谱油样后，磨粒会在重力作用下产生自然沉降。为了使从取样瓶中取出的少量油样具有代表性，必须使磨粒重新在大油样瓶中均匀悬浮，为此需要对油样进行加热、振荡。由于油样的黏度会影响磨粒在铁谱片上的沉积位置和分布，为了制取合适的铁谱谱片，要求油样的黏度、磨粒浓度在一个比较合适的范围内，为此需要对油样进行稀释，调整其黏度与磨粒浓度。

4. 制备铁谱片

铁谱片的制备是铁谱分析的关键步骤之一，是在铁谱仪上完成的。要保证制备的铁谱片的质量和提高制备的效率，需要用合适的稀释比例和流量，这样制出的谱片链状排列明显。该项工作一般由专业操作者来完成。

4.2.3 铁谱的定性与定量分析

1. 铁谱的定性分析

铁谱的定性分析主要是对其磨粒的形貌（包括颜色特征、形态特征、尺寸大小及其差异等）和成分进行检测和分析，以便识别磨损的类型，确定磨粒故障的部位，判别磨损的严重程度和失效的机理等。

1）白色反射光。利用白色反射光可以观察磨粒的形态、颜色和大小。在白色反射光照射下，铜基合金呈黄色或红褐色，而钢、铁和其他金属粒子多呈银白色，有的钢质磨粒由于在形成过程中产生热效应而出现回火现象，其颜色处于黄色和蓝色之间。这样就可以判断磨损的成分和严重程度。

2）白色透射光。磨粒有透明、半透明和不透明的，都可以利用白色透射光来观察和分析磨粒。例如游离金属由于消光率极大，所以亚微米厚度的磨粒也不透光而呈黑色。一部分元素和所有化合物的磨粒都是透明的或半透明的，显示的色调也可以作为材料性质的特征，如 Fe_2O_3 磨粒呈红色。

3）双色照明。红色光线由谱片表面反射到目镜，而绿色光线由下方透射过谱片到达目镜，双色照明比单色照明有更强的识别能力。例如金属磨粒由于不透明，谱片上的金属磨粒吸收绿光而反射红光，呈现红色；化合物如氧化物、氯化物、硫化物等均为透明或半透明的，能透射绿光而显示绿色；而有的化合物的厚度达几个微米，则部分吸收绿光或部分反射红光而呈黄色或粉红色。这样通过对颜色的检验就可以初步判别磨粒的类型、成分或来源。

4）偏振光照明。利用偏振光照明方式可更深入、快捷、简便地观察磨粒，这对于鉴别氧化物、塑料及其他各种固体污染物特别有效，同时根据基片上磨粒沉积的排列位置和方式，也可以初步识别铁磁性（铁、镍等）和非铁磁性磨粒。一般铁磁性磨粒按大小顺序呈链状排列，而非铁磁性磨粒则无规则地沉积在铁磁性磨粒的行列之间。

定性分析还可以利用电子扫描显微镜、X 射线以及对基片进行加热回火处理等方法。

2. 磨粒形成的机理与识别

（1）正常摩擦磨损磨粒　摩擦副表面的最外层金属切混层（也称毕氏层，在机械加工过程中形成，厚度小于 1μm）在反复相对滑动和研磨作用下发生疲劳，出现纵向裂纹，然后向水平方向发展。裂纹连通后形成磨粒剥落，从而产生磨损。在接触应力和相对滑动运行的综合作用下，该金属切混层还不断生成。因此，正常磨粒就是该金属切混层的不断产生、剥落、再产生、再剥落的过程。所以在良好运行的机械设备中，正常磨损是持续发生的，是摩擦副表面的金属切混层不断剥落的结果。

正常磨损时磨粒的形态特征是一些具有光滑表面的“鳞片”状颗粒，其特征是长度为 0.5~15μm 甚至更小，厚度为 0.15~1μm 的不规则碎片，其典型形貌如图 4-11a、b 所示。

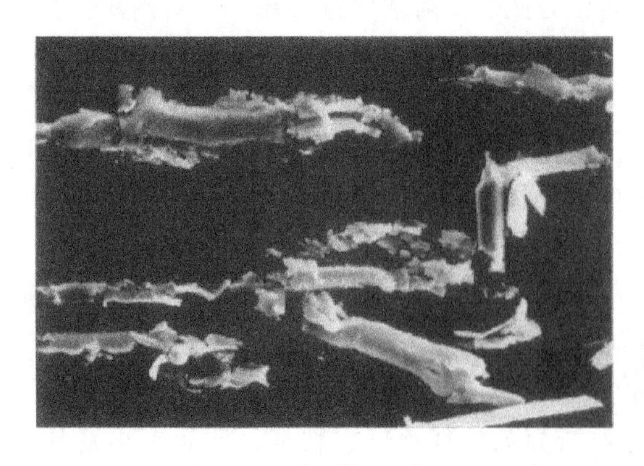

S.E.M　1000× ├─ 20μm ─┤

a)

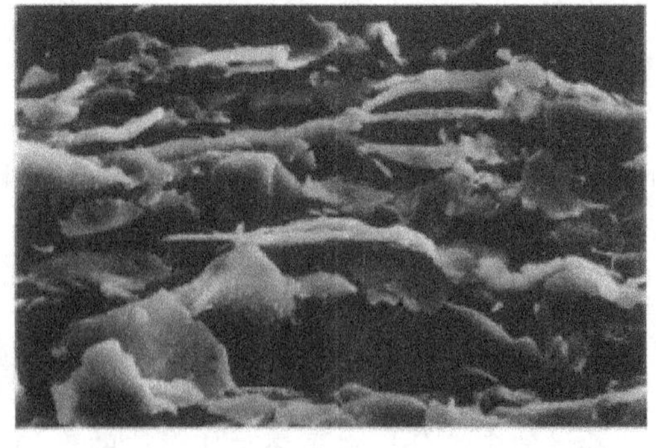

S.E.M　2500× ├─ 10μm ─┤

b)

图 4-11　正常磨损磨粒

（2）切削磨损磨粒　摩擦副表面作相对运动，因为负荷或速度过高而使应力变得过大时，润滑油膜会发生破裂。当摩擦副表面的微凸接触点的接触应力大大超过摩擦副表面材料的屈服强度时，微凸接触点发生形变，在切应力的作用下，摩擦副中一个摩擦表面切入另一摩擦表面，接触点沿着强度较弱的地方断开，使得摩擦副表面材料离开本体。这类磨损的发生还可能由于润滑系统中掺入了外来污染物、沙砾或者机械系统中游离的零件磨粒。

切削磨损磨粒的形态类似车床加工产生的切屑，为卷曲的细带状，只是尺寸在微米数量级，宽约2~5μm，长约25~100μm，其典型形貌如图4-12a所示。切削磨损磨粒是非正常磨损磨粒，对它们的存在数量需要重点监测。若系统中出现这种磨粒时，提示机器已进入非正常的磨损阶段。如果系统中长度大于50μm的大切削磨损磨粒数量急剧增加，则表明机器中某些摩擦副的失效已经近在眼前了。

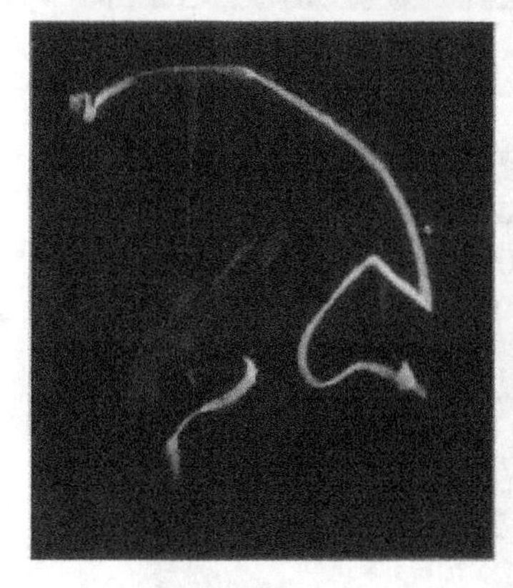
S.E.M　1000×⊢ 20μm ⊣

a)

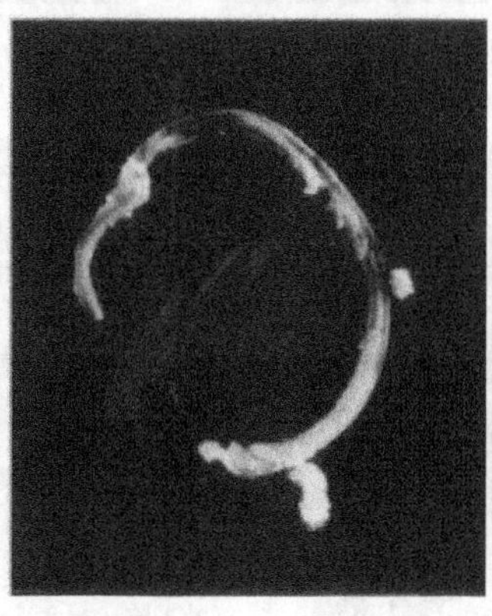
S.E.M　1000×⊢ 20μm ⊣

b)

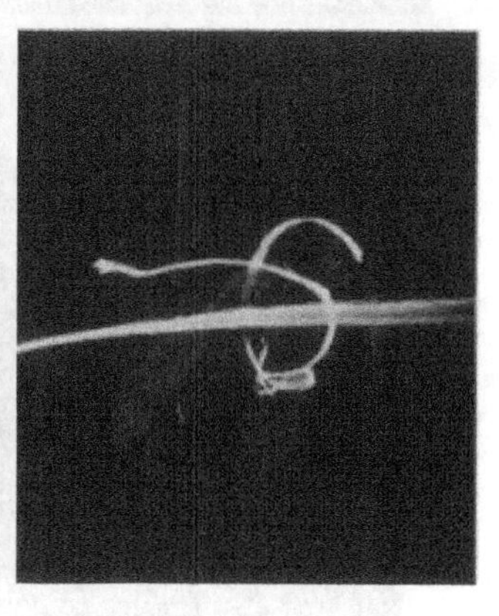
S.E.M　1000×⊢ 20μm ⊣

c)

图4-12　切削磨损磨粒

（3）滚动疲劳磨粒（滚动轴承）　摩擦副两表面作相对运动特别是滚动时，在交变接触应力的作用下，应力集中的区域会发生材料疲劳，导致摩擦副表面力学性能降低或材料内部原始缺陷，从而引发疲劳裂纹。当疲劳裂纹扩展至贯通时，就会使材料剥落。这种磨损形态也称疲劳磨损。

产生于滚动轴承的疲劳点蚀或剥落过程中的磨粒包括三种不同的形态：疲劳剥落磨粒、球状磨粒和层状磨粒。其典型形貌如图4-13所示。

1）疲劳剥落磨粒是在滚动轴承发生了点蚀或麻点时形成的，是疲劳表面凹坑中剥落的碎屑，碎屑表面光滑，边缘不规则，呈片状，磨粒中的最大粒度可达100μm，如图4-13a所示。如果系统中大于10μm的疲劳剥落磨粒明显增加，这就是轴承失效的预兆，可以对轴承的疲劳磨损进行初期预报。

2）球状磨粒是在轴承的疲劳裂纹中产生的，一旦出现球状磨粒，就表明轴承已经出现了故障。球状磨粒都比较小，直径为1~5μm，如图4-13b、c所示。

3）层状磨粒是磨粒被滚压面碾压而形成的薄片，这类磨粒的表面常带有一些空洞。磨粒尺寸为20~50μm，厚度约为1μm，如图4-13d所示。层状磨粒在滚动轴承的整个使用期内都会产生。

（4）滚动-滑动复合磨损磨粒（齿轮系）　齿轮系摩擦副之间的接触形态会产生滚动-滑

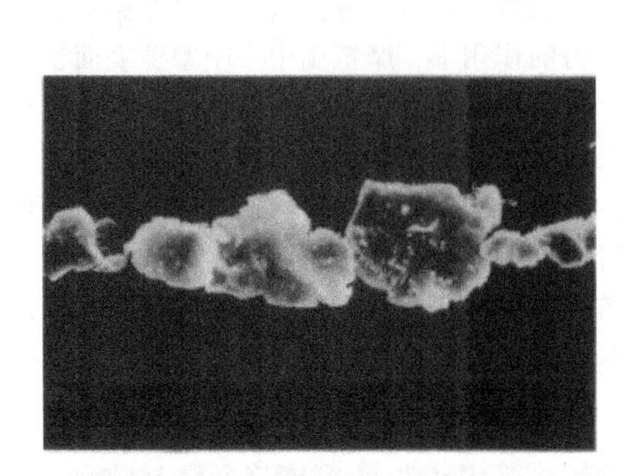

S.E.M 1000× ⊢ 20μm ⊣

a)

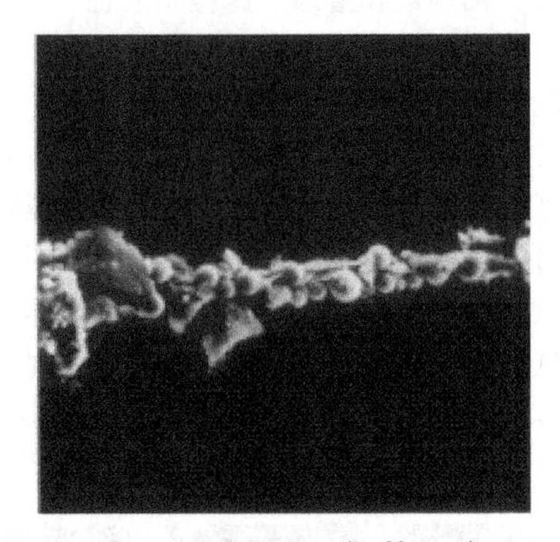

S.E.M 1000× ⊢ 20μm ⊣

b)

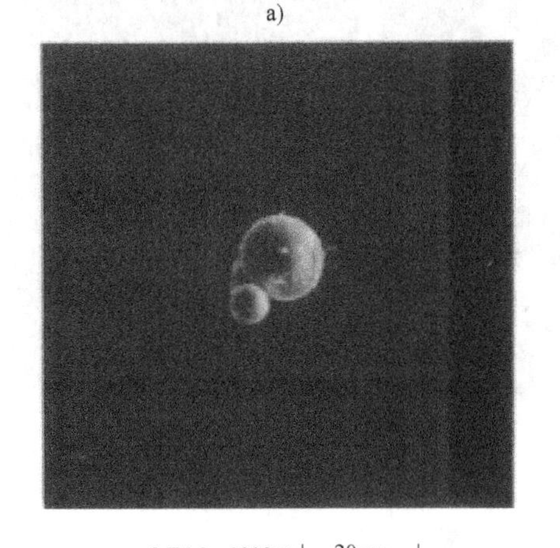

S.E.M 1000× ⊢ 20μm ⊣

c)

S.E.M 1000× ⊢ 20μm ⊣

d)

图 4-13 滚动疲劳磨粒

动复合磨损，主要是由于齿轮节圆上的材料疲劳剥落而形成的。产生的残渣具有光滑的表面和不规则的外形，磨粒的长轴与厚度之比为 4∶1~10∶1。拉应力使疲劳裂纹在剥离之前向齿轮的更深处发展，促成块状磨粒（较厚磨粒）的产生。与滚动轴承相似，齿轮疲劳磨损可以产生大量的尺寸大于 20μm 的磨粒，但是不会产生球状磨粒。当齿轮载荷和速度过高时，齿廓摩擦表面会被拉毛，这一现象一旦发生就会很快影响到每一个轮齿，产生大量的磨粒。这种磨粒都具有被拉毛的表面和不规则的轮廓，在一些大磨粒上具有明显的表面划痕。由于胶合的热效应，通常有大量氧化物存在，并出现局部氧化迹象，在白光照射下呈棕色或蓝色的回火色，其氧化程度取决于润滑剂的组成和胶合的程度。胶合产生的大颗粒磨粒比例并不十分高，其典型形貌如图 4-14a~c 所示。

（5）严重滑动磨损磨粒　严重滑动磨损是在摩擦表面的载荷或速度过高的情况下，当接触应力超过极限时，剪切混合层失去“动态平衡”，变得很不稳定，残渣呈大颗粒脱落，一般为片状或块状。这类磨粒表面有划痕，有直的棱边，磨粒的尺寸在 20μm 以上，长厚比在 10∶1 左右，出现这类磨粒时表明磨损已经进入到灾难性阶段了。其典型形貌如图 4-15 所示。

a)

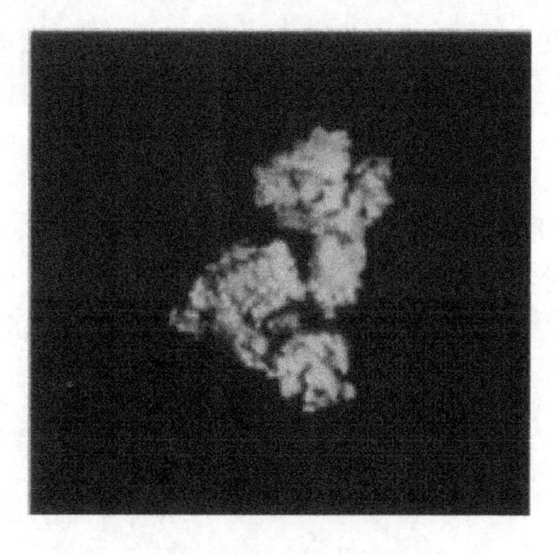

b)

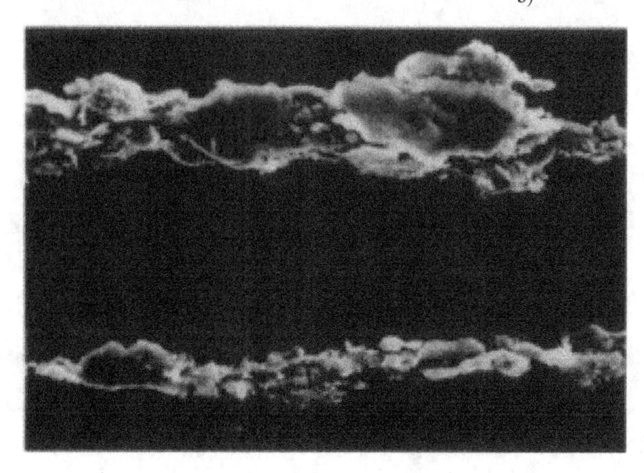

c)

图 4-14　滚动-滑动复合磨损磨粒

3. 铁谱的定量分析

铁谱技术定量分析的目的是要确定抽取油样时机器所处的磨损特征和磨损状态，这对进行设备诊断决策十分重要。因此定量分析主要是指：

1）对铁谱基片上大、小颗粒的尺寸以及它们在颗粒总数中的相对含量进行定量检测。

2）对铁谱基片上的磨粒总数进行定量检测。

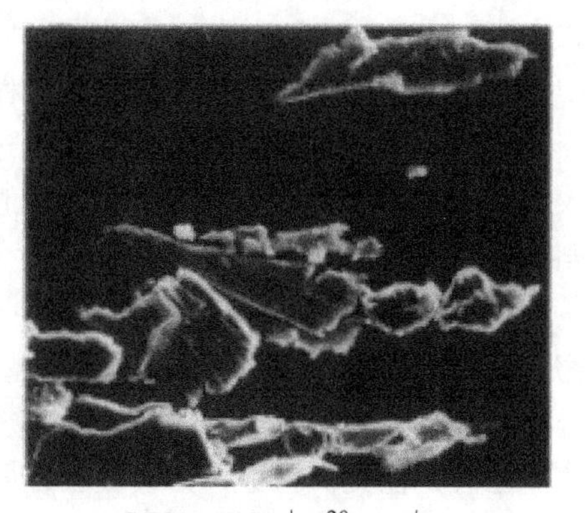

图 4-15　严重滑动磨损磨粒

定量分析是利用安装在铁谱显微镜上的铁谱读数器来完成的。铁谱读数器由光密度计和数字显示部分组成。利用光密度计检测基片上不同位置磨粒微粒沉积的光密度即可求出磨粒微粒的大小和数量。具体方法和判别指标如下所述。

直读式铁谱仪测取的定量参数是光密度值 D_i，它的含义是透过清洁玻璃片的一束光线

的亮度 I_0 与同样一束光透过带有磨粒沉积层的谱片光亮度 I_p 之比，取以 10 为底的对数，即

$$D_i = \lg \frac{I_0}{I_p} \tag{4-2}$$

D_i 的读数范围为 0~190。

分析式铁谱仪的定量参数是覆盖面积百分比，其定义是在 1.2mm 直径视场中磨粒覆盖面积的百分数。其值可以通过测取谱片上的光密度值计算出来，光强度与透光面积成正比，即

$$\frac{I_0}{I_p} = \frac{A_0}{A_0 - A_p} \tag{4-3}$$

式中，A_0 为铁谱显微镜上的光密度孔径面积，单位为 mm^2；A_p 为光密度孔径被颗粒遮盖的面积，单位为 mm^2。

由式（4-2）和式（4-3）可得

$$D_i = \lg\left(\frac{I_0}{I_p}\right) = \lg\left(\frac{A_0}{A_0 - A_p}\right) \tag{4-4}$$

由式（4-4）可以得到颗粒遮盖面积的百分率，亦称百分覆盖面积 A_i。

$$A_i = 1 - \frac{1}{10^{D_i}} \tag{4-5}$$

磨损指标常选用的是磨损烈度指数 I_S，它是一个判别磨粒发展进程的指标，利用铁谱显微镜测定谱片上分别代表大颗粒的 D_L（或 A_L）和代表小颗粒的 D_S（或 A_S），定义为

$$I_S = (D_L + D_S)(D_L - D_S) = D_L^2 - D_S^2 \tag{4-6}$$

$$= (A_L + A_S)(A_L - A_S) = A_L^2 - A_S^2 \tag{4-7}$$

式中，$(D_L - D_S)$ 或 $(A_L - A_S)$ 代表大于 5μm 的磨粒在磨损进程中所起的作用，称为磨损烈度，它是表征不正常磨损状态的严重程度的指标。

制定这个指标的根据是正常磨损过程中最大磨粒尺寸在 15μm 左右，多数为几个微米，大磨粒的光密度和小磨粒的光密度差值不大，一旦急剧磨损，磨粒数量剧升，大、中磨粒急剧增多，D_L 便要显著地大于 D_S。

$(D_L + D_S)$ 或 $(A_L + A_S)$ 是大、小磨粒覆盖面积所占百分比之和，称为磨粒浓度（也称磨损量），其值越大表示磨损的速度越快。而磨损烈度指数 I_S 则是以上两者的组合，因而综合反映了磨损的进度和严重程度，即全面地反映了磨损的状态。但是这一指标并不是唯一的，还有其他类似指标，如大颗粒百分比、累计总磨损值等。

4.2.4 铁谱分析技术的应用

在机械设备状态监测与故障诊断技术中，油液污染监测诊断技术最能体现现代机械设备监测的发展趋势和特点，它能满足设备状态监测与诊断的四个基本要求：

1）指明故障发生的部位。

2）确定故障的类型。

3）解释故障产生的原因。

4）预告故障继续恶化的时间。

铁谱分析技术对油液中的磨粒分离具有操作的简便性、观测的多样性、沉积的有序性以及对大磨粒的敏感性等优点，所以这项技术在机械设备状态监测与故障诊断领域中得到了广泛的应用。特别是对低速回转机械和往复机械来说，利用振动和噪声监测技术判断故障较为困难，铁谱分析就成为首选方法。又如煤矿机械，无论是固定设备还是采掘设备，大多数为低速、重载设备，有的还是行走设备，井下环境特别恶劣，除了大量的粉尘和煤尘外，还伴有强烈的撞击和振动，不仅难以安装在线的仪器和传感器，而且还要求传感器具有防爆性能，因此通过采集机械中的润滑油（或液压油），对这类设备进行铁谱分析来监测机械传动系统（或液压系统）的运行状况，是煤矿机械故障诊断的重要手段。目前铁谱分析技术主要应用在以下几个方面：

1）齿轮箱磨损状态监测。

2）柴油机磨损状态监测。

3）滚动轴承和滑动轴承磨损状态监测。

4）飞机发动机磨损状态监测。

4.3　油液光谱分析技术

油液的光谱分析技术是最早应用于机械设备状态监测和故障诊断并取得成功的油液监测技术之一。它既可以有效地测定机械设备润滑系统中润滑油所含磨损颗粒的成分以及含量，也可以准确地检测润滑油中添加剂的状况，以及监测润滑油的污染程度和衰变过程。因此，光谱分析技术已经成为机械设备油液监测的最重要方法之一。

4.3.1　原子光谱分析

组成物质结构的原子是由原子核和在固定轨道绕核旋转的若干电子组成的。例如镍原子有 28 个电子，铜原子有 29 个电子，原子内部能量的变化可以是核的变化也可以是电子的变化。核外电子所处的轨道与各层电子所处的能量级有关。

在稳定状态下，各层电子所处的能量级最低，这时的原子状态称为基态。当物质处在离子状态下，其原子受到热辐射、光子照射、电弧冲击和粒子碰撞等外来能量的作用时，其核外电子就会吸收一定的能量，从低能量级跃迁到高能量级的轨道上去，这时的原子处于激发态。激发态是一种不稳定状态，有很强的返回基态的趋势，其存在的时间很短，约为 10^{-8}s。原子由激发态返回基态的同时，将所吸收的能量以一定频率的电磁波形式辐射出去。原子吸收或释放的能量 ΔE 与激发的光辐射或发射的电磁波辐射的频率 ν 之间有以下关系

$$\Delta E = h\nu \tag{4-8}$$

式中，$h=6.626\times10^{-34}\mathrm{J\cdot s}$，称为普朗克常数。再利用 $\lambda\nu=c$，式（4-8）就可以改写为另一种形式

$$\Delta E=\frac{hc}{\lambda} \tag{4-9}$$

式中，λ 为辐射线波长，$c=3\times10^8\text{m/s}$ 为电磁波传递速度。式（4-9）说明，每种元素的原子在激发或跃迁的过程中所吸收或发射的能量 ΔE 与其吸收或发射的辐射线（电磁波）的波长 λ 之间是服从固定关系的。这里的 λ 又称为特征波长，一些常用元素的特征波长可查阅相关资料。

式（4-9）中若能用仪器检测出用特征波长射线激发原子后其辐射强度的变化（由于一部分能量被吸收），则可以知道所对应元素的含量（浓度）。同理，用一定方法（如电弧冲击）将含有数种金属元素的原子激发后，若能测得其发射的辐射线的特征波长，就可以知道油样中所含元素的种类。前者称为原子吸收光谱分析法，后者称为原子发射光谱分析法。

原子吸收光谱分析和原子发射光谱分析的主要特点基本相同：

（1）优点

1）具有很高的分析精度。

2）取样较少，使用范围较广。测定的元素可达70多种，不仅可以测定金属元素，也可以用间接原子吸收法测定非金属和有机化合物。

3）其仪器设备的发展水平很高，具有很强的功能和自动化程度。

4）仪器的操作较为简便。

（2）缺点

1）原子吸收光谱法的不足之处是对于每一种元素都要更换一种元素灯，比较麻烦。使用燃气火焰不方便也不安全，只有原子发射光谱可以同时进行多元素测定。

2）有相当一些元素的测定灵敏度还不能令人满意。

3）除了检测元素含量和种类外，不能提供磨粒的形态、尺寸、颜色等直观形象的信息。因此，要根据油样光谱分析的结果直接对摩擦副的状态作出判断有很大困难。

4）仪器价格昂贵，对工作环境要求苛刻，只能在专门建造的实验室内工作。实验费用高，不便于推广使用。

通过对光谱的分析，就能检测出油样中所含金属元素的种类及其浓度，以此推断产生这些元素的磨损发生部位以及严重程度，并依此对相应零部件的工作状况作出判断，但是不能提供磨粒的形态、尺寸、颜色等直观形象。

4.3.2 红外光谱分析

与原子光谱分析技术不同，红外光谱分析是在物质的分子级结构上对物质成分和数量进行检测。当用一束具有连续波长的红外光照射一物质时，该物质的分子就要吸收一部分光能，并将其转变为分子的振动和转动内能。因此，若将透过物质的光进行色散，就可以得到一条谱带。将谱带以波长（单位为μm）或波数（单位为 cm^{-1}）为横坐标，以百分透过率或吸收光度为纵坐标定量展开并加以记录，就得到了该物质的红外吸收光谱。不同的分子具有不同的振动和转动内能，因此就有不同的红外吸收光谱图。所以，根据红外光谱图上吸收峰值的位置和量值，就可以判断相应物质的存在和含量。

就一般构造而言，红外光谱仪由红外光源、单色器（含分光元件或分束器）、检测器和数据处理系统组成，其中单色器是关键元件，如图4-16所示。

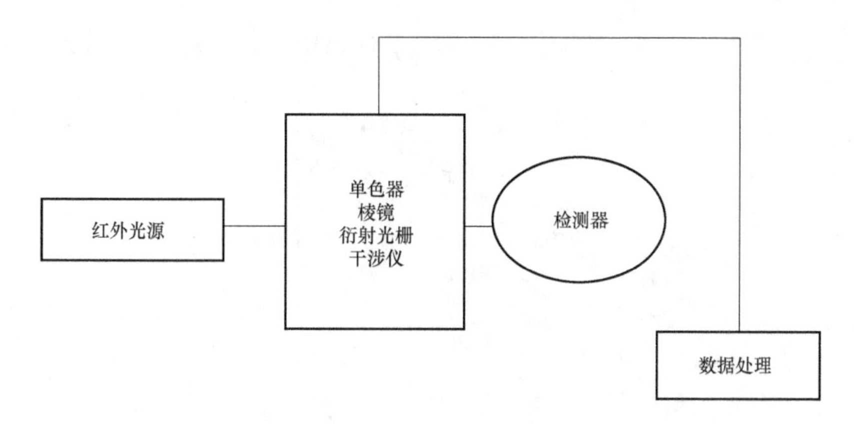

图 4-16 红外光谱仪的基本构成

油液红外光谱监测的表征参量常用的有：油液的氧化、硝化、硫酸盐浓度、羧酸盐浓度、抗磨剂损失、抗氧剂损失、多元醇酯降解、燃油稀释、气体燃料稀释、水污染、乙二醇污染以及积炭污染等。

4.3.3 光谱分析技术的作用

在实际应用中，光谱分析技术的主要作用有以下三个方面：

（1）检测设备磨损趋势 通过对油样进行光谱分析，可以获取如下信息：

1）磨损元素的成分和含量。根据所掌握的设备构成的材料，可以判断磨粒可能产生的部位。

2）添加剂元素以及污染物元素的成分和含量。根据润滑油的性能要求，可以判断润滑油的劣化变质程度。

3）磨损元素变化率。单位时间内主要磨损元素含量的变化可以表征磨损的增长速度。

4）磨损趋势监测。对监测对象进行原子光谱跟踪监测，可以得到主要磨损元素的变化趋势图。依据这条曲线，便可以对设备磨损状态做出评估，如图 4-17 所示 。

（2）确定最佳磨合规范 众所周知，对于新的重要运动零件的摩擦副，都要在一定规范下进行磨合，以形成良好的工作表面。磨合期太长，既影响使用寿命又浪费能源；磨合期太短，不能达到磨合的要求。在磨合的过程中是不能拆开摩擦副进行磨合表面检查的，所以通过磨合过程的光谱分析，监测磨合过程，就可以在不停机、不拆机的情况下了解、掌握摩擦副表面的变化，从而可以合理确定最佳磨合规范。

图 4-18 所示为某柴油机磨合全过程光谱分析主要元素的磨损趋势。由图可以看出，在磨合 50min 时，铁、硅的含量开始下降，这表明柴油机的铸铁零部件基本完成磨合过程。

（3）确定合理换油期 在设备的润滑系统和液压系统中，润滑油和液压油的品质很重要。使用一定时间后，由于不同的原因（如冷却系统的泄漏），油品都可能被污染或出现不可避免的变质。例如，出现含水过高、添加剂损耗等现象。当油品的理化性能劣化、污染、变质到一定程度时，就必须换油。

不同设备、不同工况的换油期限是不一样的。通过油样的原子光谱分析可以确定合理的换油期限。

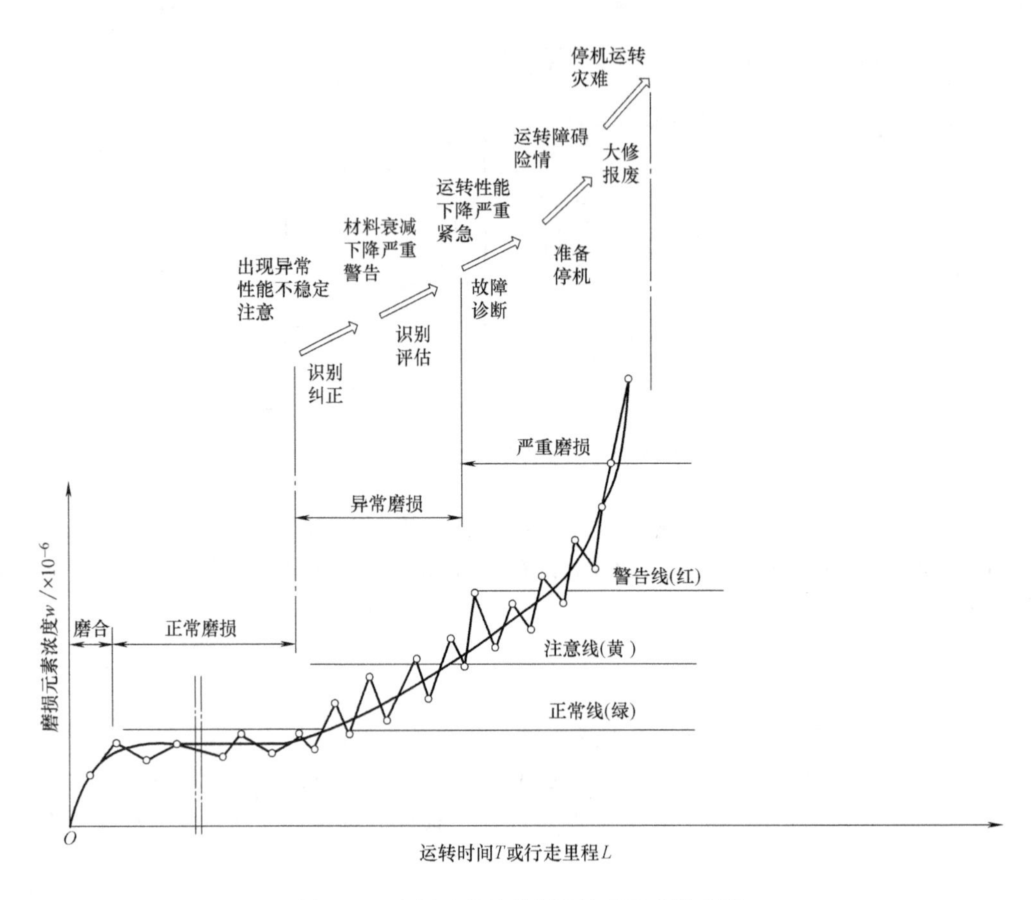

图 4-17 磨损过程及其润滑油原子光谱监测

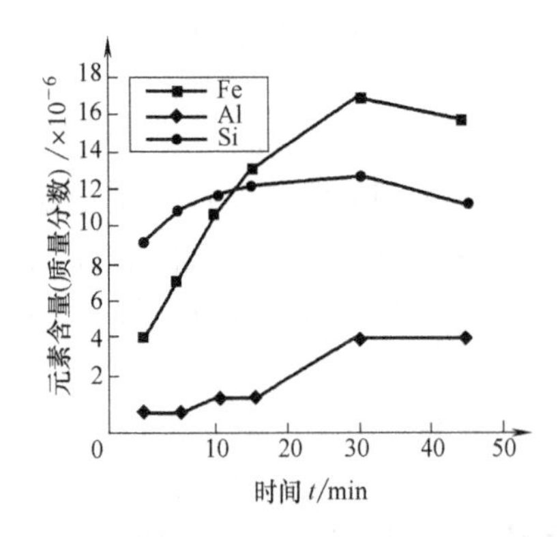

序号	t/min	Fe含量(质量分数)/$\times10^{-6}$	Al含量(质量分数)/$\times10^{-6}$	Si含量(质量分数)/$\times10^{-6}$
0	0	4.04	0.18	9.6
1	5	6.97	0.00	10.75
2	10	10.34	0.83	11.35
3	15	12.55	0.73	12.04
4	30	17.23	3.52	12.37
5	45	15.37	3.61	10.15

图 4-18 某柴油机磨合全过程光谱分析主要元素的磨损趋势

油液的红外光谱分析是从监测分子基团的变化获知油液性能的衰变情况，为制定合理的换油期提供依据。图 4-19 所示为在全波段上，红外谱图透过率随时间由高向低的变化过程，表明油样越来越“不清澈”。

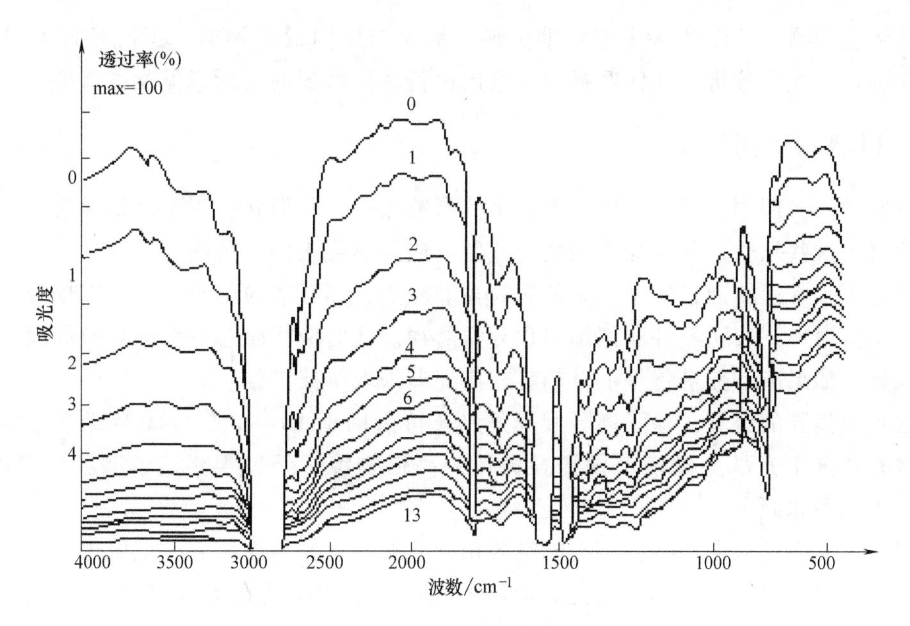

图 4-19　油液红外趋势分析原始图

0—新油　1~13—在用油（取样时间：48h）

4.4　磁塞检测法

磁塞检测法是在机械设备润滑系统中普遍采用的一种磨损状态监测方法，它的历史要早于油液监测中的那些精密仪器和手段。近年来磨粒分析方法的突破，给予这个同属磁性收集磨粒的技术新的生命。

4.4.1　磁塞的原理

将一永磁或电磁的磁塞探头插入润滑系统的管路中，收集、探测油液系统中在用润滑油所含的磁性颗粒。借助于放大镜和肉眼，观察、分析被采集的磁性颗粒的大小、数量、形状等特征，从而简易判断机械设备相关零件的磨损状态。这就是磁塞的简单原理。由于无法形成类似铁谱仪中的高梯度强磁场，磁塞仅对采集磨粒尺寸大于 50μm 的磁性颗粒比较有效。

4.4.2　磁塞的结构

磁塞的一般结构如图 4-20 所示，主要由磁塞体 1 和磁塞探头芯子 2 组成。探头芯子可以调节，以使磁芯探头充分伸入润滑油中，收集铁磁性颗粒。使用时，必须把磁塞探测器安装在润滑系统中最易捕获磨粒的位置，一般是尽可能地置于易磨损零件附近或润滑系统的回油主油道上。

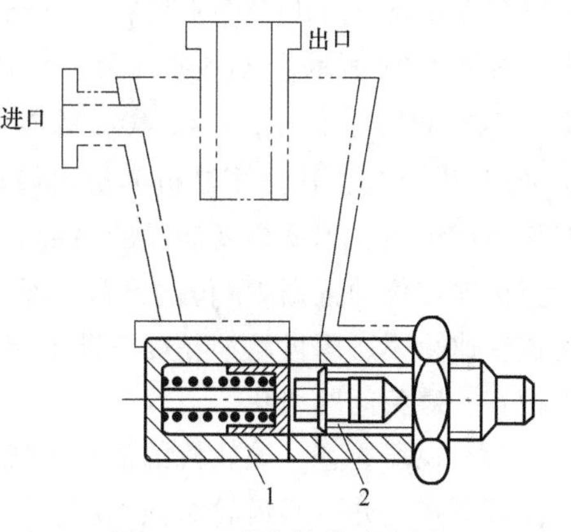

图 4-20　磁塞结构示意图

1—磁塞体　2—探头芯子

采用磁塞检测时，磁芯探头应定期更换，更换周期因设备种类、工况条件而异。更换时，收集颗粒，观察分析，并作好报告，给出设备磨损状况的判断意见及维修决策。

4.4.3 磁塞的应用

在机械设备初期磨合阶段，磁塞上收集的颗粒较多，其形状呈现不规则形貌，并掺杂一些金属碎屑。这些颗粒是零件加工切削的残留物或外界侵入的污染物。

机械进入正常运转期，磁塞收集的颗粒显著减少，而且磨粒细小。如果发现磁性磨粒数量、尺寸明显增加，表明零件摩擦副出现异常磨损。此时应将磁芯探头的更换周期缩短，增加取样次数。如果磨粒数量仍呈上升趋势，应立即采取维修措施。

对磁塞收集到的磨粒，除了肉眼观察外，还可借助于10~40倍放大镜观察分析。必要时，应将磨粒置于光学显微镜（铁谱显微镜的高倍物镜）下，观察记录磨粒的表面形貌，以判断磨损机理和原因。

介绍一个磁塞的应用实例：英国航空公司把磁塞装入监测系统后，依照规定的监测期按时取下，首先用肉眼检查磁芯探头上的磨粒，然后冲洗探头后在10~20倍的带光源双筒显微镜下仔细观察磨粒，当故障的形迹首次出现时就对该油样标记一个红点，在其后的检测中发现故障有发展时标记两个红点，此后立刻大幅度降低检测间隔，如果发现故障继续发展则立刻发出警报，并建议在安全期内更换发动机。从挂在监测中心墙上的发动机运行状况记录卡上一眼就能看出参照红点进行报警的那些发动机，而当最后把有故障的发动机拆开检查有了完整的报告和照片时，一个监测循环才算完成。

4.5 机械故障油液诊断应用实例

4.5.1 轧机连铸摆剪系统变速箱齿轮异常磨损

广州一钢铁公司长期对进口的摩根系列的轴承、变速箱、液压系统进行油液监测。其中铸轧机的连铸摆剪系统变速箱所使用的齿轮油每月都要进行油液检测。平时该齿轮油黏度始终维持在正常的420mm^2/s左右。一段时间检查发现该油的黏度不断下降，而且降幅比较大，如图4-21所示。2005年7月，该油40℃的黏度降为325mm^2/s；8月，该油40℃的黏度降为248mm^2/s；9月，该油40℃的黏度降为254mm^2/s。与此同时，直读式铁谱仪的数据D_L值上升至26，达到了该机的历史最高值，如图4-22所示。该油黏度持续地大幅下降，表明该油持续地受到低黏度油品的污染。在后期，过低的黏度导致的齿轮承载能力的下降表现为直读铁谱仪的数据D_L值的升高，系统磨损开始加大，油中磨损金属颗粒的含量变高，说明该变速箱因所用齿轮油黏度不断下降，导致润滑不良，产生了异常磨损，因此要求该厂组织检查，避免问题恶化。

后经现场检查，该轧机的液压系统密封出现破损，液压油泄漏至变速箱，造成齿轮油黏度连续下降，并引起齿轮磨损加剧。经过拆机检查，发现齿面已经发生因承载能力不够导致的黏着擦伤。现场立即采取措施，修复密封并更换了齿轮油，该轧机连铸摆剪系统变速箱的润滑状态恢复正常。

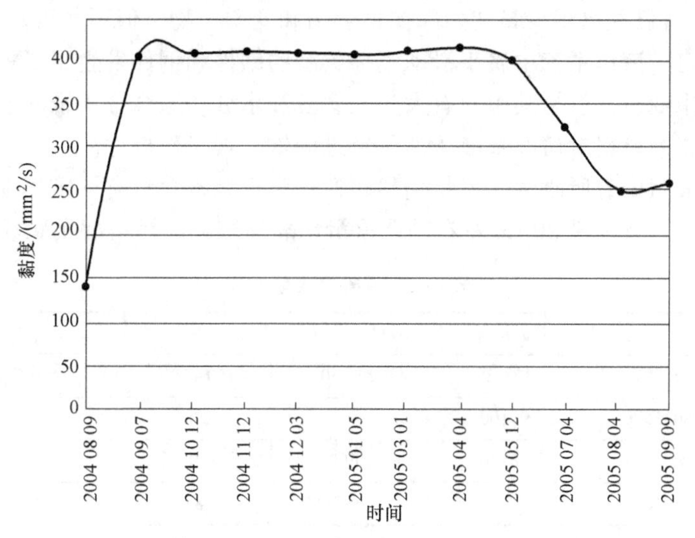

图 4-21　连铸摆剪系统变速箱所用齿轮油的黏度变化趋势

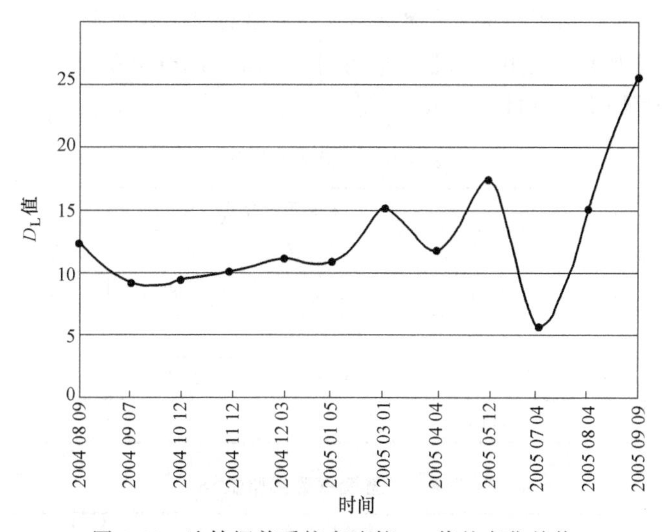

图 4-22　连铸摆剪系统变速箱 D_L 值的变化趋势

4.5.2　全断面掘进机液压系统的油液监测

中铁隧道集团有两台德国制造的大功率全断面掘进机，在进行隧道挖掘工作时，运用铁谱、光谱、理化分析和污染度监测等技术对该掘进机进行了工况分析。该掘进机正常的污染度应控制在 9 级以内，但是使用中通过油液分析发现已达到了 12 级，污染度明显超标。光谱分析的铁、铜、铝、硅和硼等元素含量均较高。铁谱分析还发现：

1）有大量异常铁系严重滑动磨损磨粒、剥块状磨粒（最大 40μm）以及切削磨粒。其中细长型切屑最大达 250μm，粗大型切屑最大达 20μm。

2）油中含有大量异常铜粒（最大达 40μm）。

3）谱片上几乎全部覆盖着 Fe_2O_3 团粒（尚未深度氧化）、透明污染物和较多沙砾，说明油中含水，并受到严重的粉尘污染。

4）液压油本身已经出现少量初始摩擦聚合物和变质产物，但不严重。

通过分析认定，液压系统中属于滑动摩擦类型的铁件和铜件发生了严重滑动磨损和切削磨损。油液虽尚未变质，但是其中含有大量大颗粒和水分。综合分析推断该油样不正常，应该换油并立即检查系统密封情况及液压油所经过的铁、铜工作机件。

换油后，油液污染有所改善，但是仍然超标。磨损元素含量有一定幅度下降。磨粒以铁系为主，浓度适中，有少量20μm左右的严重滑动磨损颗粒，污染度实验数据见表4-2。

表4-2 污染度实验数据

取样时间	尺寸/μm					NAS污染度等级(级)
	5~15	15~25	25~50	50~100	≥100	
03.12	8036000	99100	5400	200	0	>12
03.14(刚换油)	466600	26200	3600	0	0	11
03.16	30489	3504	687	87	18	7

对系统密封件进行检修后，再次换油，污染度等级降为7级，设备工作正常。随后进行油样的光谱、铁谱分析，结果见表4-3和表4-4。主要磨损元素的含量均较低，磨粒浓度低，铁谱片上的金属磨粒极少，大多数磨粒尺寸小于15μm。综合分析结论是磨损正常，现场信息反馈为机器部件运行状况良好。

表4-3 光谱实验数据

取样时间	主要元素含量/$\times10^{-6}$					
	Fe	Cu	Pb	Al	Si	B
03.12	12.76	8.81	0.00	3.97	4.59	0.11
03.14(刚换油)	5.64	4.19	0.00	1.57	2.02	0.07
05.03	1.01	2.07	0.45	0.12	0.56	0.02
06.01	1.40	0.84	0.12	0.00	0.24	0.01

表4-4 直读铁谱实验数据

取样时间	磨损颗粒浓度		磨损严重指数
	D_L(大磨粒读数)	D_S(小磨粒读数)	I_S
05.03	4.2	1.6	15.08
06.01	4.1	1.1	15.60

4.5.3 设备故障导致油品劣化

某港务局的一艘船舶上有一台柴油机，使用的是40CC级机油。使用中发现油的黏度增加较快，还没有到换油周期就增加到了黏度的上限报警值。对此，有关技术人员认为是该油级别较低所造成的，遂改用40CD级机油。但是使用一段时间后发现黏度还是增长较快，故怀疑该机油质量有问题，并且希望找出机油黏度增长过快的原因。

黏度上升的原因有很多，首先确定有关检测项目，从检测数据的变化来分析在用油品黏度升高的原因。表4-5是对该柴油机所用新油和旧油的有关理化指标的检测结果。

表 4-5 新油、旧油理化指标的检测结果

检测项目	旧油	新油	试验方法
运动黏度(100℃)/(mm^2/s)	18.7	14.3	GB/T 265—1988
水分(%)	0.03	0.0	GB/T 260—1977
总碱值/(mgKOH/g)	5.9	7.3	ASTM D2829
不溶物的质量分数(%)	1.3	0.01	GB/T 8926—1988
添加剂元素的质量分数 $Ca/10^{-6}$ $Mg/10^{-6}$ $Zn/10^{-6}$ $P/10^{-6}$	 2117 16 551 517	 2560 21 658 630	ASTM D6595

从上述检测结果来看，新油的检测结果符合 40CD 级机油的质量标准，旧油的总碱值和添加剂元素含量下降不大，基本上在正常范围，说明机油的有关添加剂性能是基本稳定的。另外，旧油的水含量也在正常允许范围，但旧油的黏度、不溶物含量都较高，超出了换油标准。

排除新油质量问题，从柴油机的运行状况来分析，导致机油黏度上升的原因主要有柴油机持续高温运行、柴油机漏气严重、油品使用时间过长以及油中进水等多方面原因。现场了解柴油机冷却系统很好，且少有持续高温运行，油中也没有进入过量水分，使用时间也没有达到检修期。

从检测数据来看，旧机油不溶物主要由高温氧化形成的油泥所组成。油泥增加，势必使油品黏度上升，由上述分析基本推断机油黏度上升的原因可能是燃气泄漏，使柴油机曲轴箱中的机油局部高温氧化，造成了油泥的增加。港务局船舶公司在接到检测分析报告后，对柴油机进行了解体检查，发现该机的缸套、活塞环尺寸普遍都超出了规定的范围。原因是该机在上次大修时，因为进口备件较贵，采用了国产活塞环，在装配和活塞环尺寸上有些问题，从而导致缸套和活塞环的配合间隙过大，大量燃气进入曲轴箱，使油品严重氧化。后来更换为原柴油机厂生产的进口活塞环，并且全部使用新油，柴油机在运行一段时间后，通过检测发现在用机油的黏度值仍然保持正常。

第5章 机械故障的声学诊断

5.1 噪声诊断

振动与噪声是机械设备在运行过程中的一种属性。设备在运行过程中，其内部的缺陷或故障会引起振动和噪声的变化，即设备的噪声信号中携带了大量与机械设备内部缺陷和故障有关的信息。因此，噪声监测也就成为对机械设备进行故障诊断的重要手段。

5.1.1 噪声分析基础理论与方法

1. 声波的基本概念

(1) 声波的产生与分类　从物理学的观点来讲，声波是由物体的振动产生的，气体、液体、固体的振动都能够产生声波。敲击钢板，钢板所发出的声音是由固体振动产生的；输液管道阀门的噪声是由液体振动产生的；排放气体时的排气声则是气体振动的结果。

当机器振动时，这种振动引起机器表面附近空气媒介分子的振动，依靠空气的惯性和弹性性质，空气分子的振动就以波的形式向四周传播开去。发生振动的物体称为声源，传播声波的物体称为介质。

声波的频率范围很宽，从 10^{-4} ~ 10^{12}Hz，有 16 个数量级。声波根据其频率的高低可以分为次声、可听见声和超声。次声是指频率低于人耳听觉范围的声波，它的频率小于 20Hz；可听见声是正常人的耳朵能够听到的声音，它的频率范围为 20 ~ 20000Hz；当声波的频率高出人耳的听觉范围时，称为超声波，它的频率大于 20000Hz。

声波根据波振面的形状可以分为平面声波、球面声波和柱面声波。

(2) 声压　声压是指有声波存在时，介质中的压强相对于静压强（无声波存在时的压强）的变化量。一般静压强用 p_0 表示。声压单位就是压强单位，称为帕斯卡，简称帕，记作 Pa。

一般测量声压时不是取最大值（幅值），而是用一段时间内瞬时声压的均方根值，即有效声压。实际应用中，若没有另加说明，则声压就是指有效声压，记作 p。

$$p = \sqrt{\frac{1}{T}\int_0^T [p(t)]^2 \mathrm{d}t} \tag{5-1}$$

式中，T 为时间间隔，对于周期性变化的声波，T 应是周期的整数倍，对于非周期性变化的声波，T 则应取足够长；$p(t)$ 为瞬时声压；t 为时间。

(3) 声场　有声波存在的弹性介质所占有的空间称为声场，声场又可分为自由声场、

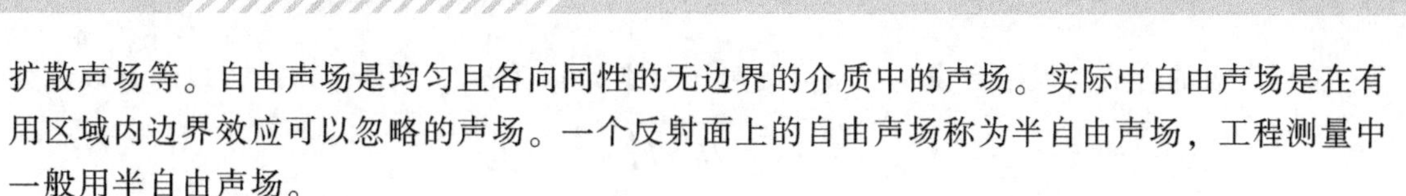

扩散声场等。自由声场是均匀且各向同性的无边界的介质中的声场。实际中自由声场是在有用区域内边界效应可以忽略的声场。一个反射面上的自由声场称为半自由声场，工程测量中一般用半自由声场。

2. 噪声及其分类

（1）噪声　从物理学的观点看，协调的声音为乐音，不协调的声音为噪声；从生理学的观点看，噪声就是人们不需要的声音。

（2）噪声的分类　按声强随时间的变化规律，噪声可分为：①稳态噪声，噪声的强度不随时间变化；②非稳态噪声，噪声的强度随时间变化。

按频率特性，噪声可分为：①有调噪声，含有明显的基频和伴随基频的谐波的噪声；②无调噪声，没有明显的基频和谐波的噪声。

按产生的机制，噪声可分为：①空气动力性噪声，是由气体的流动或物体在气体中运动引起空气振动所产生的噪声，如喷气式飞机、锅炉、空气压缩机排气放气等引起的噪声即为空气动力性噪声；②机械噪声，由机械的撞击、摩擦等作用产生的噪声；③电磁噪声，属于机械性噪声，例如在发电机、电动机中，由于交变磁场对定子和转子的作用，产生周期性的交变力引起振动而产生的噪声。

3. 噪声的量与量级

（1）噪声的量　噪声的量有声压、声强、声功率。单位时间内通过垂直于声波传播方向单位面积的声能称为声强，符号为 I，单位为 $\mathrm{W/m^2}$。声源在单位时间内辐射的总声能称为声功率，符号为 W，单位为 W。

（2）噪声的级

1）声压级、声强级、声功率级。声音的强弱变化很大，人耳对声压的听觉范围是 $2\times10^{-5}\sim20\mathrm{Pa}$，可见用声压与声强来表示声音的强弱很不方便，仪器的动态范围也不可能这么宽。因此，为了把这种宽广的变化压缩为容易处理的范围，在噪声测量中，常用一个成倍比关系的对数量来表示，即用“级”（声压级、声强级、声功率级）来描述，单位为 dB（分贝）。声压级、声强级、声功率级的计算式如下

$$\text{声压级}:L_{\mathrm{p}}=20\lg\frac{p}{p_0}(\mathrm{dB}),\quad p_0=2\times10^{5}\mathrm{Pa}$$

$$\text{声强级}:L_{\mathrm{I}}=10\lg\frac{I}{I_0}(\mathrm{dB}),\quad I_0=10^{-12}\mathrm{W/m^2}$$

$$\text{声功率级}:L_{\mathrm{W}}=10\lg\frac{W}{W_0}(\mathrm{dB}),\quad W_0=10^{-12}\mathrm{W}$$

式中，p_0、I_0、W_0 分别为声压、声强、声功率的基准值。

2）声压级、声强级、声功率级之间的关系。对于点声源（在半自由声场中）有

$$\begin{cases}L_{\mathrm{W}}=L_{\mathrm{I}}+20\lg r+8(\mathrm{dB})\\L_{\mathrm{W}}=L_{\mathrm{p}}+20\lg r+8(\mathrm{dB})\end{cases}\tag{5-2}$$

式中，r 为声源到测试点的距离。

对于点声源（在自由声场中）有

$$\begin{cases}L_{\mathrm{W}}=L_{\mathrm{I}}+20\lg r+11(\mathrm{dB})\\L_{\mathrm{W}}=L_{\mathrm{p}}+20\lg r+11(\mathrm{dB})\end{cases}\tag{5-3}$$

3）声级的合成。设两台设备在某点的声压分别为 p_1 和 p_2，则两个声压合成的有效值为

$$p=\sqrt{p_1^2+p_2^2}$$

$$L_p=20\lg\frac{p}{p_0}=20\lg\frac{\sqrt{p_1^2+p_2^2}}{p_0}=10\lg\frac{p_1^2+p_2^2}{p_0^2} \tag{5-4}$$

设两台设备在某点的声压级分别为 L_{p1} 和 L_{p2}，且 $L_{p1}>L_{p2}$，则该点的总声压级为 $L_p=L_{p1}+\Delta L_p$。$L_{p1}-L_{p2}>10\text{dB}$ 时，可以不考虑 L_{p2} 的影响。分贝增值情况见表 5-1。

表 5-1　分贝增值　　（单位：dB）

$L_{p1}-L_{p2}$	0	1	2	3	4	5	6	7	8	9	10
增值（ΔL_p）	3	2.5	2.1	1.8	1.5	1.2	1.0	0.8	0.6	0.5	0.4

4）背景噪声修正。与被测噪声无关的噪声称为背景噪声，也称本底噪声。设背景噪声为 L_B，设备噪声为 L_A，总噪声为 L_C，则

$$L_C=10\lg\frac{I}{I_0}=10\lg\frac{I_A+I_B}{I_0} \tag{5-5}$$

令 $L_C-L_B=\alpha$（dB），$L_C-L_A=\varepsilon$（dB），则被测噪声

$$L_A=L_C-\varepsilon$$

背景噪声修正值见表 5-2，一般当背景噪声比总噪声小 10dB 时，可以不考虑背景噪声对总噪声的影响。

表 5-2　背景噪声修正值　　（单位：dB）

α	1	2	3	4	5	6	7	8	9	10
ε	6.9	4.4	3	2.3	1.7	1.25	0.95	0.75	0.60	0.45

（3）频程　在实测中发现两个不同频率的声音作相对比较时，有决定意义的是两个频率的比值，而不是它们的差值。在噪声测量中，把频率作相对比较的单位称为频程。设 f_2 为上限频率，f_1 为下限频率，$f_{中}$ 为中心频率，Δf 为频带宽度（带宽），则

$$\frac{f_2}{f_1}=2^n,\quad f_2=2^n f_1,\quad f_1=2^{-n}f_2$$

$$f_{中}=\sqrt{f_1 f_2}=2^{-\frac{n}{2}}f_2=2^{\frac{n}{2}}f_1$$

$$\Delta f=f_2-f_1=(2^{\frac{n}{2}}-2^{-\frac{n}{2}})f_{中} \tag{5-6}$$

按频程划分频率区间，相当于对频率按对数关系加以标度，所以这种具有恒定百分比带宽的频谱也称为等对数带宽频谱。在噪声测量中常用的频程有：$n=1$，称为 1 倍频程或者倍频程，$\Delta f=0.707f_{中}$；$n=1/3$，称为 1/3 倍频程，$\Delta f=0.231f_{中}$。

可见，n 取值越小，就分得越细。$n=1$ 时倍频程的中心频率与带宽范围见表 5-3。

表 5-3　$n=1$ 时倍频程的中心频率与带宽范围　　（单位：Hz）

$f_{中}$	31.5	63	125	250	500	1000	2000	4000	8000
$f_{上}\sim f_{下}$	22~45	45~90	90~180	180~355	355~710	710~1400	1400~2800	2800~5600	5600~11200

（4）响度、响度级　人耳对声音的感觉不仅与噪声的强弱有关，还与噪声的频率有关。一般人耳对高频声音敏感，对低频声音迟钝，所以对声压级相同而频率不同的声音听起来可能不一样响。因此，仿照声压级引出了响度级的概念，其定义为选取 1000Hz 的纯音作为基准，凡是听起来同纯音一样响的声音，其响度级的值等于这个纯音的声压级的值。等响曲线如图 5-1 所示。

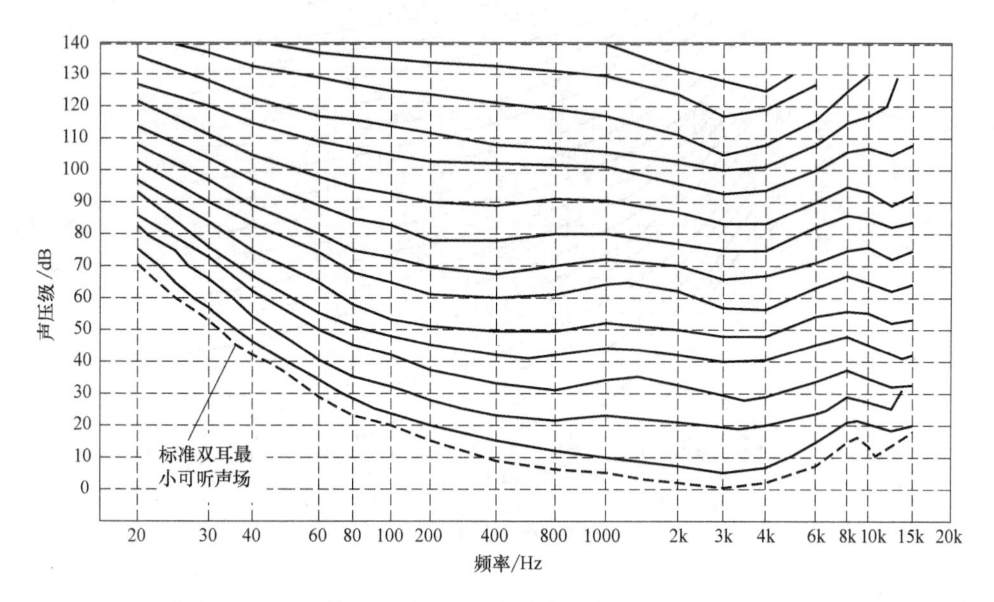

图 5-1　等响曲线

响度是从听觉判断声音强弱的量。响度级的单位为“PHON（方）”，响度的单位为“sone（宋）”。通常，响度级增加 10PHON，响度变化增加一倍。响度级与响度的关系为

$$\text{响度级：}\quad L_N = 40+10\log_2 N(\text{PHON})$$

$$\text{响度：}\quad N = 2^{0.1(L_N-40)}(\text{sone})$$

4. 噪声的评价指标

（1）A 声级 L_A　模拟 40PHON 的等响曲线设计的计权网络，考虑了人耳对低频噪声敏感性差的特性，对低频有较大的修正，能较好地反映人耳对噪声的主观评价。由于 A 声级是宽频带的度量，不同频带的噪声对人产生的危害可能不同，A 声级却相同，所以 A 声级适合于宽频带稳态噪声的一般测量。

（2）等效连续 A 声级 L_{eq}　声场内某一位置上，采用能量平均的方法，将某一段时间内暴露的几个不同的 A 声级的噪声，以一个 A 声级来表示该段时间内的噪声大小，用 L_{eq} 表示。

$$L_{eq} = 10\lg\left(\frac{1}{T}\int_0^T 10^{0.1L_{iA}}\mathrm{d}t\right) \tag{5-7}$$

式中，T 为总时间，$T=T_1+T_2+\cdots+T_n$；L_{iA} 为 T_i 时段内的 A 声级。

（3）NR 等级数　噪声评价 NR 等级数是将所测噪声的频带声压级与标准的 NR 曲线比较，如图 5-2 所示。以所测噪声最高的 NR 值表示该噪声的噪声等级。在考虑频率因素的基

础上，NR 等级数进一步考虑了峰值因素，但不能很好地反映峰值持续时间及峰值起伏特性。因此，NR 等级数适合于对相对稳定的背景噪声的评价。

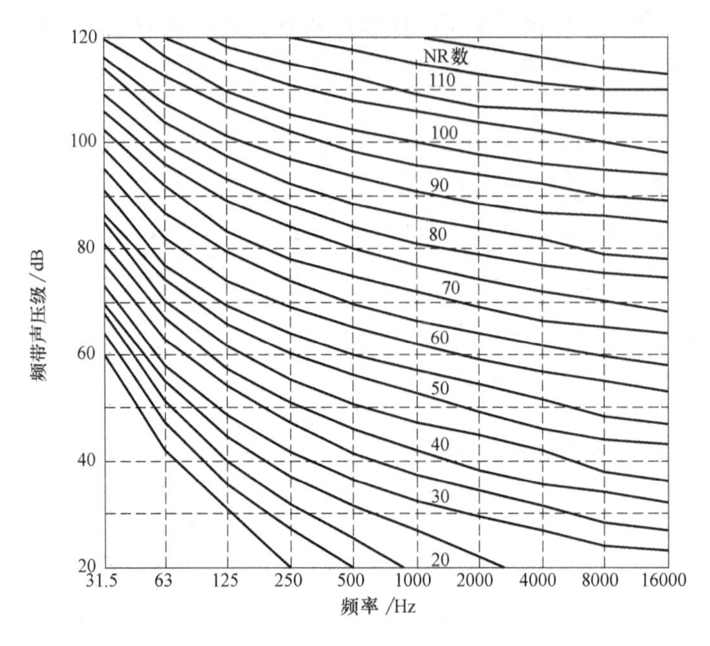

图 5-2 标准的 NR 曲线

(4) 累计分布声级　累计分布声级是一种统计百分数声级，也就是记录随时间变化的 A 声级并统计其累积频率分布。用 L_N 表示测量时间内百分之 N 的起伏噪声所超过的声级。L_{10} 相当于峰值声级；L_{50} 相当于平均声级；L_{90} 则相当于背景噪声。

5. 噪声监测的方法

(1) 噪声监测的原理　当机器的零件或部件开始磨损或者经历某些其他的物理变化时，其声音信号的特性就发生变化。监测这些特征就有可能检测到机械运行状态的变化，精确地指出正在劣化的那些零部件。

噪声监测中的主要内容之一就是通过噪声测量与分析来确定设备故障的部位和程度。为此，首先必须寻找和估计机器中产生噪声的声源，进而从声源出发，研究其频率组成和各分量的变化情况，从中提取机器运行状态的信息。

(2) 噪声监测的方法

1) 主观评价和估计法。主观评价是指人利用自身的听觉来判断噪声声源的频率和位置。有经验的操作人员或检测人员在生产现场，从机器的运转噪声中，能听出机器的运行状态是否正常，还能判别产生异常的主要噪声声源的零部件及其原因。为了排除其他噪声源的干扰，可以使用听诊器，人们还可以使用传声器-放大器-耳机系统监听人耳达不到的部位。不足之处在于人的经验和知识对主观评价和估计法的结果影响非常大，而且这种方法无法对噪声作定量的度量。

2) 近场测量法。用声级计紧靠机器表面扫描，根据声级计指示值的大小来确定噪声源的部位。该方法简便易行。

近场测量法的正确性是有条件的。传声器测得的声级主要是最靠近某个噪声源的贡献。

根据声学原理，其他噪声源对测量值的影响很小或没有影响。因为靠近总是相对的，一定的声场总要受到附近其他噪声源的影响（混杂）。尤其是在工厂的现场，某台机器上的被测点是处于机器上其他噪声源的混响场内，因此近场测量法不能提供精确的测量值。这种方法常用于噪声源和主要发声部位的一般识别或作为精确测定前的预先粗定位。

3）表面振速测量法。对于无衰减平面余弦行波来说，用表面质点振动速度表示的振动表面辐射的声功率 W_r 为

$$W_r = \rho_0 c S \overline{u^2} \sigma_r \tag{5-8}$$

式中，c 为测出的振动速度；ρ_0 为空气的特性阻抗；S 为振动表面面积；$\overline{u^2}$ 为质点法向振动速度均方值的时间平均值；σ_r 为振动表面的声辐射系数。

将振动表面分割成许多小块，测出表面各点的振动速度，然后画出等振速曲线图，从而形象地表达出声辐射表面各点辐射声能的情况和最强的辐射点。

根据式（5-8），可由测出的表面振动速度计算出表面辐射的声功率。式中的声辐射系数 σ_r 不是常数，它在整个频率范围内有±6dB 的离散，所以一般很难从计算得到。对于多数振动频率超过 400Hz 的机器，σ_r 可以近似地取为 1；但是低频时 $\sigma_r \neq 1$，这时由表面振动速度计算出的声功率的准确性大大降低，但是对于 A 计权的声功率，误差可以减少。因为这种方法是通过测量振动来识别噪声源，所以没有任何声学环境的要求，该方法方便实用。

4）频谱分析法。在往复机械和旋转机械中，测得的噪声频谱信号中都有与转速 n（r/min）和系统结构特性有关的纯音峰值。例如，滚动轴承的噪声谱中包含 $n/60$、内外圈故障频率、滚动体故障频率和内外圈及滚动体的自振频率等；齿轮噪声发生在其啮合频率上；风机噪声发生在叶片基频和整数倍频上。因此，对测得的噪声频谱作纯音峰值的分析，可以识别其主要噪声源。

相干函数也常用来判断噪声功率谱图上的峰值频率和噪声源频率的相关程度，从而判别主要噪声源。

一般纯音峰值的频率常与几个零部件的特征频率相同或相接近，这时就需要采用其他的信号处理方法来判断哪些零部件是主要噪声源。频谱分析是一种识别声源的重要方法。

5）声强法。采用双传声器互谱法进行声强测量。由于声强是向量，故声强测量可在现场进行而不受环境影响。声强在近场测量，可根据所测声强值判断机器设备各部分发射噪声的大小，从而找到主要的噪声源进行故障定位。根据现场条件下的声强测量还可以确定声源的声功率、材料的吸声系数和透射系数。

5.1.2　应用实例

【例 5-1】　一工厂采用功率谱分析来寻找一台大型感应电动机噪声增加的原因。测试分析系统如图 5-3 所示，功率谱如图 5-4 所示。

功率谱图的上半部分为结构振动信号的自功率谱，下半部分为电动机噪声信号的自功率谱。

观测噪声信号功率谱图，有三个明显的峰值，这三个分量分别为 120Hz、490Hz 和 1370Hz。其中，120Hz 正好是电源频率 60Hz 的 2 倍，显然这是源自电源的电磁噪声；490Hz 是电动机轴承的特征频率，这部分是轴承的冲击噪声；1370Hz 分量是另一种电磁噪声，它

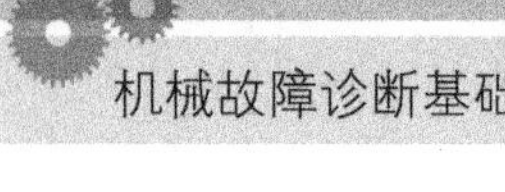

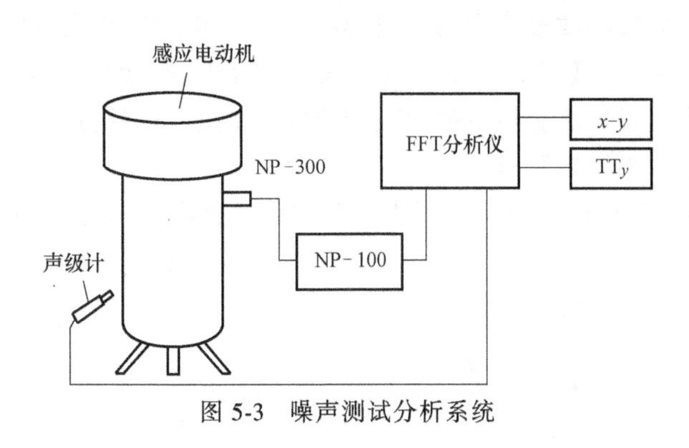

图 5-3 噪声测试分析系统

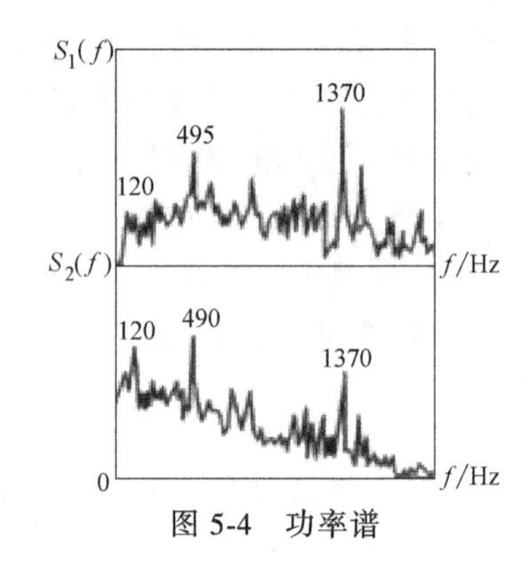

图 5-4 功率谱

是由电动机内部间隙引起的噪声。

【例 5-2】 有一台小型的两缸四冲程柴油机，对其进行振动和噪声的综合监测和故障诊断。

为了便于进行数据采集，把 3 个压电式加速度传感器安装在机体外壳上，1 号和 2 号传感器安装在 1 号缸和 2 号缸的横向（垂直于气缸中心线）位置，3 号传感器安装在 2 号缸的垂向（平行于气缸中心线位置），测量噪声的话筒放在曲柄箱通风口，记录下正常运转时的信号时间历程，如图 5-5a 所示。2 号缸发生拉缸故障时的信号时间历程如图 5-5b 所示。

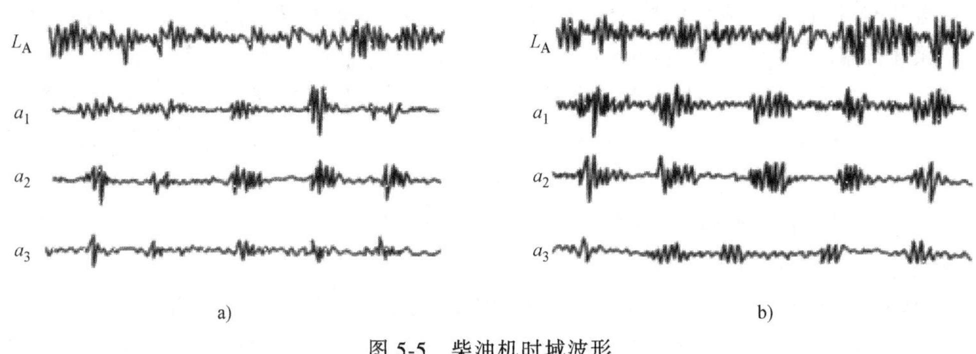

图 5-5 柴油机时域波形
a）正常 b）人工拉缸

从图 5-5 中可以看出，a_1、a_2 和 a_3 都在上下止点附近出现强信号（一个周期内出现四次），这时不是一个缸在燃烧，就是气阀刚打开或关闭。由于燃烧、气流和机件的冲击引起振动信号，在拉缸时（这时 2 号缸产生拉缸，1 号缸正常工作）加速度信号冲击性减弱，峰值衰减变慢，有时甚至最强信号并不在膨胀行程止点之后，而移到了进、排气行程。噪声信号也有明显变化。

但是这四个时域信号的区别并不十分明显，需要进行频域分析，由于 a_3 信号较弱，故舍去。a_1、a_2 和 L_A 的自功率谱如图 5-6 所示（图中实线代表正常，虚线代表拉缸），加速度在 2350Hz 和 5700Hz 处有峰值，正常工况和拉缸工况峰值的差在 2350Hz 处为 9. 13dB，在 5700Hz 处为 6. 8dB，这说明用装在 1 号缸附近的传感器可以监测 2 号缸的拉缸故障。噪声自功率谱峰值在 700Hz 附近，拉缸时几乎每一点数值都增大，拉缸时峰值比正常时高 6. 5dB。由此可见，横向振动和噪声的自功率谱对拉缸工况是敏感的，但是若要用于故障预报还需要进一步研究和确定合理的报警门限值。

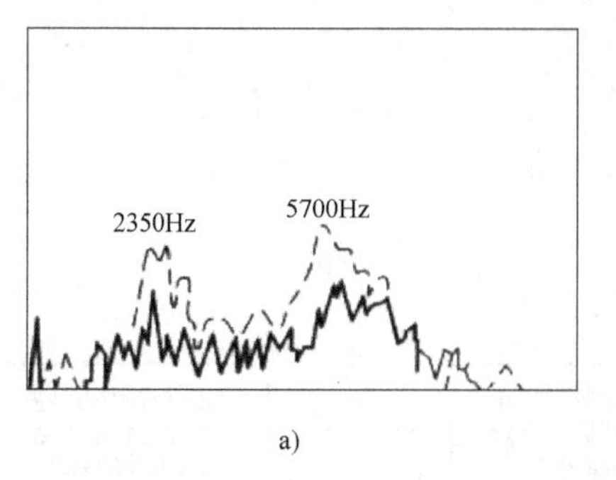

a)

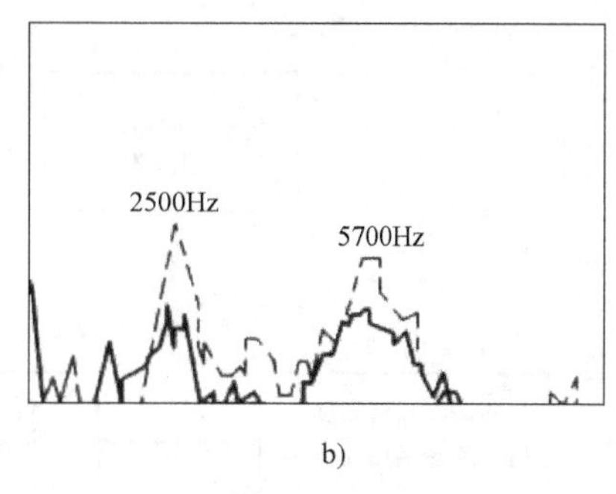

b)

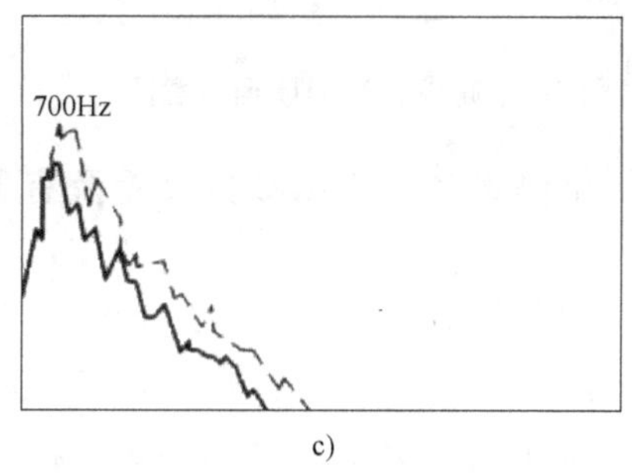

c)

图 5-6　加速度 a_1、a_2 和 L_A 的自功率谱

a) a_1　b) a_2　c) L_A

5.2　超声诊断

超声波用于机械设备故障诊断领域，主要是利用材料本身或内部缺陷对超声波传播的影响，进行检测，从而判断结构内部或表面缺陷的大小、形状和分布情况。在一些机器运行中能对材料或结构的微观形变、开裂以及裂纹的发生、发展进行状态监测。它的应用极为广泛，且发展迅速。

5.2.1　超声分析的基础理论与方法

1. 概述

(1) 基本原理　超声波的实质是以波动的形式在介质中传播的机械振动。超声波检测与分析是利用超声波在介质中的传播特性对工件或材料中的缺陷进行检测，其工作原理如图 5-7 所示。

通常用来发现缺陷并对缺陷进行评估的信息有：

1) 是否存在来自缺陷的超声波信号及信号的幅度。

2) 入射超声波与接收超声波之间的时间差。

3) 超声波通过材料后能量的衰减。

(2) 优点和局限性

1) 优点：作用于材料的超声波强度低，最大作用应力远低于材料的弹性极限，不会对材料的使用产生影响；可以用于金属、非金属、复合材料制件的无损检测与评价；对于确定内部缺陷的大小、位置、取向、性质等参量，较之其他检测方法有综合优势；设备轻便，对

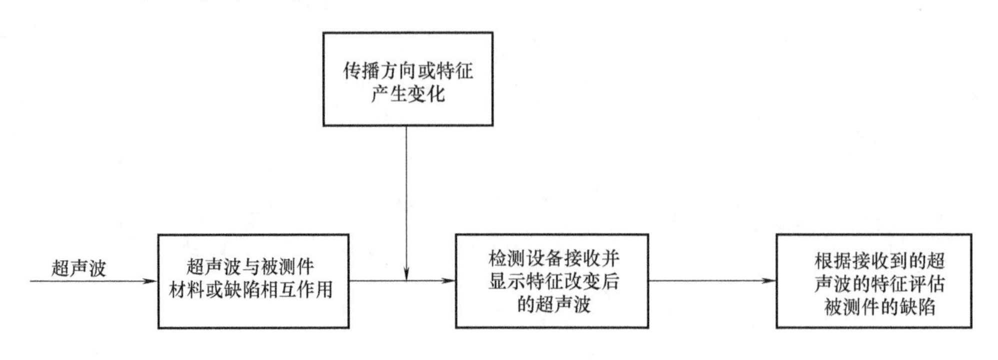

图 5-7 超声波检测原理示意图

人体和环境无害，可以用作现场检测设备；所用参数设置及有关波形均可存储以供未来使用。

2）局限性：对材料及制件缺陷作精确定性、定量表征仍然需要深入研究；为了使超声波能以常用的压电换能器为声源进入试件，一般需要用耦合剂，要求被测表面光滑；难以探测出细小的裂纹；要求检测人员有较高的素质；工件的形状及表面粗糙度对超声波检测的可实施性有较大影响。

（3）适用范围　超声检测的适用范围很广，主要对象包括：

1）各种金属材料、非金属材料、复合材料。

2）锻件、铸件、焊接件和复合材料构件。

3）板材、管材、棒材等。

4）被检测对象的厚度可以小至 1mm，大至几米。

5）可以检测表面缺陷，也可以检测内部缺陷。

2. 超声波与超声场

（1）超声波及其分类　声波的频率范围很宽，为 $10^{-4}\sim10^{12}$Hz，有 16 个数量级。人的耳朵能听到的声音频率范围为 20～20000Hz。当声波的频率超过人耳听觉范围的频率极限时，人耳就察觉不出这种声波的存在，这种高频的声波称为超声波，其频率大于 2×10^{4}Hz。

对于宏观缺陷的检测，常用频率为 0.5～25MHz。对于钢等金属材料的检测，常用频率为 0.5～10MHz。超声波具有如下特性：

1）方向性好。超声波是频率很高、波长很短的机械波，具有良好的方向性，可以定向发射。

2）能量高。超声波检测频率远远高于可听声频率，而声波的能量与频率的二次方成正比，由此超声波的能量远高于可听声的能量。

3）穿透能力强。超声波在大多介质中传播时，传播能量损失小，传播距离大，穿透能力强。

4）能在界面上产生反射、折射、衍射及波形转换。在超声检测中，特别是在脉冲反射法检测中，就是利用超声波能在界面上反射、折射等特点来进行缺陷检测的。

声波在传播过程中某一瞬间相位相同的各点所连成曲面称为波阵面或波面，波的传播方向称为波线。在各向同性的均匀介质中，波阵面垂直于波线。

超声波一般按波形分类的方法分成如下几类：

1）平面声波。波的扰动只在一个方向上传播，则这种波称为平面声波，相应的声源称为平面声源，其波阵面为相互平行的平面，如图 5-8a 所示。

2）球面声波。波的扰动是从点波源向各个方向传播出去的，这种波称为球面声波，相应的声源称为球面声源，其波阵面为同心的球面，如图 5-8b 所示。

3）柱面声波。波阵面是同轴柱面的声波，如图 5-8c 所示。

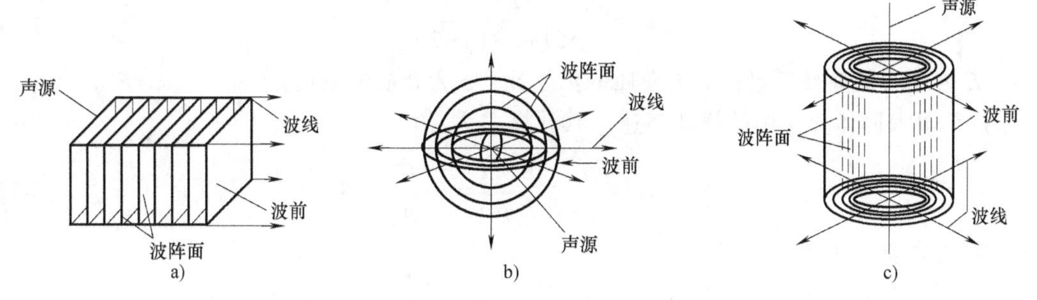

图 5-8　三种超声波的波线、波前、波阵面

a）平面声波　b）球面声波　c）柱面声波

4）活塞波。在超声波检测的实际应用中，圆盘形声源尺寸既不能看成很大，也不能看成很小，所发出的超声波既不是单纯的平面波，也不是单纯的球面波，而是介于球面波和平面波之间，称为活塞波。理论上假设产生活塞波的声源是一个有限尺寸的平面，声源各质点作同频率、同相位、同振幅的振动。在离声源较近处由于干涉的原因，波阵面形状较复杂；而在距声源足够远处，波阵面类似于球面。

（2）超声波的传播速度　声波在介质中的传播速度称为声速，常用 c 表示。超声波传播的速度与超声波的波形、传声介质的特性有关。声速又可以分为相速度与群速度：相速度是声波传播到介质的某一个选定的相位点时，在传播方向的速度；群速度是指传播声波的包络线上，具有某种特性（如幅值大小）的点上，声波在传播方向上的速度。群速度是波群的能量传播速度。在非频散介质中，群速度与相速度相等。

1）液体、气体介质中的声速

a）液体、气体介质中的声速公式。由于液体、气体介质只能承受压应力，不能承受切应力，所以液体、气体介质中只能传播纵波，其声速的表达式为

$$c=\sqrt{\frac{K}{\rho}} \tag{5-9}$$

式中，K 为体积弹性模量；ρ 为介质的密度。

b）液体介质中的速度与温度的关系。几乎除水以外的所有液体，当温度升高时，容变弹性模量减小，声速降低。水中的声速在温度为 74℃ 时最高；在温度低于 74℃ 时，水中的声速随着温度升高而增加；当温度高于 74℃ 时随温度升高而降低。下式为水中声速与温度的关系，不同温度下水中的声速见表 5-4。

$$c_{\mathrm{L}}=1557-0.0245(74-t)^{2} \tag{5-10}$$

式中，t 为水的温度，单位为℃。

表 5-4 不同温度下水中的声速

温度/℃	20	30	40	50	60	70	74	80	90	100
声速/(m/s)	1485.6	1509.6	1528.7	1542.9	1552.2	1556.6	1557	1556.1	1550.7	1540.3

2）固体介质中的声速

a）无限大固体介质中的纵波声速。其计算式为

$$c_L=\sqrt{\frac{E(1-\sigma)}{\rho(1+\sigma)(1-2\sigma)}} \tag{5-11}$$

式中，E 为介质的弹性模量；σ 为介质的泊松比；ρ 为介质的密度。

b）无限大固体介质中的横波声速。其计算式为

$$c_S=\sqrt{\frac{E}{2\rho(1+\sigma)}}=\sqrt{\frac{G}{\rho}} \tag{5-12}$$

式中，G 为介质的切变弹性模量。

c）表面波（瑞利波）的声速。在半无限大固体介质中，当 $0<\sigma<0.5$ 时，表面波（声速）c_R 的近似计算式为

$$c_R=\frac{0.87+1.12\sigma}{1+\sigma}c_S=\frac{0.87+1.12\sigma}{1+\sigma}\sqrt{\frac{G}{\rho}} \tag{5-13}$$

从式（5-11）~式（5-13）可以知道，固体介质中的声速与介质的弹性模量及密度有关，介质的弹性模量越大，密度越小，则声速越大。声速还与超声波的波形有关，在同一固体介质中，纵波、横波和表面波的声速各不相同，并且互相之间有换算关系

$$\frac{c_L}{c_S}=\sqrt{\frac{2(1-\sigma)}{1-2\sigma}}>1\text{，即 }c_L>c_S \tag{5-14}$$

$$\frac{c_R}{c_S}=\frac{0.87+1.12\sigma}{1+\sigma}\text{，即 }c_S>c_R \tag{5-15}$$

则有

$$c_L>c_S>c_R$$

这表明在同一种固体介质中，纵波声速大于横波声速，横波声速大于表面波声速。例如，钢：$\sigma\approx0.28$，$c_L\approx1.8c_S$，$c_R\approx0.9c_S$，即 $c_L:c_S:c_R=1.8:1:0.9$。

d）细棒中的纵波声速。超声波检测时，细棒指的是直径与波长大致相当的情况。声波在细棒中以膨胀波的形式传播，称为棒波，当棒的直径远小于 0.1λ 时，棒波的声速与泊松比无关，其计算式为

$$c_L=\sqrt{\frac{E}{\rho}} \tag{5-16}$$

e）兰姆波（板波）的声速。超声波作用到薄板上时，由于薄板上下界面的作用，所形成的沿薄板延伸方向传播的波的特性与给定的频率及板厚有关，对于给定的频率及板厚组合，还可以有多个对称或非对称的振动模式，每个模式具有不同的相速度。因此，兰姆波具有频散特性。

（3）超声场的特征量　充满超声波的空间，或在介质中超声振动的波及其质点所占据的范围称为超声场。描述超声场特征的物理量称为超声场的特征量。

1）声压。超声场中某点的瞬时压强 p_1 与没有超声场存在时在同一点的瞬时压强 p_0 之差称为声压，声压一般用符号 p 表示，单位为 Pa，1Pa＝1N/m^2。

对于无衰减的平面余弦波，声压可以表示为

$$p=\rho cA\omega\cos\left[\omega\left(t-\frac{x}{c}\right)+\frac{\pi}{2}\right]=\rho cu \tag{5-17}$$

式中，ρ 为介质的密度；c 为介质中的声速；ω 为角频率，$\omega=2\pi f$；A 为介质质点的振幅；x 为质点离声源的距离；u 为质点的振动速度；t 为时间。

式（5-17）中，$\rho cA\omega$ 称为声压的振幅，且有 $|p_m|=|\rho cA\omega|$，其中 p_m 为声压极大值。

2）声阻抗。介质在一定表面上的声阻抗 Z 是该表面上的平均有效声压 p 与该处质点的振动速度 u 之比

$$Z=\frac{p}{u} \tag{5-18}$$

声阻抗表示介质的声学特性，声阻抗的单位为 Pa·s/m^3。不同的介质有不同的声阻抗；对于同一种介质，波形不同其声阻抗也不同。超声波通过界面时，声阻抗决定了超声波在通过不同介质的界面时能量的分配。

3）声强。在垂直于超声波传播的方向上，单位面积上单位时间内通过的声能称为声强，用 I 表示，单位为 W/cm^2。超声波传播到介质某处时，该处原来静止的质点开始振动，因此具有动能。同时，该处的质点产生弹性变形，即该处的质点也具有势能，其总能量是动能与势能之和，其平均声强为

$$I=\frac{1}{2}\frac{p^2}{\rho c} \tag{5-19}$$

3. 超声波的传播

（1）超声波的波动性

1）波的叠加。当几列波同时在一个介质中传播时，如果在某些点相遇，则相遇点的质点振动是几列波的合成，合成声场的声压等于每列声波声压的向量和。相遇后各列声波仍保持它们各自原有的特性（频率、波长、幅度和传播方向等）向前传播。

2）波的干涉。当两列频率相同、波形相同、相位相同或相位差恒定的波源发出的波相遇时，合成后声波的频率与原频率相同，幅值与两列波的相位差有关，在某些位置振动始终加强，在另一些位置振动始终减弱或抵消，这种现象称为干涉。能产生干涉现象的波称为相干波。

3）驻波。当两列振幅相同的相干波在同一直线上沿着相反方向传播叠加而成的波称为驻波。

4）惠更斯原理。惠更斯原理是由荷兰物理学家惠更斯于1690年提出的一项理论。波动起源于波源的振动，波的传播需借助于介质中质点之间的相互作用。对连续介质来说，任何一点的振动将引起相邻质点的振动。波前在介质中达到的每一个点都可以看作新的波源（即子波源）向前发出的子波。而波阵面上各点发出的子波所形成的包络面，就是原波阵面在一定时间内所传播到的新的波阵面。

5）超声波的散射与衍射。衍射是指声波绕过障碍物的边缘而继续向前传播的现象。散射是指声波遇到障碍物后不再向特定的方向传播，而是向各个不同的方向发射声波的现象。

超声波传播过程中遇到有限尺寸的障碍物时，产生的衍射和散射现象与障碍物的尺寸有关。

设障碍物的尺寸为 a，超声波的波长为 λ，则有：

① 当 $a \ll \lambda$ 时，障碍物对超声波的传播几乎没有影响。

② 当 $a < \lambda$ 时，超声波到达障碍物后将成为新的波源向四周散射。

③ 当 $a \approx \lambda$ 时，超声波将产生不规则的反射和衍射。

④ 当 $a > \lambda$ 时，有入射波的反射与透射。如果障碍物与周围介质的声特性阻抗差异很大，则障碍物界面上发生全反射，其后形成一个声影区。

（2）超声波在固体介质中的衰减　超声波在固体介质中传播时，声压随距离的增加而逐渐减弱的现象称为超声波的衰减。

1）引起衰减的原因。

a）扩散衰减。超声波在传播的过程中由于声束的扩散而引起的衰减称为扩散衰减。超声波的扩散衰减与介质材料的性质无关，而与波阵面的形状有关。扩散衰减的规律可以用声场的规律来描述。

b）吸收衰减。超声波在介质中传播时，由于介质中质点间的黏滞性造成的质点之间的内摩擦以及热传导引起的超声波的衰减称为吸收衰减。

c）散射衰减。超声波在介质中传播遇到障碍物时，如果障碍物的尺寸与超声波的波长相当或更小时会产生散射现象。产生散射衰减的主要原因，一是材料内部的不均匀，如金属材料中的杂质、气孔等产生的散射；二是晶粒尺寸与超声波波长相当的多晶材料引起的散射。

2）衰减的规律。

在实际的超声检测中，超声波在材料中的衰减主要考虑吸收衰减与散射衰减，如果不考虑扩散衰减，对于平面声波，声压的衰减规律为

$$p_\alpha = p_0 e^{-\alpha x} \tag{5-20}$$

式中，p_0 为入射到材料中的起始声压；α 为衰减系数，单位为 Np/mm，1Np = 8.686dB；p_α 为与声压 p_0 相距 x 处的声压值；x 为与声压 p_0 处的距离。

3）衰减系数。

a）薄板工件衰减系数。对于厚度较小，且上下底面平行、表面光洁的薄板工件或试块，通常用比较多次反射回波高度的方法测定其衰减系数

$$\alpha = \frac{20\lg\left(\frac{B_m}{B_n}\right) - \delta}{2(n-m)d} \tag{5-21}$$

式中，m、n 为底波的反射次数；B_m、B_n 分别为第 m、n 次底波的高度；δ 为反射损失，每次反射损失约为 0.5~1.0dB；d 为薄板的厚度；

b）厚工件衰减系数。对于厚度大于 200mm 的板材或轴类工件，可以用第一、二次底波高度比来测定衰减系数，这时衰减系数为

$$\alpha = \frac{20\lg\left(\frac{B_1}{B_2}\right) - 6 - \delta}{2d} \tag{5-22}$$

式中，B_1、B_2 分别为第一、二次底波高度；δ 为反射损失，每次损失约为 0.5~1.0dB；d 为厚工件的厚度；6 为扩散衰减引起的分贝差。

(3) 多普勒效应 在实际情况下，声源与工件之间往往存在相对运动，特别是在自动化探伤中。这时，由缺陷反射回来的超声波的频率与声源发射的超声波的频率有所不同，这种现象称为多普勒效应，由此引起的频率变化称为多普勒频移。

设：S 点为声源，声源发出的频率为 f_S，介质中传播的声速为 c，波长为 λ。

声源不动，接收点以 v_0 与声波传播方向同向移动，接收到的频率为

$$f_0=f_S\frac{c-v_0}{c} \tag{5-23}$$

接收点不动，声源以 v_S 向接收点移动，此时接收到的波长如同被挤紧了的波长

$$\lambda'=\frac{c-v_S}{f_S} \tag{5-24}$$

接收到的频率为

$$f_0=\frac{c}{\lambda'}=f_S\frac{c}{c-v_S} \tag{5-25}$$

声源与接收点同时同向移动时，有

$$f_0=f_S\frac{c-v_0}{c-v_S} \tag{5-26}$$

当速度方向不一致时，可以把在声源与接收点连线上的速度分量代入。

用脉冲反射法检测时，超声波的发射与接收都是一个探头完成，一般探头不动，工件移动。

$$\text{工件与发射方向相对运动：}\quad f_0=f_S\frac{c+v}{c-v}\approx(c+2v)\frac{f_S}{c} \tag{5-27}$$

$$\text{工件与发射方向同向运动：}\quad f_0=f_S\frac{c-v}{c+v}\approx(c-2v)\frac{f_S}{c} \tag{5-28}$$

4. 超声波的检测方法与特点

(1) 按原理分类

1) 脉冲反射法。脉冲反射法是目前应用最广泛的一种超声波检测方法。其基本原理为，将具有一定持续时间和一定频率间隔的超声脉冲发射到被测工件，当超声波在工件内部遇到缺陷时就会产生反射，根据反射信号的大小及在显示器上的位置可以判断出缺陷的大小和深度。脉冲反射法包括缺陷回波法、底波高度法和多次底波法。

a) 缺陷回波法。缺陷回波法是根据超声检测仪器显示屏上显示的缺陷回波判断缺陷的方法。图 5-9 所示为缺陷回波法原理。当被检工件内部无缺陷时，显示屏上只有发射脉冲（始波 T）及底面回波 B；当被检工件内部有小缺陷时，显示屏上有发射脉冲（始波 T）、缺陷回波 F 及底面回波 B；当被检工件内部有大缺陷时，显示屏上有发射脉冲（始波 T）、缺陷回波 F，而没有底面回波 B。

b) 底波高度法。根据底面回波高度的变化判断工件内部有无缺陷的方法，称为底波高度法。对于厚度、材质不变的工件，如果工件内部无缺陷，其底面回波的高度基本不变；工件内部有缺陷时，底面回波的高度会减小甚至消失，如图 5-10 所示。

底波高度法要求被检工件的探测面与底面平行，而且不易对缺陷定位。因此这种方法一般作为一种辅助检测手段，与缺陷回波法配合使用，以利于发现某些倾斜或小而密集的缺陷。

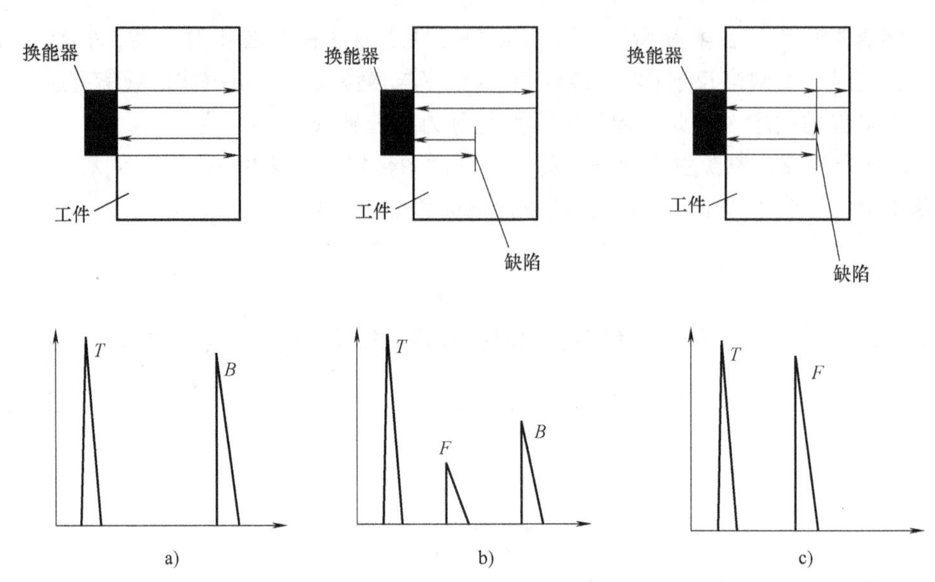

图 5-9 缺陷回波法原理示意图

a）无缺陷 b）有小缺陷 c）有大缺陷

c）多次底波法。多次底波法是以多次底面脉冲反射信号为依据进行检测的方法。如果工件内部无缺陷，在显示屏上出现高度逐次递减的多次底面回波；如果工件内部存在缺陷，由于缺陷的反射、散射而增加了声能的损耗，底面回波次数减少，同时也打破了各次底面回波高度逐次衰减的规律，并显示缺陷回波，如图 5-11 所示。

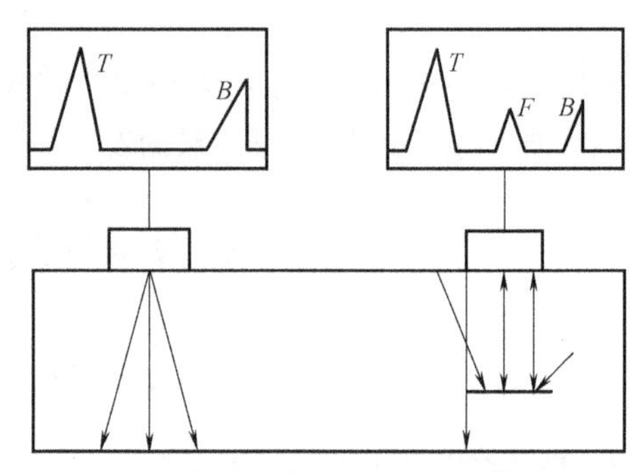

图 5-10 底波高度法原理示意图

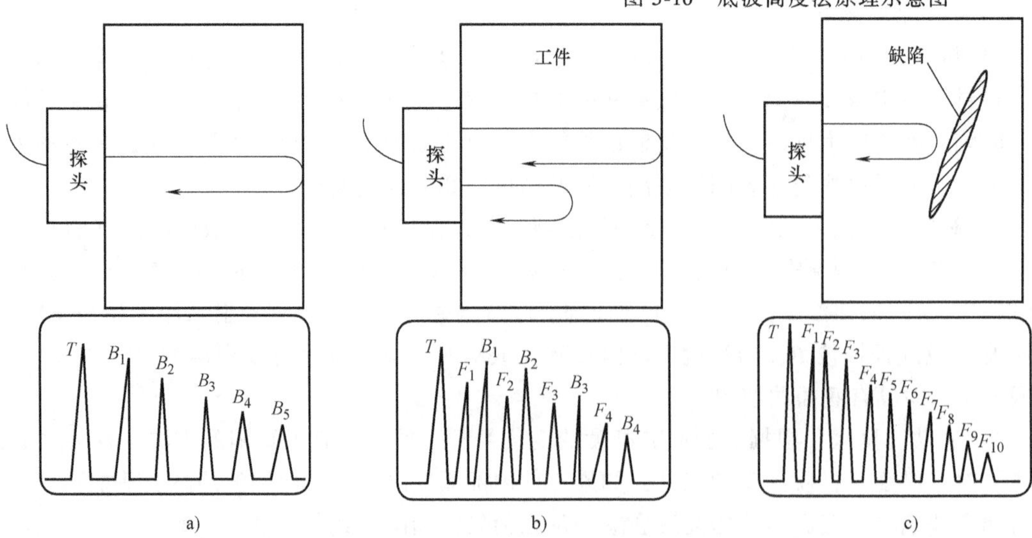

图 5-11 多次底波法原理示意图

a）无缺陷 b）有小缺陷 c）有大于声束直径的缺陷

多次底波法用于对厚度不大、形状简单、检测面与底面平行的工件进行检测，缺陷检出的灵敏度低于缺陷回波法。它也可用于探测吸收性缺陷（如疏松等），声波穿过缺陷不引起反射，但声波衰减很大，几次反射后由于声源耗尽使底波消失，如图 5-12 所示。

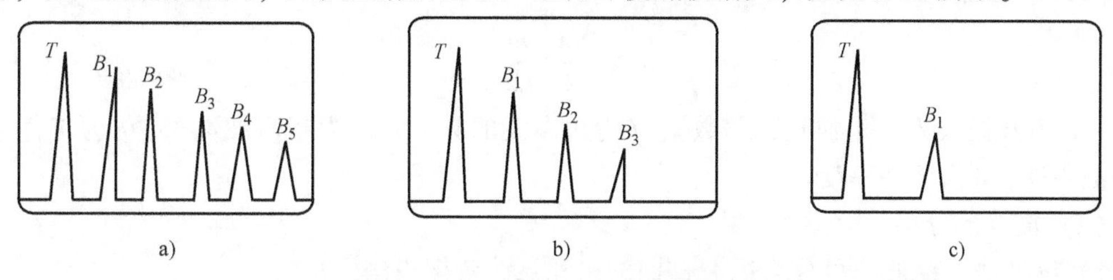

图 5-12　带有吸收性缺陷的直接接触纵波多次底波法原理示意图
a）无缺陷　b）有吸收性缺陷　c）有严重吸收性缺陷

2）穿透法。将两个探头分别置于工件的两侧。一个探头发射的超声波透过工件被另一侧的探头接收，根据接收到的能量大小判断有无缺陷。穿透法可以用连续波和脉冲波两种不同的方式，如图 5-13、图 5-14 所示。穿透法适用于检测薄工件的缺陷和衰减系数较大的均质材料工件。穿透法设备简单、操作容易、检测速度快，对形状简单、批量较大的工件容易实现连续自动检测；但是不能给出缺陷的深度，检测灵敏度较低，对发射、接收探头的相对位置要求较高。

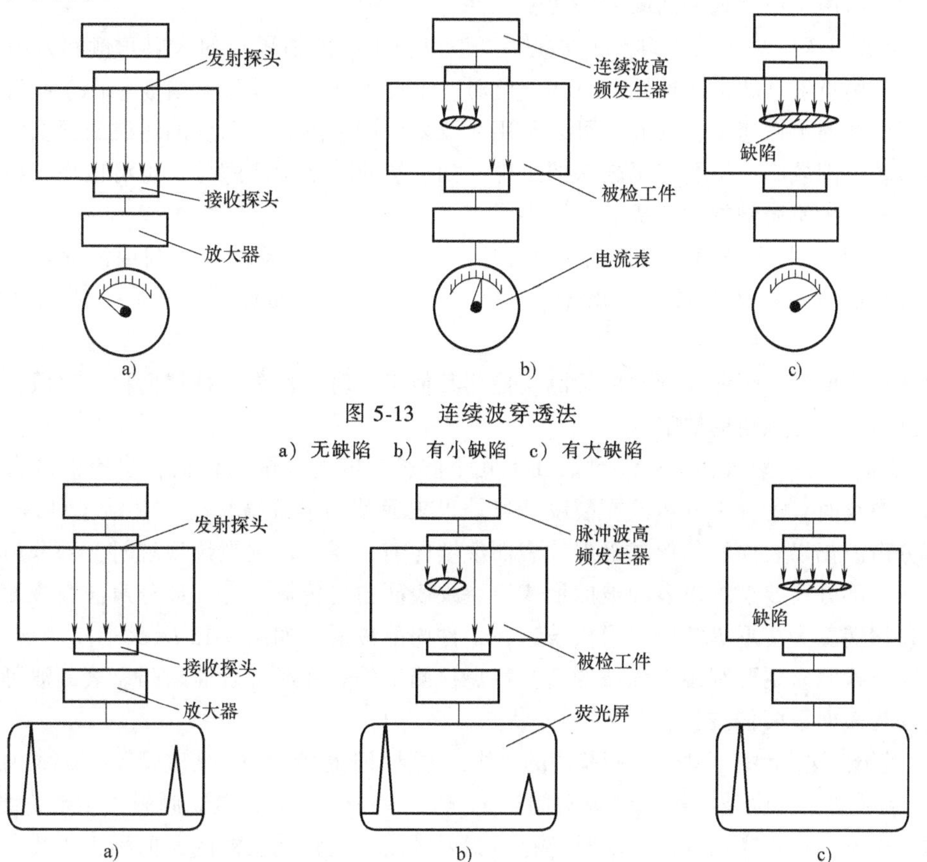

图 5-13　连续波穿透法
a）无缺陷　b）有小缺陷　c）有大缺陷

图 5-14　脉冲波穿透法
a）无缺陷　b）有小缺陷　c）有大缺陷

3）共振法。一定波长的声波，在物体的相对表面上反射，所发生的同相位叠加的物理现象称为共振，应用共振现象来检验工件的方法称为共振法。共振法常用于测量工件的厚度。用共振法测厚的关系式为

$$\delta=\frac{n\lambda}{2}=\frac{nc}{2f} \tag{5-29}$$

式中，n为共振次数（半波长的倍数）；f为超声波的频率；λ为超声波波长；c为工件中的超声波声速；δ为试件厚度。

（2）按波形分类

1）纵波法。纵波法可分为纵波直探头法和纵波斜探头法。

a）纵波直探头法。使用纵波直探头进行检测的方法称为纵波直探头法，它是将波束垂直入射到工件的检测面，以固定的波形和方向透入工件，也称为垂直入射法。主要用于板材、锻件、铸件和复合材料的检测，当缺陷平行于检测面时，检测效果最佳。

纵波直探头法分为单晶直探头脉冲反射法、双晶直探头脉冲反射法和穿透法，常用的是脉冲反射法。单晶直探头的远场区近似于按简化模型进行理论推导的结果，所以可用当量法对缺陷进行评定；同时，由于受近场盲区和分辨率的限制，只能发现工件内部离检测面一定距离外的缺陷。双晶直探头利用两片晶片，一片发射、一片接收，很大程度上克服了近场盲区的影响，适用于检测近表面缺陷和薄壁工件。

b）纵波斜探头法。纵波斜探头法是将纵波以小于第一临界角的入射角倾斜入射到工件检测面，利用折射纵波进行检测的方法。此时，工件中既有纵波又有横波，由于纵波的传播速度大于横波的传播速度，因此，可以利用纵波来识别缺陷。小角度的纵波斜探头常用来检测探头移动范围较小、检测范围较深的工件，如从螺栓端部检测螺栓。也可以用于检测粗晶材料，如奥氏体不锈钢焊接接头。

2）横波法。将纵波通过斜楔或水等介质倾斜入射到工件检测面，利用波形转换得到横波进行检测的方法称为横波法。由于入射声束与工件检测面成一定夹角，所以又称为斜射法。

横波法主要用于焊缝及管材的检测。检测其他工件时，作为一种辅助检测手段，用以发现与检测面成一定倾角的缺陷。

3）表面波法。表面波只在工件表面下几个波长深度的范围内传播，当表面波在传播过程中遇到裂纹时：①一部分声波在裂纹开口处以表面波的形式被反射，并沿工件表面返回；②一部分声波仍以表面波的形式沿裂纹表面继续向前传播，传到裂纹顶端时，部分声波被反射而返回，部分声波继续以表面波的形式沿裂纹表面向前传播；③一部分声波在表面转折处或裂纹顶端转变为变形纵波或变形横波，在工件内部传播，如图5-15所示。

表面波检测时主要利用表面波的这些特点检测工件表面或近表面缺陷。表面波可以检测的深度约为表面下两倍波长。

4）兰姆波法。利用兰姆波进行检测的方法，主要用于检测薄板、薄壁管等形状简单的工件。

5）爬波法。当纵波以第一临界角附近的角度（±30°）从介质a倾斜入射到介质b时，在介质b中不但产生表面纵波，而且还存在斜射横波。通常把横波的波前称为头波，把沿介质表面下一定距离处在横波和表面纵波之间传播的峰值波称为纵向头波或爬波，如图5-16所示。

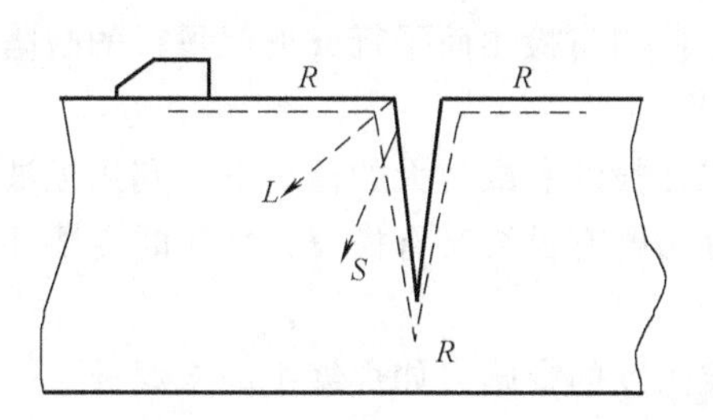

图 5-15 表面波传播到表面裂纹时的传播示意图

R—表面波 *L*—变形纵波 *S*—变形横波

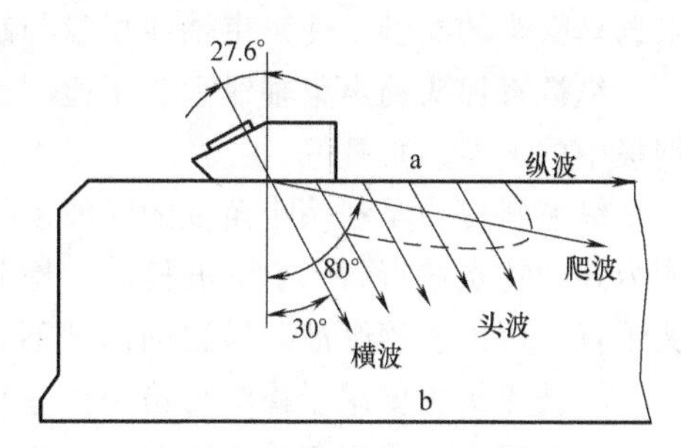

图 5-16 爬波产生示意图

爬波受工件表面刻痕、不平整、凹陷等的干扰小，有利于检测表面下缺陷。爬波离开探头后衰减快，回波声压约与距离的 4 次方成反比，检测距离小，通常只有几十毫米。采用双探头（一个发射、一个接收）检测比较有利。

5. 超声检测通用技术

（1）检测面的选择与准备 当被检工件存在多个可能的声入射面时，检测面的选择首先考虑缺陷的最大可能取向。如果缺陷的主反射面与被检工件的某一表面近似平行，则选用从该表面入射的垂直入射纵波，使声束轴与缺陷的主反射面近似垂直，这样有利于缺陷的检测。缺陷的最大可能取向应在对材料、工艺等综合分析后确定。

在实际检测中，很多工件上可以放置探头的平面或规则圆周面有限，超声波进入面的可选择余地小，只能根据缺陷的可能取向选择入射超声波的方向。因此，检测面的选择应该与检测技术的选择结合起来考虑。例如，变形过程使缺陷有多种取向，单面检测存在盲区，而另一面检测可以弥补，还需要多个检测面入射进行检测。同时，在进行超声检测前应目视被检工件表面，去除松动的氧化皮、毛刺、油污和切削颗粒等，以保证检测面能提供良好的声耦合。

（2）仪器与探头的选择

1）仪器的选择。目前超声波检测仪种类繁多，基本功能与主要性能均能满足常用超声检测的需要，应该选择性能稳定、重复性好、可靠性好的仪器。对于具体的检测对象，应根据检测要求与现场条件选择检测仪器。一般从以下几点进行考虑：①定位要求高时应该选择水平线性误差小的仪器，定量要求高时应该选择垂直线性好、衰减精度高的仪器；②所需采用的超声频率特别高或特别低时，应该考虑选用频带宽度包含所需频率的仪器；③薄工件检测和近表面缺陷检测时，应该考虑选择发射脉冲可调为窄脉冲的仪器；④大型工件或高衰减材料工件检测，应该选择发射功率大、增益范围大、信噪比高的仪器；⑤为了有效发现近表面缺陷和区分相邻缺陷，应该选择盲区小、分辨力好的仪器；⑥室外现场检测时，应该选择重量轻、荧光亮度好、抗干扰能力强的便携仪器。

2）探头的选择。探头在超声检测中实现超声波的发射与接收，是影响超声检测能力的关键器件。探头的种类多、性能差异大，应该根据具体检测对象及检测要求选择探头。探头的选择包括探头类型、频率、晶片尺寸、斜探头角度和聚集探头焦距的选择等。

a）探头类型的选择。一般要根据被检工件的形状和可能出现缺陷的部位、方向等条件来选择探头的类型，使声束轴线尽量与缺陷垂直。

纵波直探头的声束轴线垂直于检测面，适合于检测与检测面平行或近似平行的缺陷，如钢板中的夹层、折叠等。

纵波斜探头是利用小角度的纵波进行检测，或在横波衰减过大的情况下，利用纵波穿透能力强的特点进行斜入射纵波检测，检测时在工件中既有纵波又有横波，使用时需要注意横波干扰，可以利用纵波与横波的速度不同来识别。

横波探头主要用于检测与检测面垂直或成一定角度的缺陷，如焊缝中的未焊透。

双晶探头主要用于检测薄壁工件或近表面缺陷。

水浸聚焦探头用于检测管材或板材。

接触式聚焦探头的检测范围小、信噪比高，可用于缺陷的精确定位。

b）探头频率的选择。超声检测频率在0.5~10MHz，选择范围大。选择探头频率时，对于小缺陷、近表面缺陷、薄工件的检测，可以选择较高的频率；对于大厚工件、高衰减材料，应选择较低的频率。对于晶粒较细的锻件、轧制件、焊接件等，一般选用较高的频率，常用2.5~5MHz；对于晶粒较粗的铸件、奥氏体钢等宜选用较低的频率，常用0.5~2.5MHz。

如果频率过高，会引起严重衰减，示波屏上出现林状回波，信噪比降低，甚至无法检测。在检测灵敏度满足要求的情况下，选择宽频探头可以提高分辨力和信噪比。

因此，针对具体检测对象，需要在上述因素中选取一个较佳的探头频率，既保证所需缺陷尺寸的检出，并满足分辨力要求，又要保证整个检测范围内有足够的灵敏度与信噪比。

c）探头晶片尺寸的选择。探头圆晶片尺寸一般为直径10~30mm。探头晶片的大小对声束的指向性、近场区长度、近距离扫描范围和近距离缺陷检出能力有较大影响，对检测也有影响。实际检测中，检测范围大或检测厚度大的工件时选用大晶片探头；检测小型工件时，选用小晶片探头。

（3）耦合剂的选用

1）耦合剂。超声耦合是指超声波在探测面上的声强透射率，声强透射率高，超声耦合好。为了提高耦合效果，在探头与工件表面之间施加一层透声介质，该介质称为耦合剂。耦合剂的作用是排除探头与工件表面之间的空气，使超声波能有效地传入工件，以达到检测目的。同时，耦合剂可以减少摩擦。

耦合剂应能润滑工件与探头表面，流动性、黏度、附着力适当，同时透声性能好、价格便宜；对工件无腐蚀，对人体无害，不污染环境；性能稳定，不易变质，能长期保存。

2）影响声耦合的主要因素

a）耦合层的厚度。耦合层的厚度为$\lambda/4$的奇数倍时，透声效果差，反射回波低；当耦合层的厚度为$\lambda/2$的整数倍或很薄时，透声效果好，反射回波高。

b）表面粗糙度。对于同一耦合剂，表面粗糙度大，耦合效果差，反射回波低。声阻抗低的耦合剂，随表面粗糙度的变大，耦合效果下降更快。但是表面粗糙度也不必太小，因为表面很光滑时，耦合效果不会明显增强，而且会使探头因吸附力大而移动困难。

c）耦合剂声阻抗。对于同一检测面，耦合剂声阻抗大，耦合效果好，反射回波高。

d）工件表面形状。工件表面形状不同，耦合效果也不一样，平面的耦合效果最好，凸面次之，凹面最差。

5.2.2　机械故障的超声分析与应用实例

【例 5-3】　复合材料的缺陷的诊断

某些结构件是将两种材料黏合在一起形成的复合材料。复合材料黏合质量的检测，主要采用脉冲反射法、脉冲穿透法和共振法。

两层材料复合时，黏合层中的分层（黏合不良）多与板材表面平行，用脉冲反射法检测是一种有效的方法。用纵波进行检测时，若两种材料的声阻抗相同或接近，且黏合质量好，则产生的界面波很低，底波幅度较高；当黏合不良时，则产生的界面波较高，而底波较低或消失。若两种材料的声阻抗相差较大，在黏合良好时界面波较高，底波较低；当黏合不良时，界面波更高，底波很低或消失。

当第一层复合材料很薄，在仪器盲区范围内时，界面波不能显示。这时黏合质量的好坏主要用底波判别。一般来说黏合良好的有底波，遇到黏合不良时无底波，但第二层材料对超声衰减入射时，也可能无底波，如图 5-17 所示。

当第二层复合材料很薄时，界面波 I 与底波相邻或重合，如图 5-18 所示，对于很薄的复合材料，也可以用双探头法检测。如用横波检测，可以用两个斜波头，一发一收，调整两探头的位置，使接收探头能收到黏合不良的界面波。

若采用穿透法，两个探头分别放在复合材料的两个相对面，一发一收，当黏合良好时，接收的超声能量大，否则声能减小。此法特别适用于检测声阻抗不同的多层复合材料。

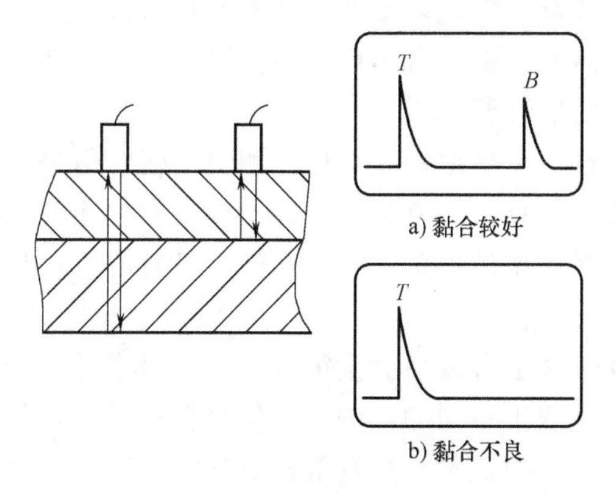

图 5-17　第一层较薄时的探测

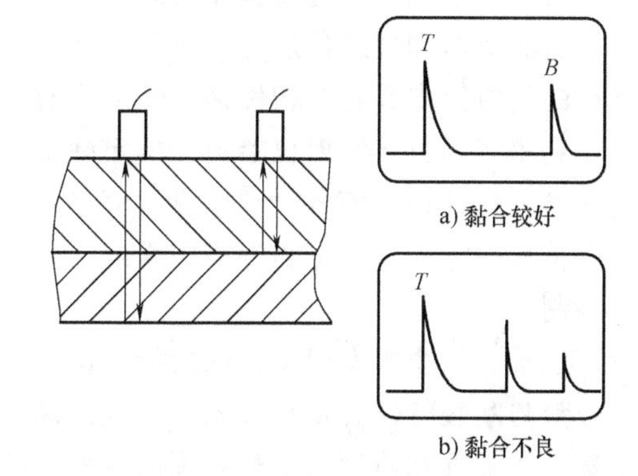

图 5-18　第二层较薄时的探测

共振法适用于检测声阻抗相近的复合材料。黏合良好时，测得的厚度为两层之和；黏合不好时，只能测得第一层的厚度。可以使用共振式超声测厚仪进行检测。

5.3　声发射诊断

声发射技术是在 20 世纪 60 年代发展起来的一种评价材料和构件状态，进而用来进行机械设备状态监测与故障诊断的新方法，即使用探测仪器接收机械设备零件因故障而发射出的声发射信号，然后通过信号处理、分析来诊断设备的故障情况。该技术可以用于判断机械设备中零件的早期故障。

5.3.1 声发射技术的基础理论与方法

1. 声发射技术的基本原理

当材料受内力或外力作用产生变形或断裂，以及构件在受力状态下使用时，以弹性波形式释放出应变能的现象称为声发射。

实验表明，各种材料声发射的频率范围很宽，从次声频、声频到超声频，所以声发射也被称为应力波发射。多数金属材料塑性变形和断裂的声发射信号很微弱，需要灵敏的电子仪器才能测量出来。用仪器检测、分析声发射信号和利用声发射信号推断发射源的技术称为声发射技术。

声发射诊断是声学检测中的重要方法，其基本原理是必须有外部条件，如力、电磁、温度等因素的作用，使材料内部结构发生变化，如晶体结构滑移、变形或裂纹扩展等，才能产生能量释放使声波发射出来。因此，声发射的诊断是一种动态无损检测，是依据材料内部结构、缺陷或潜在缺陷处于运动变化的过程中，材料本身发出的弹性波而进行无损检测的。这一特点使其区别于超声波等其他无损诊断方法。

声发射信号来自缺陷本身，故可以用声发射法诊断缺陷的程度，同样大小和性质的缺陷由于所处的位置和所受应力状态的不同，对结构的损伤程度也不同，所以其声发射特征也有差别。了解来自缺陷的声发射信号，就可以对缺陷进行跟踪监测，这是声发射技术优于其他诊断技术的一个重要特点。

另外，绝大多数金属和非金属材料都有声发射特点，声发射诊断几乎不受材料限制。由于材料的变形和裂纹扩展等具有不可逆性质，所以声发射也具有不可逆性。因此，必须知道材料的受力历史或者在构件第一次受力时就进行声发射诊断。

利用多通道声发射仪器可以确定缺陷的位置，这对大型结构和工件检测很方便。但是声发射检测到的是电信号，利用它解释结构内部的缺陷变化比较复杂。另外，声发射检测环境常有很强的噪声干扰，当噪声很强或与检测的声发射频率窗口重合时，会使声发射的应用受到限制。

通常，一个声发射事件的持续时间很短，其频带很宽、频率分量很多。声发射事件的频率分量与断裂特性有密切关系，不同的断裂事件，反映出不同的频谱。为了尽量避开噪声的干扰，常常选在声发射信号较强的频段进行检测，这一频段称为声发射检测的频率窗口。频率窗口应设置在高于400kHz的某一段上。

当声发射较强时，其频带很窄，频率窗口难以选择，此时应事先对噪声和声发射信号进行频谱分析，然后再选窗口。

2. 声发射信号的特征

在声发射技术中，声发射的能量是缺陷扩展时的多余能量，它是在缺陷运动时或者运动受阻时释放出来的，从而形成应力波脉冲。因此，可以认为声发射应力波脉冲的最大时间相当于缺陷运动时间。由于裂纹扩展速度接近于声速，脉冲频率可达100MHz，所以接收这样高频率的传感器很难制造，通常还是用窄带压电谐振式传感器。因为接收传感器接收的波是经过多次反射，传播衰减和波形变换后不同频率谐波叠加而成的。一个声发射事件，在到达传感器时有可能分裂成几个波，如图5-19所示。当声发射应力波激发接收传感器并使之谐振时，输出的电压信号 V_p 幅值最大，此段所需的时间称为上升时间 t_r。传感器输出信号达到最大幅值后，在下一个声发射事件到达之前，传感器由于阻尼而逐渐衰减，输出信号的幅值逐渐减小，上升时间及其衰减快慢均与传感器的特性有关。此后，传感器可能接收到反射波或变形波，又使输出信号增大，使波形出现一个小峰。

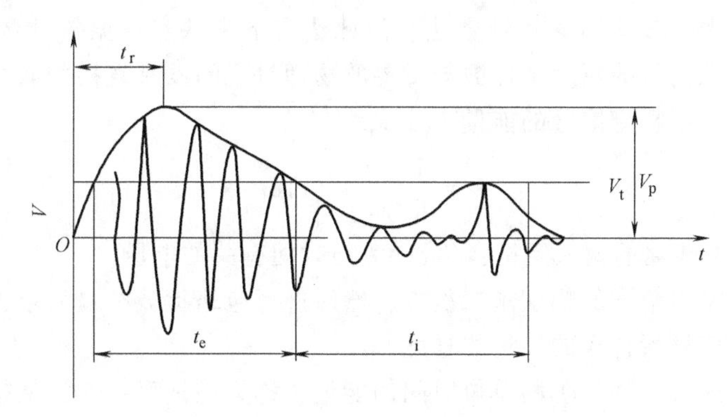

图 5-19　声发射信号的有关参数图解

t—时间　V—电压　t_r—上升时间　V_p—输出的幅值最大的信号　V_t—门槛电压　t_e—事件宽度　t_i—事件间隔

把这个时域图形上，传感器每振荡一次输出的一个脉冲称为振铃，振铃脉冲的峰值包络线所形成的信号称为发射事件。在声发射检测中，为了排除噪声和干扰信号，要设置门槛电压 V_t，低于它的信号均被剔除。因此，从包络线越过 V_t 的一点开始到包络线降至 V_t 的一段时间，称为事件宽度 t_e。在信号处理中，为了防止同一事件的反射信号被错误地当作另一个事件处理，故设置了事件间隔 t_i，t_i+t_e 称为事件持续时间。

3. 事件与振铃计数

在声发射信号的处理中，如图 5-19 所示，在事件持续时间内计一次数。如在事件持续时间内到达另一个越过门槛的事件，则当作是前一事件的反射信号来处理，不计入事件计数内。事件计算，可以计单位时间的事件数目，称为事件计数率；也可以计从检测开始到结束（或某一阶段）的事件总数，称为事件总计数。事件总计数对时间的微分为事件计数率。事件计数方法着重声发射事件出现的数目和频度，而不注意事件的幅度。它相当于裂纹扩展一次而产生一次声发射事件，用它表达裂纹扩展的前进次数。

振铃计数是计振铃脉冲越过门槛的次数或单位时间内的振铃数，称为振铃计数率。计得某一特定时间的总的振铃数称为振铃总计数，也可以用事件为单位进行振铃计数，称为振铃/事件。

从上述分析得知，振铃计数与传感器的特性（各阶谐频、阻尼特性）、被测件的几何形状、门槛电压、信号幅度以及系统增益等有关。对于一个给定脉冲持续时间，振铃计数与事件的能量有关。振铃计数可以把连续型声发射信号，看作时间为无限长的事件，只要振荡越过门槛就计一次数。

4. 幅度与幅度分布

声发射信号的幅度和幅度分布是能说明声发射本质的两个测量参数。从力学的角度讲，可以把声发射信号的幅度大小作为信号能量的量度。幅度分布是指按声发射信号峰值幅度的大小分别进行事件计数，其表示方法有：

1）累计事件幅度分布 $F(V)$。它是计信号峰值幅度高于 V_i 的事件数，i 通常取 5、10、100 和 1000。

2）微分事件幅度分布 $f(V)$。它是按各档对事件进行计数，即幅度位于 V_i 到 V_{i+1} 之间的声发射事件数。通常用直方图表示，x 轴为幅度，y 轴为各事件计数。

5. 能量（能率）

在声发射技术中，多使用振铃计数法，但此法有下列缺点：振铃计数随信号频率而变化；仅能间接地考虑信号的幅度；计数与重要的物理量之间没有直接的联系。因此，提出了能量测量的方法。一个瞬变信号的能量 E 定义为

$$E=\frac{1}{R}\int_0^{+\infty}V^2(t)\,\mathrm{d}t \tag{5-30}$$

式中，R 为电压测量线路的输入阻抗；$V(t)$ 为与时间有关的电压。

据此，先将声发射信号的幅度求二次方，然后进行包络检波，最后求出检波后的包络线所围的面积，作为信号所包含的能量的量度。

能量的测量方式有三种：①测单位时间的能量，称为能量率；②测从检测开始到某一阶段的能量，称为总能量；③测每个事件所包含的能量。

在声发射技术中，频谱分析逐渐受到重视，主要是测声发射信号的幅频特性以用来研究声发射源的特性。

5.3.2 声发射测量传感器与仪器

1. 声发射测量传感器

使用最普遍的声发射传感器是压电式传感器，它们大都具有很小的阻尼，在谐振时具有很高的灵敏度，使用时可根据不同的检测目的和环境条件进行选用，按原理可分为以下几种：

（1）谐振式传感器　谐振式高灵敏度传感器是声发射检测中使用最多的一种。单端谐振式传感器结构简单，如图 5-20 所示。将压电元件的负电极面用导电胶粘贴在底座上，另一面焊出细引线与高频插座的芯线连接，不加背衬阻尼，外壳接地。

（2）宽频带传感器　传感器的幅频特性与压电元件的厚度有关，它可由多个不同厚度的压电元件组成，也可以采用凹球形或楔形压电元件来达到展宽频带的目的。假如凹球面压电元件厚度不变，则球面深度直接影响频率特性。

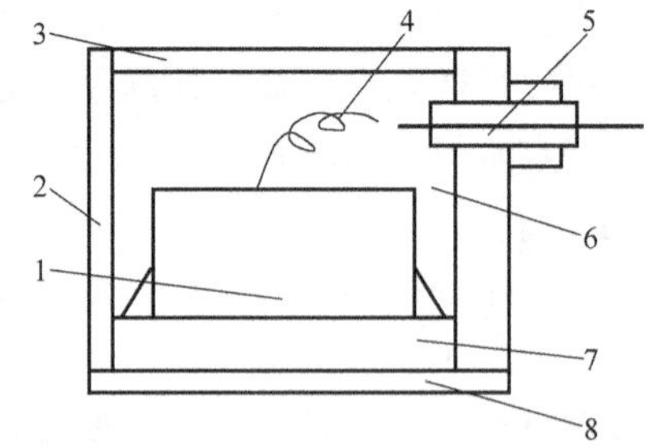

图 5-20　单端谐振式传感器结构
1—压电元件　2—外壳　3—上盖
4—导线　5—高频插座　6—吸收剂
7—底座　8—保护膜

（3）差动传感器　差动传感器由两只正负极差接的压电元件组成，输出为相应变化的差动信号，信号因叠加而增大。差动传感器结构对称，信号正负对称，输出也对称，所以抗共模干扰能力强，适合噪声来源复杂的现场使用。差动传感器对两只压电元件的性能要求一致（尤其是谐振频率和机电耦合系数），往往在同一规格、同一批产品中选择配对，或者将同一压电元件沿轴线剖成两半。

（4）电容传感器　电容传感器是一种直流偏置的静电式位移传感器。由于这种传感器在很宽的频率范围内具有平坦的响应特性，故可用于声发射频谱分析和传感器标定。

为取得良好的检测效果，传感器安装表面必须平整，以保证有效耦合。安装面上的污垢

和锈斑必须清除干净。用油、油脂或高效的镁尘糊块，可将安装面与传感器之间的空隙填满，以确保应力波能有效地传到传感器上。若需要长期安装，还可使用多种黏结剂。在传感器和流体耦合处，必须采用胶带、橡筋绳、弹簧等加以固定。可以用计算频率响应的方法来计算通过耦合层的平面波。一般来说，要想获得高灵敏度，必须使耦合层足够薄。

（5）非接触式光纤声发射传感器　目前常用的声发射传感器大都采用压电陶瓷晶体来实现，利用压电陶瓷晶体的压电效应把机械量变为电学量后进行检测。这种传感器的主要缺点是：①传感器必须与被测物体接触，破坏了声发射场的边界条件，影响其测量精度；②压电陶瓷晶体的工作频带较窄，约 500kHz，且带内幅频特性的波动较大，可达±30dB；③易受电磁干扰。采用光纤法布里-珀罗（Fabry-Perot）干涉仪原理研制出的高性能声发射传感器，其频带上限为 1.4MHz，带内的幅频特性波动不大于 3dB，振幅的分辨率为 0.18nm，且实现非接触测量。

下面介绍两种常用的声发射传感器。

1）KISTLER 8152A 型声发射传感器。瑞士奇石乐（KISTLER）公司的 8152A 型声发射传感器由外壳、压电陶瓷敏感元件和内装阻抗变换器组成。敏感元件安装在钢质膜片上，其结构决定了传感器的灵敏度和频响特性。焊接在壳体内的膜片耦合表面稍微凸出，使其在一定的安装力作用下受压，从而与测量表面形成稳定的、重复性好的传递声发射的耦合。该传感器在设计上对敏感元件与传感器外壳之间的声隔离进行了精心处理，使得外界噪声对传感器无影响。

8152A 型声发射传感器的体积很小，易于安装在接近声发射源处，以便最佳地拾取信号，从而可以测量机械结构中因微小缺陷产生的声发射信号。8152A 型声发射传感器对表面波（瑞利波）和纵波在很宽的频率范围内有很高的灵敏度。8152A1 型的频率范围是 50～400kHz，8152A2 型的频率范围是 80～900kHz。

8152A 型声发射传感器具有以下特点：

① 体积小、易于应用。

② 对电磁干扰不敏感。

③ 灵敏度高、频率范围宽。

④ 设计坚固，适合工业应用。

⑤ 高通特性是其固有属性。

⑥ 与地绝缘，避免地回路。

2）美国物理声学公司（PAC）声发射传感器。美国物理声学公司（PAC）研制生产的各种类型的声发射传感器能满足用户的不同要求。PAC 公司的声发射产品广泛应用于压力容器检测、管道检测、航空航天材料检测、起重设备检测、铁路罐车检测、桥梁检测、贮罐检测、金属材料检测、复合材料检测、陶瓷检测、水泥构件检测、岩石检测以及电器产品检测等。

2. 声发射测量仪器

声发射测量常用仪器如图 5-21 所示，包括以下几种：

（1）传感器　传感器是声发射测量的一个重要环节，它将感受到的声发射信息以电信号的形式输出，其输出值变化范围通常在 10μV～1V。实践表明，大部分声发射传感器的输出值偏于上述范围中较低的一端。因此要求处理声发射信号的仪器装置必须能够对小信号有响应以及具有低的内部噪声水平，同时也应该能够处理很大的事件而不发生畸变。

(2) 前置放大器 前置放大器一方面进行阻抗变换，降低传感器的输出阻抗以减少信号的衰减；另一方面又提供 20dB、40dB 或 60dB 的增益，以提高抗干扰性能。前置放大器后设置带通滤波器，通常工作频率为 100~300kHz，以便信号在进入主放大器前将大部分机械或电噪声除去。

(3) 主放大器 主放大器包括放大器和滤波器，主放大器最大增益可高达 60dB，通常是可调节的，调节增量为 1dB。经前置放大和主放大以后，信号的总增益可达 80~100dB。若原声发射信号是 10μV，则经 100dB 的放大后可产生 1V 的电压输出。

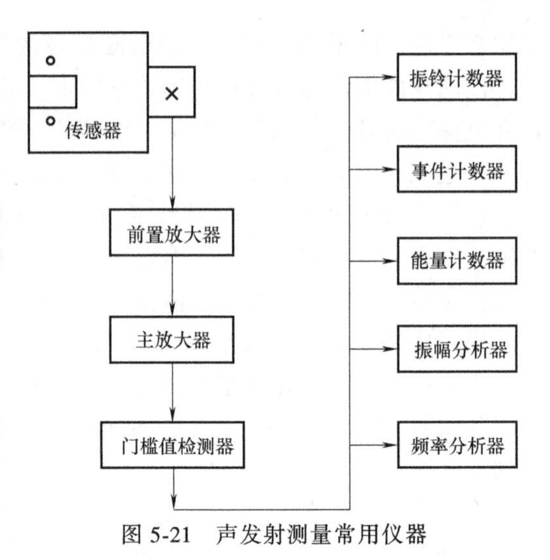

图 5-21 声发射测量常用仪器

(4) 门槛值检测器 门槛值检测器实际是一种幅度鉴别装置，它把低于门槛值的信号（大部分是噪声信号）遮蔽掉，而把大于门槛值的信号转换成一定幅度的脉冲，以供后面计数装置计数之用。

(5) 振铃计数器 振铃计数器用来对门槛值检测器送来的脉冲信号进行计数，获得声发射的计数值。

(6) 事件计数器 事件计数器是将一个完整振荡信号变成一个计数脉冲，并进行计数。其计数原理与振铃计数器相同。

(7) 能量处理器 能量处理器是将放大后的信号经二次方电路检波，然后进行数值积分，从而得到反映声发射能量的数据。

(8) 振幅分析器 振幅分析器由振幅探测仪和振幅分析仪组成。振幅探测仪仅用来测量声发射信号的振幅，它具有较宽的动态范围。振幅分析仪的功能是将声发射信号按幅度大小分成若干个振幅带，然后进行统计计算。按需要可给出事件分级幅度分布或事件劣迹累计幅度分布的数据。

(9) 频率分析器 频率分析器用于建立频率与幅度之间的关系。在采用频谱分析法处理声发射信息时，频率分析器只是整个信号处理系统中的最后一个环节。由于检测的要求以及声发射本身的特性，进行频率分析时必须采用宽频带传感器（如电容式传感器），并配有带宽达 300kHz 的高速磁带记录仪或带宽高达 3MHz 的录像仪，然后将记录到的声发射信号传至频率分析器进行分析。现在一般采用模/数转换器将声发射信号送入计算机进行分析处理。

上述各个处理装置中获得的数据，可用数字图像进行显示或打印输出。

5.3.3 声发射技术在滚动轴承状态检测中的应用

1. 滚动轴承声发射信号机理

滚动轴承的疲劳故障，是由于轴承经常受到交变载荷作用，使轴承金属件内部产生位错运动和塑性变形，首先产生疲劳裂纹源，然后沿着最大切应力方向向金属内部扩展，当扩展到某一临界尺寸时就会发生瞬时断裂。而疲劳磨损是由于循环接触压应力周期性地作用在摩擦表面上，使表面材料疲劳而产生微粒脱落的现象。这种故障发生过程的初期阶段，是金属内晶格发生弹性扭曲；当晶格的弹性应力达到临界值后，就开始出现微观裂纹；微观裂纹再进一步扩展，就会在轴承的内、外圈滚道上出现麻点、剥落等疲劳损坏故障。保持架断裂处在轴承转动过程中会与滚动体及内外滚道或断裂部分之间相互摩擦碰撞，导致声发射现象。这些故障的发生与发展，都伴随着声发射信号的产生。各种材料声发射的频率范围很宽，金属材料声发射频率可达几十到几百兆赫兹，其信号的强度差异一般只有几微伏。

在低速轻载的工况下进行故障轴承的检测时，大量的外界噪声和与轴承故障无关的信号会产生干扰。因此，声发射检测技术的频带宽度选择非常关键。经过大量的实验发现，轴承故障的声发射信号频带在50~500kHz之间。因此选择了50kHz的高通滤波器作为前置放大电路之后的滤波器。这样既保证了低频噪声不会进入，也保证了故障信号损失较小。经过50kHz高通滤波后，正常轴承和故障轴承的时域波形示意图如图5-22和图5-23所示。

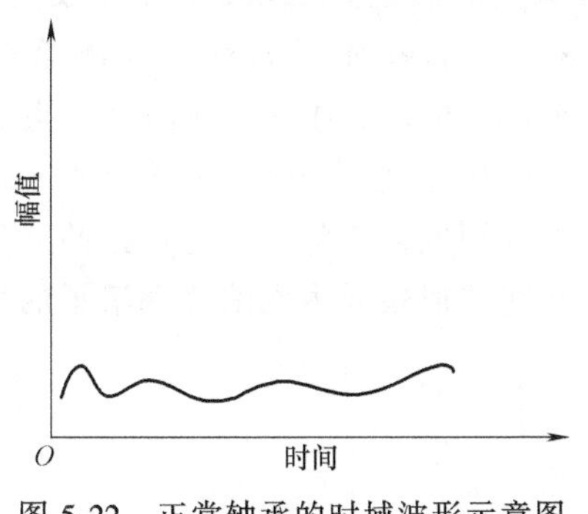

图5-22 正常轴承的时域波形示意图

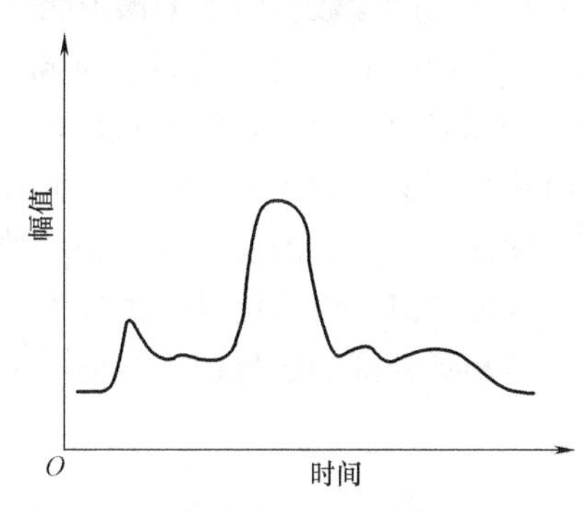

图5-23 故障轴承的时域波形示意图

2. 检测装置的设计

为了便于操作和测量，将轴承检测仪安装在轴承的端盖上。用磁铁将传感器吸附在螺钉头上，传感器与螺钉头之间用黄油以保证紧密贴合。在检测时，用液压千斤顶将货车负载支起，用手或小型工具转动轴承进行检测，如图5-24所示。

3. 检测仪的工作原理

声发射信号处理流程和检测的工作原理如图5-25所示。

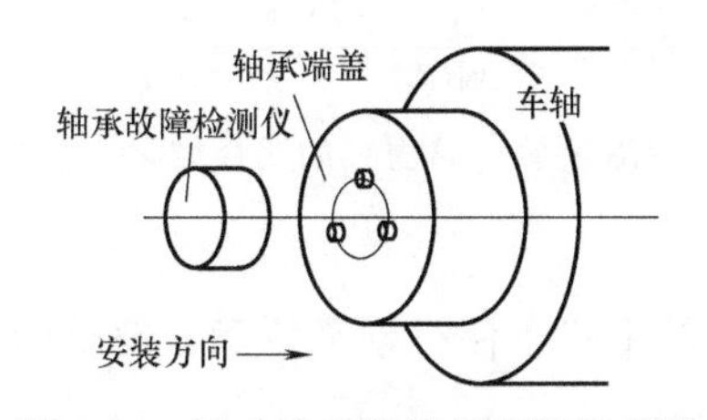

图5-24 滚动轴承检测仪安装示意图

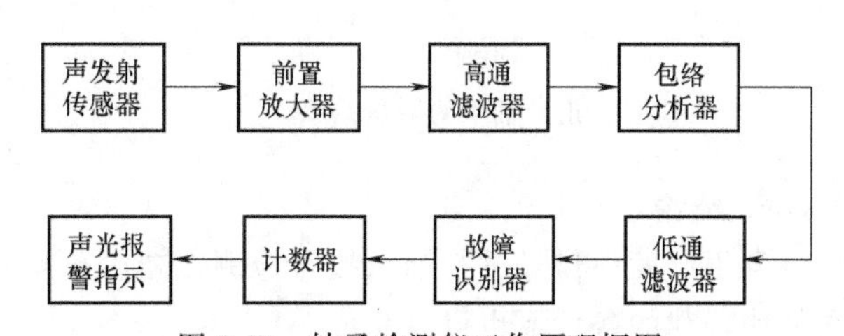

图5-25 轴承检测仪工作原理框图

（1）包络分析器和低通滤波器 声发射故障信号在经高通滤波器、包络分析器和低通滤波器处理后，进一步剔除了时域尖峰信号的干扰，可以为后续的故障识别器提供较稳定的识别信号。

（2）故障识别器 采用双阈值法（即对故障信号的幅值和时域宽度分别设立独立阈值）识别轴承是否有重大故障。轴承重大故障基本表现为机械冲击而产生的脉冲电信号，此信号具有一定的幅值高度和时域宽度。设定幅值阈值是用于识别故障的严重程度；设定时域宽度阈值是用于剔除外界电脉冲产生的尖峰干扰，从而识别有一定时域宽度的故障信号。一般情况下，轴承故障越严重，在其转动时表现出的机械冲击强度越大，产生的声发射能量也越大，故障信号时域宽度也越宽。因此，时域宽度阈值的设定一方面可以有效剔除外界干扰，另一方面也可以进一步识别故障的严重程度。对这两种阈值判别器的输出采用逻辑“与”的方法，即两者均满足条件时，即认为故障确实发生，因此，这种方法不仅能有效地识别故障的严重程度，而且可以尽可能地防止误报。

（3）计数器　计数器用于防止外界噪声信号的干扰。等待声发射信号超过双阈值若干次后才报警，可以提高系统的容错能力。双阈值和计数器判定相结合，形成多阈值判别方法。

4. 实验分析

检测仪的实际参数：幅值的阈值为320mV，脉冲宽度的阈值为0.006ms，计数次数为3次。对36个故障轴承进行测量，准确率达到了85%，误报率不超过15%，测量结果如图5-26和图5-27所示。从图中可以看到，故障轴承与正常轴承在时域上的信号有很大的差别。故障信号不但有较大的尖峰值，而且还具有较宽的时域宽度，与理论分析基本一致。同时也可以发现，由于检测仪安装在轴承的端盖钉头上，外圈发生故障后信号传播的路径要长于滚子和内圈故障，因此信号损失较大，幅值较低，从而造成轴承内圈滚道和滚子的故障信号较强，而轴承外圈的故障信号较弱。

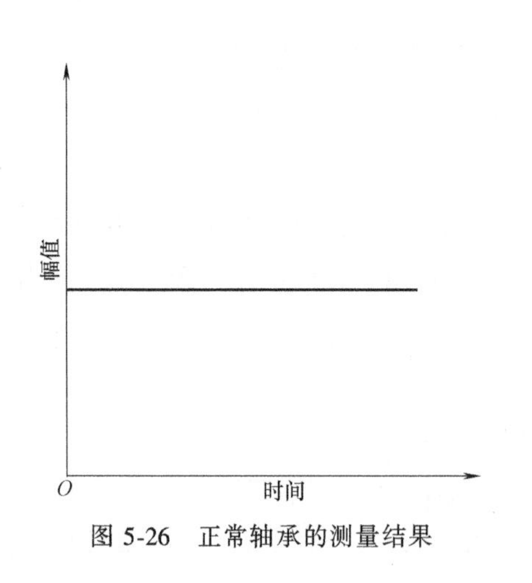

图5-26　正常轴承的测量结果

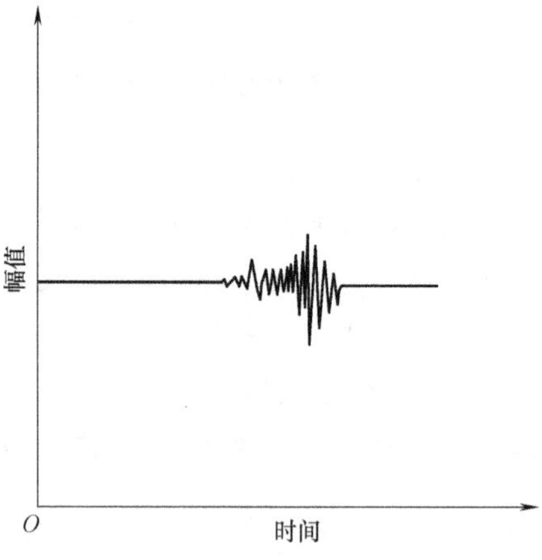

图5-27　故障轴承（异物）的测量结果

5. 结论

利用声发射信号进行轴承故障检测，减少了噪声和工况的干扰，使得轴承故障分解检验在低速轻载的条件下也可以完成。

第 6 章

机械故障的智能诊断

6.1 基于神经网络的故障诊断

6.1.1 人工神经网络的基本理论

1. 人工神经网络的概念及特点

人工神经网络（Artificial Neural Network，ANN）简称神经网络，是在生物神经学研究成果的基础上提出的人工智能概念，是对人脑神经组织结构和行为的模拟。它以神经元（相当于人脑的神经细胞体）为信息处理的基本单元，以神经元间的连接弧（相当于人脑神经细胞的突触）为信息传递通道，是由多个神经元联接而形成的网络结构，如图 6-1 所示。

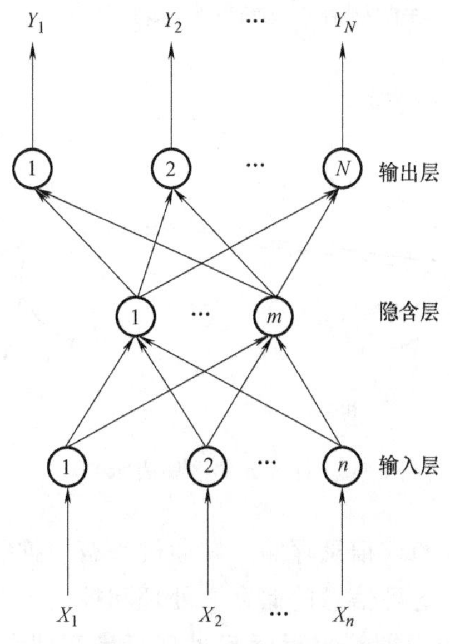

图 6-1　人工神经网络模型

与传统的专家系统相比，人工神经网络具有以下特点：

1）知识的分布式存储。传统的专家系统用规则或框架等表示知识，而神经网络则将知识分布存储于各神经元及其连接权值中。知识的分布式存储是并行处理的物质基础。

2）并行处理。以符号处理为基础的传统专家系统的信息处理过程是串行进行的，而神经网络则可并行地处理信息，从而克服了前者存在的无穷递归、组合爆炸以及匹配冲突等问题，提高了信息处理的速度。

3）自适应性。神经网络能根据外界环境的变化，通过自组织达到系统的自我完善。

4）容错性。当输入到神经网络中的信息不完整或局部有错时，系统的输出不受影响，即系统具有容错能力（Fault Tolerance）或称系统具有鲁棒性（Robustness）。

5）自学习。系统能根据环境提供的大量信息自动进行联想、记忆及聚类等自组织学习，从而较好地解决了传统专家系统中知识获取瓶颈的难题。

当然，神经网络也有其局限性，如网络学习没有确定的模式、脱机学习周期长、知识表示及推理过程不明晰等。正因为如此，目前有将神经网络与传统的专家系统结合起来的研究倾向，建造所谓的神经网络专家系统。理论分析与应用实践表明，神经网络专家系统较好地综合了两者的优点而克服了各自的缺点，表现出强大的生命力。

2. 人工神经网络的基本原理

人工神经网络模型的原型是人的大脑，人类大脑约有 10^{11} 个神经元，而每个神经元之间又约有 10^5 个用以传递信息的连接弧相联接，从而组成一个复杂的网络系统。图 6-2 所示为神经元的图解表示，它是由细胞体（信息处理器）、树突（信息输入端）、轴突（信息输出端）和突触（两神经元的结合部）等组成。大脑的每个神经元既是信息的储存单元又是信息的处理单元，它与其他神经元传递信息的通道是经由轴突、突触而至另一神经元的树突所构成的连接弧而完成的。而信息传递的效能是通过调整突触的结合程度（或称为连接弧的强度）而实现的。这种调整是由神经元的兴奋或抑制状态所控制的。

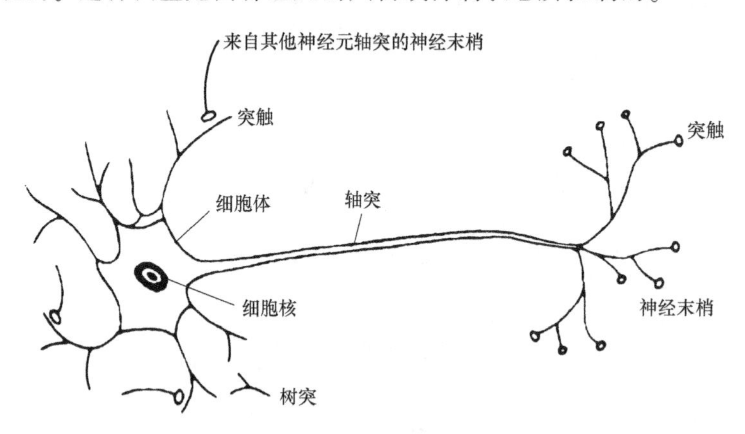

图 6-2　神经元的图解表示

由以上可见，大脑是一种分布式信息存储，并通过兴奋、抑制进行控制的并行式信息处理的复杂网络系统。研究表明，这种信息的储存、处理和控制方式是人类在一些智能问题上的表现（如学习、概括、抽象和识别等）远远超过现行串行式程序计算机的主要原因。这对人工神经网络模型的提出是一个巨大的启发和推动。

3. 人工神经网络的基本构造

由前述介绍可知，人工神经网络是许多神经元经连接弧联接而成的网络结构。因此，人工神经网络的构造有两层含义：一是神经元的结构；二是网络拓扑结构。

（1）神经元的结构　人工神经网络中的神经元是基本的信息处理单元，是人脑神经细胞的简化模型。受生物神经学的启发，并为简化分析起见，通常将神经元抽象成多输入单输出的结构，如图 6-3 所示。

图 6-3 中，输入 x_1，x_2，…，x_n 相当于人脑神经细胞的树突，其上的 w_1，w_2，…，w_n 是输入的权值，表示 x_1，x_2，…，x_n 各输入对细胞体的贡献大小；O_i 相当于轴突，用于信息的输出；S_i 为反馈；θ_i 为神经元的阈值；圆圈和方框相当于细胞体，用于对输入信息进行求和等处理。对如图 6-3 所示的神经元结构模型，其行为特征可用下式来进行描述

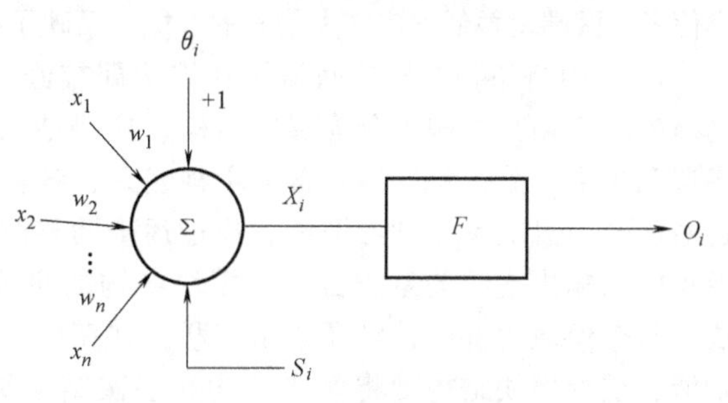

图 6-3 神经元结构模型

$$X_i = \sum_{j=1}^{n} x_j \omega_j + S_i - \theta_i$$
$$O_i = F(X_i) \tag{6-1}$$

式中，F 为神经元的特性函数，描述了神经元的输入输出特性。常用的特性函数有：

1）特性函数。

$$O_i = F(X_i) = KX_i \tag{6-2}$$

式中，K 为常数。

2）阈值特性函数。

$$O_i = F(X_i) = \begin{cases} 1, X_i \geqslant 0 \\ 0, X_i < 0 \end{cases} \tag{6-3}$$

此为离散二值型的特性函数，其图形如图 6-4a 所示。对于模拟阈值的特性函数，有

$$O_i = F(X_i) = \begin{cases} X_i, X_i \geqslant 0 \\ 0, X_i < 0 \end{cases} \tag{6-4}$$

3）S 形特性函数。

$$O_i = F(X_i) = \frac{1}{1+e^{-X_i}} \tag{6-5}$$

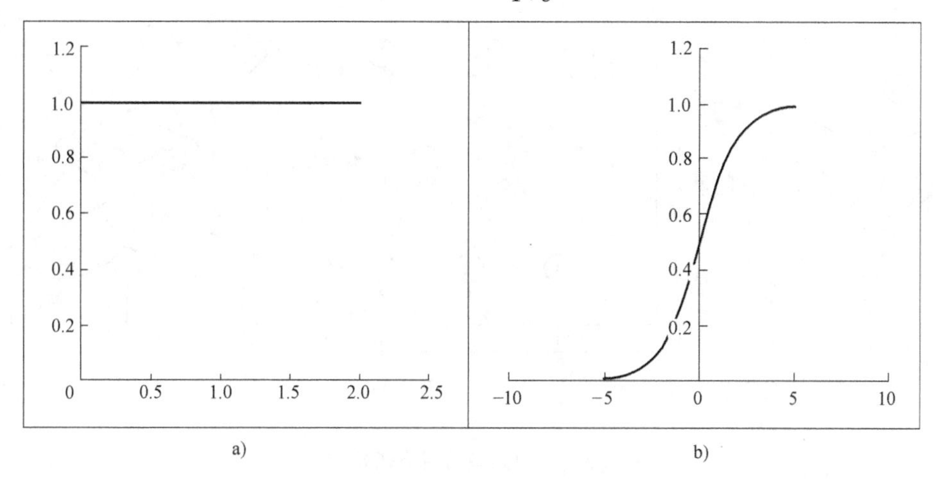

图 6-4 神经元的特性函数
a）阈值特性函数 b）S 形特性函数

这是目前应用最为广泛的特性函数，其图形如图 6-4b 所示，可见它具有中间增益高适应弱小信号，两端增益低适应强大信号的性能，反映了神经网络的“压缩”或“饱和”特性。

（2）网络拓扑结构　网络拓扑结构即神经元的联接形式。从大的方面来看，人工神经网络的网络拓扑结构可分为层次结构、模块结构和层次模块结构等。层次结构是指 ANN 有多层和单层之分，每一层包含若干神经元，各神经元之间用可变权重的有向弧连接，网络通过对已知信息的反复学习训练，通过逐步调整改变神经元连接权重的方法，达到处理信息、模拟输入输出之间关系的目的。模块结构的主要特点是将整个网络按功能划分为不同的模块，每个模块内部的神经元紧密互联，并完成各自特定的功能，模块之间再互联以完成整体功能；层次模块结构则将模块结构和层次结构结合起来，使之更接近于人脑神经系统的结构，这也是目前人们广泛关注的一种新型网络互联模式。

根据网络中神经元层数的不同，可将神经网络分为单层网络和多层网络；根据同层网络神经元之间有无相互联接以及后层神经元与前层神经元有无反馈作用的不同，可将神经网络分为前馈网络、反馈网络和侧抑制网络。其中，反馈网络（亦称循环网络）还可进一步细分。几种典型的网络拓扑结构如图 6-5 所示。

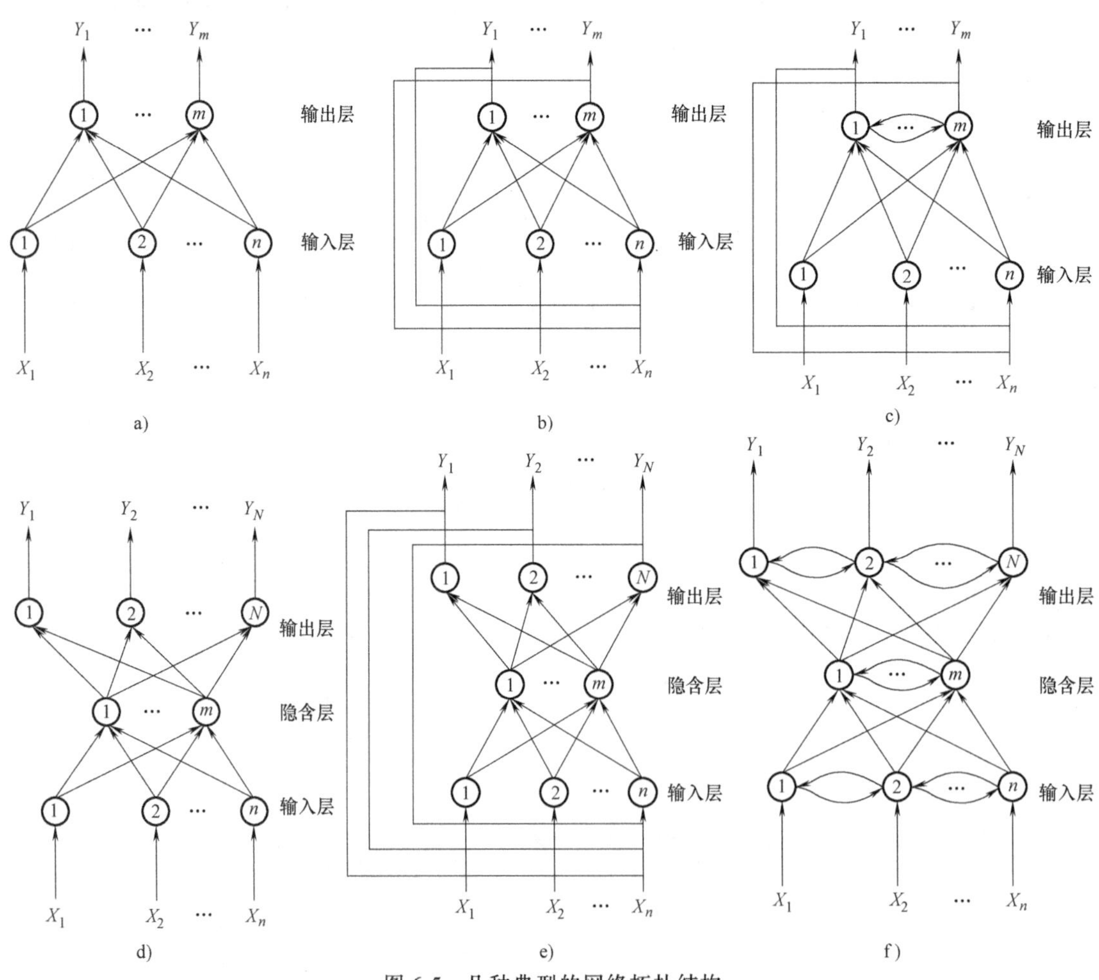

图 6-5　几种典型的网络拓扑结构

a）单层前馈网络　b）单层反馈网络　c）单层侧抑制网络　d）多层前馈网络

e）多层反馈网络　f）多层侧抑制网络

图 6-5a 所示的单层前馈网络的信息处理能力非常有限，甚至不能解决“异或”这样简单的逻辑问题。关于网络的层数和隐含层中神经元的个数如何选取，目前还没有形成系统的理论，实际工作中多凭经验确定。但有理论指出，三层非线性网络可处理任何复杂的分类问题。

6.1.2　神经网络故障诊断模型

目前已有数十种神经网络模型，可分为三大类：前馈神经网络（Feedforward Nerual Networks）、反馈神经网络（Feedback Nerual Networks）和自组织神经网络（Self-Organizing Nerual Networks）。有代表性的神经网络模型有感知器、线性神经网络、BP 网络、Hopfield 网络、自组织竞争网络等。以下分别介绍几种有代表性的网络。

1. 感知器（Perception）

1958 年，美国心理学家 Frank Rosenblatt 提出一种具有单层计算单元的神经网络，称为感知器（Perception）。感知器是模拟人的视觉接收环境信息，并由神经冲动进行信息传递的层次型神经网络。感知器研究中首次提出了自组织、自学习的思想，而且对所能解决的问题存在着收敛算法，并能从数学上严格证明，因而对神经网络研究起了重要的推动作用。

单层感知器是指只有一层处理单元的感知器，如果包括输入层在内，应为两层，如图 6-6 所示。图中输入层也称感知层，有 n 个神经元节点，这些节点只负责引入外部信息，自身无信息处理能力。每个节点接收一个输入信号，n 个输入信号构成输入列向量振荡 $\boldsymbol{X}$。输出层也称处理层，有 m 个神经元节点，每个节点均具有信息处理能力，m 个节点向外部输出处理信息，构成输出列向量 $\boldsymbol{O}$。两层之间的联接权值用权值列向量 $\boldsymbol{W}_j$ 表示，m 个权向量振荡构成单层感知器的权值矩阵 W。

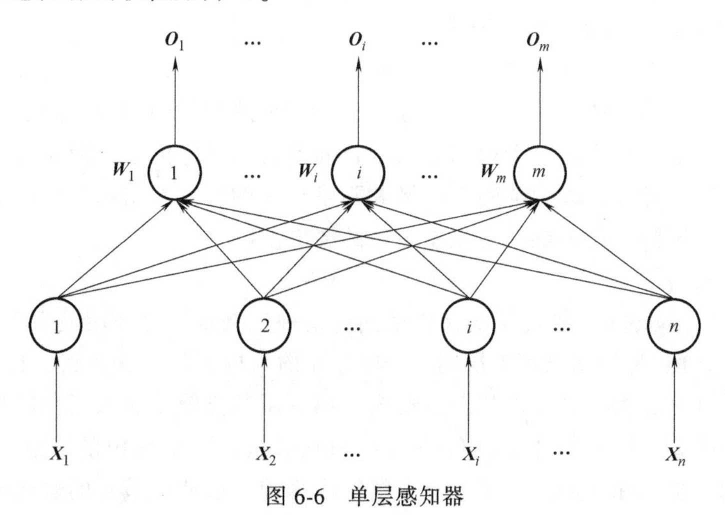

图 6-6　单层感知器

3 个列向量振荡分别表示为

$$\boldsymbol{X}=(x_1,x_2,\cdots,x_i,\cdots,x_n)^{\mathrm{T}}$$

$$\boldsymbol{O}=(o_1,o_2,\cdots,o_i,\cdots,o_n)^{\mathrm{T}}$$

$$\boldsymbol{W}_j=(w_{1j},w_{2j},\cdots,w_{ij},\cdots,w_{nj})^{\mathrm{T}},j=1,2,\cdots,m \tag{6-6}$$

对于处理层中任一节点，其净输入 net_j^i 为来自输入层各节点的输入加权和

$$net_j^i = \sum_{i=1}^{n} w_{ij}x_i$$

输出 o_j 为节点净输入与阈值之差的函数，离散型单计算层感知器的转移函数一般采用符号函数

$$o_j = \operatorname{sgn}(net_j^i - T_j) = \operatorname{sgn}\left(\sum_{i=0}^{n} w_{ij}x_i\right) = \operatorname{sgn}(\boldsymbol{W}_j^{\mathrm{T}}\boldsymbol{X}) \tag{6-7}$$

考虑到训练过程是感知器权值随每一步调整改变的过程，为此用 t 表示学习步数和序号，将权值看作 t 的函数。$t=0$ 对应学习开始前的初始状态，此时对应的权值为初始化值。

训练可按如下步骤进行：

1）对各权值，$w_{0j}(0)$，$w_{1j}(0)$，…，$w_{nj}(0)$（$j=1,2,\cdots,m$，m 为计算层的节点数）赋予较小的非零随机数。

2）输入样本对 $\{\boldsymbol{X}^p, \boldsymbol{D}^p\}$，其中

$$\boldsymbol{X}^p = (-1, x_1^p, x_2^p, \cdots, x_n^p), \boldsymbol{D}^p = (d_1^p, d_2^p, \cdots, d_m^p) \tag{6-8}$$

为期望的输出向量，上标 p 代表样本对的模式序号，设样本集中的样本总数为 P，则 $p=1$，2，…，P。

3）计算各节点的实际输出

$$o_j^p(t) = \operatorname{sgn}[\boldsymbol{W}_j^{\mathrm{T}}\boldsymbol{X}^p], j=1,2,\cdots,m \tag{6-9}$$

4）调整各节点对应的权值

$$\boldsymbol{W}_j(t+1) = \boldsymbol{W}_j(t) + \eta[d_j^p - o_j^p(t)]\boldsymbol{X}^p, j=1,2,\cdots,m \tag{6-10}$$

式中，η 为学习效率，用于控制调整速度，η 值太大会影响训练的稳定性，太小则使训练的收敛速度变慢，一般取 $0<\eta\leqslant1$。

5）返回到步骤 2）输入下一对样本。

不断重复以上步骤，直到感知器对所有样本的实际输出与期望输出相等，训练结束。

许多学者已经证明，如果输入样本线性可分，无论感知器的初始权向量如何取值，经过有限次调整后，总能够稳定到一个权向量，该权向量震荡确定的超平面能将两类样本正确分开。应当看到，能将样本正确分类的权向量并不是唯一的，一般初始权向量不同，训练过程和所得到的结果也不同，但都能满足误差为 0 的要求。

2. BP 神经网络

BP（Back Propagation）神经网络又称反向传播神经网络，是应用最为广泛的神经网络。图 6-7 给出了一个 BP 神经网络第 k 层第 i 个神经元的结构，从结构上讲，BP 神经网络是典型的多层网络，网络分为不同层次的节点集合，第一层节点输出送入下一层节点，层与层之间多采用全互联模式，同一层单元之间不存在相互联接，上层输出的节点值被联接权值放大、衰减或抑制。除了输入层外，每一节点的输入为前一层所有节点的输出值的加权和。

这种网络的显著功能就是通过网络自身的学习来实现高度复杂的非线性映射，映射关系可用数学表达式来描述

$$\boldsymbol{Y} = F_2[\boldsymbol{W}_{n\times m} \cdot \boldsymbol{F}_1(\boldsymbol{W}_{m\times i} \cdot \boldsymbol{X})] \tag{6-11}$$

网络的学习训练过程由两部分组成：前向计算和误差的反向传播计算。在正向传播过程中，输入

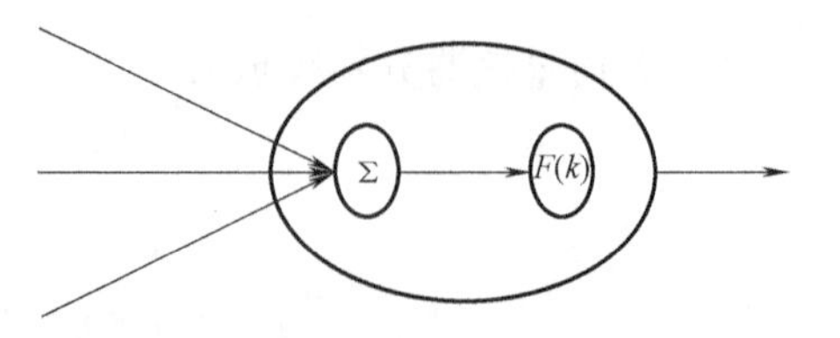

图 6-7　第 k 层第 i 个神经元的结构

信息从输入层经隐含层逐层处理传向输出层，每一层神经元的状态仅影响下一层的神经元状态，如果在输出层得不到期望的输出，则将误差反向传入网络，并向输入层传播，通过修改各层神经元状态权值使误差信号最小。

（1）BP 神经网络前向计算　网络输入模式的各分量作为第 i 层（输入层）节点的输入，这一层节点的输出$\boldsymbol{O}_i$ 完全等于他们的输出值$\boldsymbol{I}_i$，即

$$\boldsymbol{O}_i=\boldsymbol{I}_i \tag{6-12}$$

网络第 j 层（即隐含层）节点的输入值为

$$net_j=\sum_i \boldsymbol{W}_{ji}\boldsymbol{O}_i+\theta_j \tag{6-13}$$

式中，$\boldsymbol{W}_j$ 为隐含层节点 j 与输入层节点 i 之间的联接权值；θ_j 为隐含层节点 j 的阈值。

而该隐含层节点的输出值为

$$\boldsymbol{O}_j=f(net_j) \tag{6-14}$$

式中，f 为该节点的激励函数。

这里我们取单调递增的 Sigmoid 函数为激励函数

$$\boldsymbol{O}_i=\frac{1}{1+\mathrm{e}^{(net_j+\theta_j)/\theta_0}} \tag{6-15}$$

网络的第 $\boldsymbol{k}$ 层（输出层）节点的输入值为

$$net_j=\sum_j \boldsymbol{W}_{kj}\boldsymbol{O}_j+\theta_k$$

该节点的输出值为

$$\boldsymbol{O}_k=f(net_k)$$

式中，f 为线性激励函数。

（2）BP 神经网络误差的反向传播计算　误差的反向传播计算就是根据网络输出与学习范例的目标向量之间的误差，用计算法按误差减小的方向修改网络联接权值的过程。

对于输出层与隐含层之间，有如下的联接权值公式

$$\Delta\boldsymbol{W}_{kj}(n+1)=\eta\delta_k\boldsymbol{O}_j+\alpha\Delta\boldsymbol{W}_{kj}(n) \tag{6-16}$$

即

$$\boldsymbol{W}_{kj}(n+1)=\boldsymbol{W}_{kj}(n)+\eta\delta_k\boldsymbol{O}_j+\alpha[\boldsymbol{W}_{kj}(n)-\boldsymbol{W}_{kj}(n-1)] \tag{6-17}$$

其中

$$\delta_j=f'(net_k)(t_k-\boldsymbol{O}_k)=\boldsymbol{O}_k(t_k-\boldsymbol{O}_k)(1-\boldsymbol{O}_k)$$

式中，t_k 为标准模式输出值。

对于隐含层与输入层之间，有如下的联接权值调节公式

$$\Delta\boldsymbol{W}_{ji}(n+1)=\eta\delta_j\boldsymbol{O}_i+\alpha\Delta\boldsymbol{W}_{ji}(n) \tag{6-18}$$

即

$$\boldsymbol{W}_{ji}(n+1)=\boldsymbol{W}_{ji}(n)+\eta\delta_j\boldsymbol{O}_i+\alpha[\boldsymbol{W}_{ji}(n)-\boldsymbol{W}_{ji}(n-1)] \tag{6-19}$$

其中

$$\delta_j=f'(net_{kj})\sum_k(\delta_k\boldsymbol{W}_{kj})=\boldsymbol{O}_j(1-\boldsymbol{O}_k)\sum_k(\delta_k\boldsymbol{W}_{kj})$$

式中，$n+1$ 表示第 $n+1$ 次迭代；α 为动量因子，用于调整网络学习的收敛速度，适当的 α 值会有益于抑制网络的震荡；η 为学习步长，又称权值增益因子，合适的步长有益于提高网络

的稳定性。

综上所述，可以得到BP神经网络算法的基本流程，如图6-8所示。

（3）BP神经网络详细设计

1）输入与输出层设计。在故障诊断中，输入层和输出层分别设计为对应的 k 维敏感参数（或单元）作为信号的故障特征向量和 l 维故障分类模式向量（或 m 维故障程度分类向量）。

输出层 l 维（或 m 维）的大小由使用者根据实际情况确定，输入 k 维故障特征向量是这样确定的：在故障检测信号中，所提取的网络故障特征向量应能反映工况的规律性和敏感性，并使向量既含有故障规律性又有较好的故障可分离性。故障特征向量的提取就是探索最有效的故障特征，构成较低维（k 值小）的模式向量。

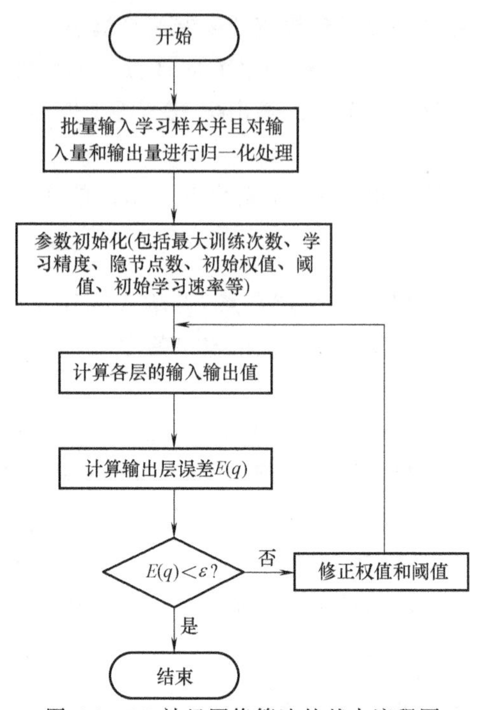

图6-8　BP神经网络算法的基本流程图

如BP网络输入的是模拟信号波形图，那么可以用波形的采样点作为 k 值，也可以用一个单元输入，这时采样的时间序列为输入样本；如果图像为输入，则图像的像素可为输入单元，也可为经过处理的图像特征。这些输入特征信号的提取方法主要有：①时域特征参数及波形特征法；②时间序列法；③时差域特征法；④幅值域特征法；⑤信息特征法；⑥频谱分析及频谱特征分析法；⑦小波变换特征提取法及小波能量法等。

2）隐含层设计。隐含层的设计是一个十分复杂且重要的步骤，在理论上，至今还不能证明它可用精确的解析式来表示。它与输入、输出节点数都有直接的关系，若隐含层节点数太多，则可能训练不了网络或网络不能识别以前没有出现过的样本，容错性差；若隐含层节点数太少，则又使学习时间长，误差也不一定最佳。因此可以采用反复实验的方法来求出最佳隐含层数。最佳隐含层数的参考公式如下：

a）根据Kolmogorov定理，有近似公式

$$n_2 = 2n_1 + 1 \tag{6-20}$$

式中，n_1 为输入神经元数；n_2 为隐含层神经元数。

b）

$$n_2 = (n_1 + o)^{\frac{1}{2}} + a \tag{6-21}$$

式中，o 为输出神经元数；a 为区间［1，10］内的常数。

c）

$$\sum_{i=0}^{n_1} \mathrm{C}_{n_2}^{i} > k \tag{6-22}$$

式中，k 为样本数。若 $i>n_2$，则 $\mathrm{C}_{n_2}^{i}=0$。

d）

$$n_2 = \log_2 n_1 \tag{6-23}$$

隐含层设计有一般方法和试凑法两种方法。

一般方法：根据上述计算式计算 n_2 大小范围，实验用不同的网络参数、训练参数、不

同的改进算法来训练网络，权衡网络训练误差与训练时间，由计算机相关软件计算可得出最佳 n_2。

试凑法：它又分为两种方法，第一种方法是开始放入足够多的隐含层数，通过训练将那些无作用的单元剔除，直至网络不可收缩为止；第二种方法是放入比较少的隐含层数，训练一定的次数后，如果不成功则再增加隐含层数，直到取得最佳的隐含层数。

显然，试凑法与一般方法的原理是一样的，但试凑法在计算机上实现比一般方法要困难得多，故本书采用一般方法。

3）初始权值选择。由于网络是非线性模型，在训练时，初始权值与是否能使网络误差最小、是否收敛及收敛的快慢有很大的关系。如果网络用于实时诊断与控制系统，只满足精度要求是不够的，还需满足收敛时间的要求。因此，给网络模型每个连接权值 w_{ij}、v_{jt} 和阈值 θ_j、γ_j 赋予区间（-1，1）内的随机值，即对输入样本也要进行归一化处理。模糊数学中的样本归一化处理方法有多种，在故障诊断中，应针对具体情况灵活运用。

在归一化之前，必须检查数据是否存在异常点（野点），这些点可能是粗大误差，必须剔除。那些比较大的网络输入要放在传递函数梯度较大的地方。

3. 训练函数

选择人工编程算法不仅非常困难和费时，而且网络即使能收敛，也不一定满足故障诊断和神经模糊控制故障性能的精度要求，更难满足故障诊断与故障容错控制性能中的实时性要求。神经网络计算智能的核心在于智能算法的函数（或称为训练函数）。计算智能有时也称为“软计算”，它以数据为基础，通过训练建立联系，进行问题求解。BP 神经网络智能算法（或训练函数）见表 6-1。

表 6-1　BP 神经网络智能算法

算法名称	名称说明	算法名称	名称说明
trainlm	Levenberg-Marquardt 法	traincgf	Fletcher-Powell 共轭梯度法
traingdx	自适应 lr 动量梯度下降法	traincgp	Polak-Ribiere 共轭梯度法
traingd	梯度下降法	trainda	自适应 lr 梯度下降法
trainbfg	BFGS-拟牛顿法	trainoss	一步正割算法
traingdm	有动量的梯度下降法	trainr	随机顺序递增更新训练函数
trainbr	Bayes 规则法	trainrp	弹性梯度下降法
trainc	循环顺序渐增法	trains	顺序递增法
traincgb	Powell-Beale 共轭梯度法	trainscg	归一化共轭梯度法

BP 神经网络由于在理论上已证明有很好的逼近非线性映射的能力，因而在故障诊断、模型识别、系统控制等方面得到了应用。在控制方面，其很好的逼近特性和泛化能力是个优点。

6.1.3　神经网络故障诊断实例

本实例采用 BP 神经网络对矿井提升机液压站进行诊断，从而为故障诊断提供理论依据。

1. 故障认定及故障信号拾取方法

液压站故障的认定方法：①磁钢轻度退磁，其判断方法是用手垂直压顶杆，油的压力只有工作压力的85%~90%则为轻度退磁；②顶杆与喷嘴接触不严，只能在某一特定方向压顶杆，油的压力才上升到正常，判断顶杆与喷嘴之间的平面接触不严，是严重故障，油的压力有70%~80%的概率升到正常，则是故障；③节流阀故障，大多由油路堵塞引起，用堵塞位置前回路中的油压力值表征故障，压力值为正常值的105%~115%为故障，压力值再高，则认定为严重故障；④溢流阀工作性能不良，堵住喷油嘴，油的压力只有工作压力的70%~80%为故障，只有10%~20%为失压（严重故障）；⑤系统泄漏，用泄漏量表征，泄漏量为正常值的103%~110%为故障，泄漏量再多，则为严重故障；⑥油泵效率；⑦油泵电机效率。其中⑥、⑦故障的认定方法为，它们的效率只有正常值的80%~90%时，认定为故障；效率再低，则为严重故障。这7种参数的归一化数值作为神经网络的输入。

液压站在故障状态时，系统泄漏用压力与正常压力的差值以及与正常压力的比值来确定，其信号拾取方法是：通过CYA传感器（或压力表）记录实验时液压站正常的压力值，在模拟故障状态下记录压力下降值；在液压站中，油泵效率、油泵电机效率的测量是常用的方法，油泵电机效率用电机输出扭矩和转速传感器拾取，油泵效率用电机输出流量和压力传感器拾取，再通过定义计算出其效率；液压站故障其他4个参数的拾取都是用CYA传感器。如果液压站无工作压力或者压力不足，则会直接影响提升机的安全运行，甚至会造成重大事故。

2. BP神经网络设计与诊断

根据液压站故障树，模拟液压站正常、故障、严重故障（失压）三种故障模式（每一种模式测5组样本），模拟工况有52种运行状态，这样，共有780（52×3×5）组样本。限于篇幅，只列出随机抽取的其中9组和3组状态数据分别作为BP神经网络的训练样本（见表6-2）和测试样本（见表6-3），这12组样本能满足故障诊断的测试要求（测试样本不能与训练样本相同）。

BP神经网络的输出模式：正常（1，0，0）；故障（0，1，0）；失压（0，0，1）。

BP神经网络设计遵循以下原则：①一般的模式识别用三层网络；②符合Kolmogorov定理，有近似式 $n_2=2n_1+1$。

表6-2 液压站的状态训练样本数据

数据序号	特征样本	液压站的状态
1	0.831,0.572,0.803,0.583,0.101,0.852,0.781	正常
2	0.893,0.769,0.965,0.545,0.267,0.905,0.834	正常
3	0.783,0.694,0.915,0.576,0.158,0.897,0.803	正常
4	0.348,0.476,0.642,0.931,0.456,0.827,0.687	故障
5	0.234,0.532,0.627,0.886,0.345,0.789,0.873	故障
6	0.435,0.436,0.538,0.917,0.358,0.735,0.764	故障
7	0.235,0.456,0.103,0.965,0.235,0.765,0.863	失压
8	0.345,0.009,0.567,0.876,0.314,0.865,0.784	失压
9	0.426,0.542,0.678,0.674,0.912,0.782,0.345	失压

表 6-3　液压站的状态测试样本数据

数据序号	特征样本	液压站的状态
1	0.886,0.635,0.912,0.512,0.147,0.803,0.881	正常
2	0.348,0.476,0.642,0.831,0.456,0.827,0.687	故障
3	0.426,0.345,0.278,0.574,0.412,0.890,0.245	失压

（1）训练函数的确定　采用不同的训练函数，对网络性能也有不同的影响。表 6-1 中的训练函数 traingdx、traingd、trainlm 等由于学习算法不同，网络的收敛速度和训练误差也不同。其中：traingd、traingdm 不收敛，不能满足网络性能的要求，这两种算法都是梯度下降法；trainoss、traingdx 在训练时，网络性能表现一般，测试样本的诊断精度高低决定了它们是否能用于故障诊断中；trainlm、trainbfg、traincgb 和 trainrp 在训练时，网络性能表现较好；训练次数最少的是 trainlm、trainrp，在同等的条件下，其计算耗时较小；训练次数最多的是 traingdx、trainbfg，但它们的误差曲线最光滑。由此，可推断，训练时间太短，误差曲线不光滑（收敛稳定性差），可能会导致故障误诊率变高。

经过进一步的分析与实验，用算法 trainlm 对表 6-2 和表 6-3 中的液压站故障样本进行诊断的收敛速度快且训练误差小，网络性能较好，故采用训练函数 trainlm。

（2）隐含层神经元数的设计　根据 Kolmogorov 定理和设计经验，n_2 应为 11～17。用表 6-2 中的测试样本确定最佳 n_2 的实验结果见表 6-4。由表 6-4 可知，$n_2=15$ 为最佳，这时的网络参数、训练参数分别见表 6-5、表 6-6。

表 6-4　BP 神经网络训练误差与训练次数

n_2	11	12	13	14	15	16	17
误差($\times10^{-4}$)	374	2.82	9.19	4.07	2.40	1111	2.80
收敛次数	21	5	7	14	4	38	7

表 6-5　网络参数

学习函数	隐含层传递函数	其他传递函数	性能函数
learngdm	tansig	logsig	mse

表 6-6　训练参数

训练次数	训练目标	学习速率
2000	0.001	0.01

（3）训练次数、训练目标和学习速率的确定　从表 6-6 可看出，其训练目标 0.001 太高，学习速率 0.01 太小。可调整为训练目标 0.01、学习速率为 0.1，其他参数不变，这样可改善网络的诊断性能。

适度训练次数为 2000 左右，由实验可得其确定过程。

由图 6-9，经过 7 次训练后，网络训练误差就已达到要求，预测结果如下：

$$\boldsymbol{Y}=\begin{pmatrix}0.9795 & 0.0279 & 0.1246\\ 0.0136 & 0.8108 & 0.0007\\ 0.0252 & 0.1054 & 0.9908\end{pmatrix}$$

由图 6-10，经过 13 次训练后，网络训练误差就已达到要求，预测结果如下：

$$\boldsymbol{Y}=\begin{pmatrix}0.9920 & 0.0178 & 0.0000\\ 0.0263 & 0.9170 & 0.0098\\ 0.0005 & 0.0460 & 0.9976\end{pmatrix}$$

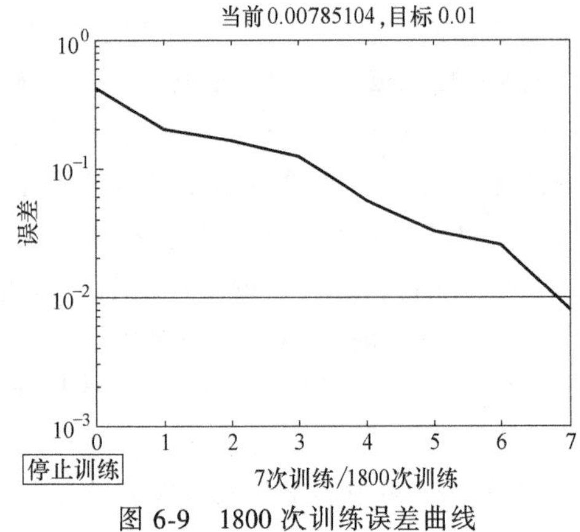

图 6-9　1800 次训练误差曲线

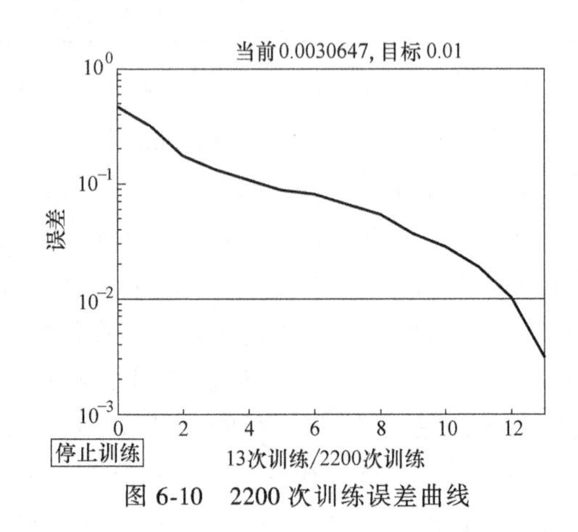

图 6-10　2200 次训练误差曲线

BP 神经网络训练误差如图 6-11 所示。

从图 6-9、图 6-10、图 6-11 及预测结果来看，训练次数为 1800、2200、2000 时的网络性能区别不太大，网络的适度训练次数可选 2000 左右。

（4）BP 神经网络及状态分类器测试结果　BP 神经网络预测结果如下（训练次数为 2000，其误差曲线如图 6-11 所示）：

$$\boldsymbol{Y}=\begin{pmatrix}0.9952 & 0.0104 & 0.0355\\ 0.0054 & 0.9622 & 0.0001\\ 0.0090 & 0.0214 & 0.9990\end{pmatrix}$$

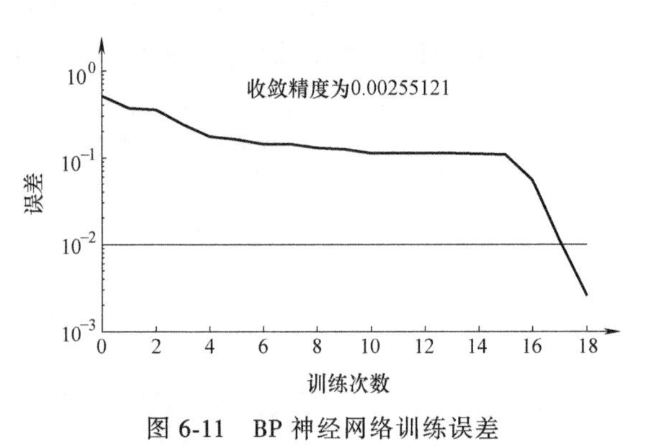

图 6-11　BP 神经网络训练误差

BP 神经网络故障状态分类器输出模式为：正常（1，1）；故障（0，1）；失压（1，0）。它的输出模式简化了 BP 神经网络输出，测试结果如下（其误差曲线如图 6-12 所示）：

$$\boldsymbol{Y}=\begin{pmatrix}0.0023 & 0.9979 & 0.9980\\ 0.9999 & 0.1909 & 0.9973\end{pmatrix}$$

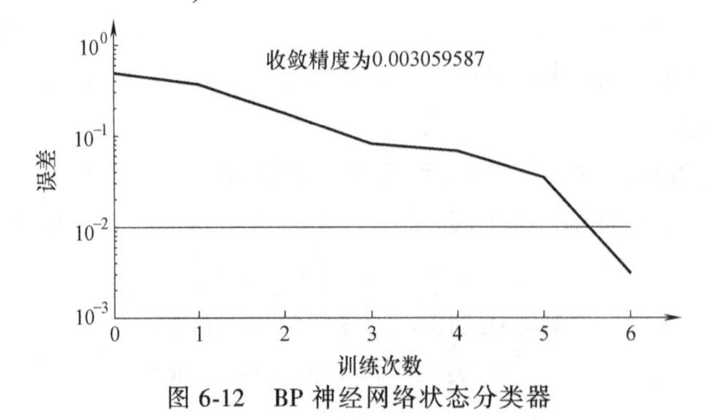

图 6-12　BP 神经网络状态分类器

BP 神经网络设计结果（从曲线图中直接读取）见表 6-7。

表 6-7　BP 神经网络设计结果

网络结构	隐含层神经元数	训练函数	网络误差($\times 10^{-3}$)
单隐含层的 BP 神经网络	15	trainlm	1.49

6.2　基于粗糙集的故障诊断

6.2.1　粗糙集的基本理论

1. 基本概念

粗糙集（Rough Set）理论是由波兰科学家 Z. Pawlak 在 1982 年提出的一种处理不完备、不确定知识的有力工具，广泛应用于故障诊断领域。粗糙集理论只需要问题所需处理的数据集合，除此之外，不需要任何先验理论，即不需要制定隶属度和隶属函数，这是它最关键的优势，因为它的卓越效果，得到了广泛应用。它在提取故障诊断规则领域的优势，恰好可以很好地作为专家诊断系统的知识库的输入，能够很好地解决专家系统知识获取困难的问题。

（1）知识与知识库　知识就是一种基于对象并能够根据对象的特征差别进行分类的能力。给定一个研究对象的论域，称为 U，如果 $X \subseteq U$，并且 X 属于任何子集，那么 X 就可以称为 U 的概念或者范畴，把这种概念形成的族称为知识。

设 U 的一个分类 η 定义为

$$\eta = \{X_1, X_2, \cdots, X_n\} \tag{6-24}$$

$$\bigcup_{i=1}^{n} X_i = U \tag{6-25}$$

式中，$X_i \subseteq U$，$X_i \neq \varnothing$，$X_i \cap X_j = \varnothing$，$i \neq j$，$i$，$j=1$，2，…，$n$ 。

在这里，U 是关于 X 的一个族的划分，这个族形成的一个集合组成就是一个知识库。下面用等价关系解释知识库的概念，当然也是为了便于更好地进行数学推导。

（2）近似精度与粗糙集　粗糙集集合的不可定义性（不确定性）是由于粗糙集集合的边界域的存在而引起的，集合的边界域的大小衡量了粗糙集集合关于 U 上的不可分辨关系的近似精度，该区域越大，其确定性程度就越小。

对于任意 $P \subseteq R$，且 $P \neq \phi$，则称所有等价关系的交集 $\cap P$ 为 P 上的不可分辨关系，记作 ind（P）。

精度的定义为

$$d_R(X) = |R_-(X)| / |R^-(X)| \tag{6-26}$$

式中，$R_-(X)$ 为 R 的下近似的个数；$R^-(X)$ 为 R 的上近似的个数。

集合 X 的知识是否完全，可以由精度 $d_R(X)$ 表现出来。设一个不可分辨关系 R，$d_R(X)$ 能够表现粗糙集集合是否能够被定义。设 $d_R(X)$ 是区间［0，1］上的实数，当 $d_R(X)=1$ 时，X 为 R 可定义的，这时 X 的边界域为空集合，一般认为 X 相当于 R 是清晰的；当 $d_R(X)<1$ 时，X 为 R 不可定义的，这时 X 的边界域为非空集合，一般认为 X 相当于 R 是粗糙的。

设 U 的等价关系 $R=(R_1, R_2)$，粗糙集定义如下

$U=\{X_1,X_2,X_3,X_4,X_5,X_6,X_7,X_8,X_9\}$

$U/R_1=\{\{X_1,X_3,X_4,X_5\},\{X_2,X_6,X_8\},\{X_7,X_9\}\}$

$U/R_2=\{\{X_1,X_3,X_5\},\{X_2,X_4,X_6,X_7\},\{X_8,X_9\}\}$

则有

$U/R=\{\{X_1,X_3,X_5\},\{X_2,X_6\},\{X_4\},\{X_7\},\{X_8\},\{X_9\}\}$

则关于集合 $X=\{X_1,X_2,X_3,X_4,X_6,X_9\}$ 的近似为

$R_-(X)=\{X_2,X_4,X_6,X_9\}$

$R^-(X)=\{X_1,X_2,X_3,X_4,X_5,X_6,X_9\}$

$Pos_R(X)=R_-(X)=\{X_2,X_4,X_6,X_9\}$

$Neg_R(X)=U-R^-(X)=\{X_7,X_8\}$

$Bn_R(X)=R^-(X)-R_-(X)=\{X_1,X_3,X_5\}$

式中，$Pos_R(X)$ 为集合 X 的正域；$Bn_R(X)$ 为集合 X 的边界域；$Neg_R(X)$ 为集合 X 的负域。若 $Bn_R(X)=\emptyset$，则 X 在 R 上是确定的；否则 X 在 R 上是不确定的，即 X 在 R 上是粗糙集，也就是当 $Bn_R(X)\neq\emptyset$ 时，X 是一个不确定的概念。

（3）知识的约简　知识化简的过程中有两个部分，属性约简和核约简。在保持基本约束属性的前提下，消除知识库中不需要的冗余规则，就称为知识的约简。

设一个等价关系族 R，其中 $r\in R$，如果

$$\mathrm{ind}(R)=\mathrm{ind}(R-\{r\}) \tag{6-27}$$

则称 r 为 R 中不必要的；否则称 r 为 R 中必要的。如果每一个 $r\in R$ 都为 R 中必要的，则称 R 为独立的；否则称 R 为依赖的。

设 $Q\subseteq P$，如果 Q 是独立的，且 $\mathrm{ind}(Q)=\mathrm{ind}(P)$，则称 Q 为 P 的一个约简。P 可以有多种约简，P 中所有必要关系组成的集合称为 P 的核，记作 $core(P)$。

（4）属性约简和属性值约简　为了处理数据，需要知识的符号表达，知识表达系统的基本成分是研究对象的集合，关于这些对象的知识是通过指定对象的基本特征（属性）和它们的特征值（属性值）来描述的。设知识表达系统 $S=(U,A)$，其中 U 为非空有限集合，称为论域；$A=C\cup D$，$C\cap D\neq\emptyset$，C 表示条件属性集，D 表示决策属性集。

进行条件属性的约简时，根据取不同的等价关系可得到 n 种约简，其中每个约简对应于一个简化的决策表，每一个简化的决策表有相应的规则集，每一条规则又有相应的置信度 μ。

设一个知识系统为 $S=(U, R, V, f)$，设 $R_i\subseteq R$，$X\subseteq U$，$x\in U$，U 为论域；R 是全体对象属性的集合；V 表示属性的值域；f 代表信息函数。反映了对象 x 在知识系统 S 中的完整信息。则

$$\mu_R(x,X)=\frac{\mathrm{card}(\{x\}_{R_i}\cap X)}{\mathrm{card}(\{x\}_{R_i})} \tag{6-28}$$

为元素 x 对集合 X 的粗糙隶属度函数，card 表示集合的基数，即集合中所包括的数目。最后根据给定置信度，抽取合理的规则记入规则集，形成故障诊断知识库。

2. 粗糙集的约简算法

（1）属性离散化方法　粗糙集理论在对决策表进行约简的过程中，只能够识别离散型

数值，所以在数据处理的第一步，就是将连续性的数值转化成离散型。常用的离散型数据有布尔型、整型和字符串型。在过去的数据处理过程中，积累了多重数据离散化的方法，如图6-13所示，为提高获取的诊断规则的实用性，要寻求最适合的离散化方法。

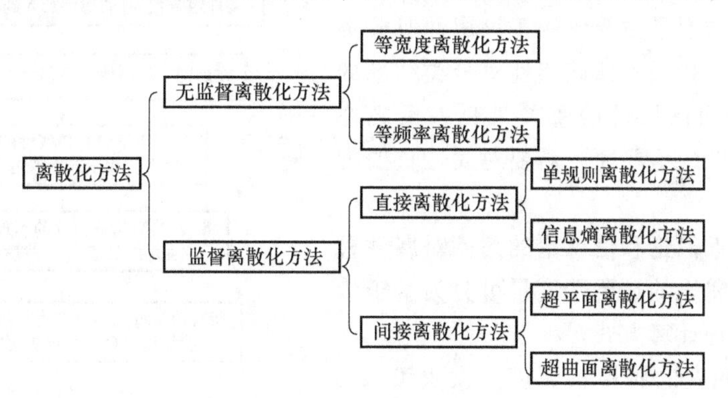

图 6-13　常见离散化方法示意图

离散化是粗糙集约简算法的第一步，也是最重要的一步，离散化的好坏直接影响着获取规则的适用性。

（2）基于差别矩阵的属性约简算法　现场实际数据采集系统的信息量常常含有不确定性、随机性及模糊性，导致实际采集回来的数据并不都是很重要的，大多的数据是不需要的，属于冗余信息。在决策信息系统中，有众多的条件属性，从这众多的条件属性中分析选取出需要的属性就是属性约简。假设一个决策表中有 N 个条件属性，就会产生 2^N-1 个约简结果，实际需要的只是其中一个最能表达决策意图并且最简单的那一种。常见的属性约简算法种类如图6-14所示。

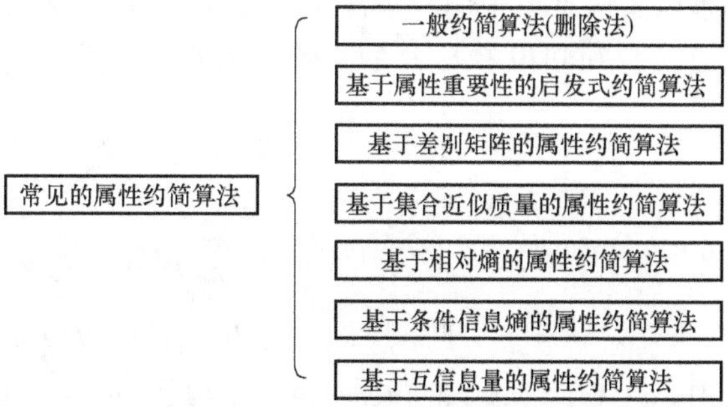

常见的属性约简算法
- 一般约简算法(删除法)
- 基于属性重要性的启发式约简算法
- 基于差别矩阵的属性约简算法
- 基于集合近似质量的属性约简算法
- 基于相对熵的属性约简算法
- 基于条件信息熵的属性约简算法
- 基于互信息量的属性约简算法

图 6-14　常见的属性约简算法种类

在众多的属性约简算法中，差别矩阵的属性约简算法更具优势。差别矩阵的约简方法就是根据定义将决策表转化为相应的差别矩阵，然后通过差别矩阵得出差别函数，根据吸收律来对差别函数化简，化简成为最小析取范式，其中每个主蕴含均为决策表的约简。

例如设定两个除核属性之外的条件属性组合，这两个条件属性组合为 $\{C_1, C_2, C_3, \cdots, C_m\}$ 和 $\{d_1, d_2, d_3, \cdots, d_m\}$。为了便于计算，将 C_j 和 d_j 定义为布尔型，构造逻辑表达式

$$P=(C_1 \vee C_2 \vee C_3 \vee \cdots \vee C_m) \wedge (d_1 \vee d_2 \vee d_3 \vee \cdots \vee d_m) \tag{6-29}$$

式中，$\{C_1, C_2, C_3, \cdots, C_m\}$ 和 $\{d_1, d_2, d_3, \cdots, d_m\}$ 中肯定各有至少一个属性是条件属性约简之后保留下来的属性，由于 C_j 和 d_j 定义为布尔变量，因此 $(C_1 \vee C_2 \vee C_3 \vee \cdots \vee C_m)=1$ 且 $(d_1 \vee d_2 \vee d_3 \vee \cdots \vee d_m)=1$，得出 $P=1$。

析取范式的 P 的表达形式为

$$P=(C_1 \wedge d_1) \vee (C_2 \wedge d_2) \vee (C_3 \wedge d_3) \vee \cdots \vee (C_m \wedge d_m) \tag{6-30}$$

选取析取范式中每一项由合取式表示的属性组合连同核属性一起构成最终的约简。属性

约简流程如图 6-15 所示。

(3) 基于属性重要性的启发式约简算法优化　决策表中不同的属性集其重要性并不相同，对属性的重要性的度量主要依赖于该属性对分类结果的影响能力。如果去掉该属性对分类结果的影响较小，则说明该属性的重要性低；反之亦然。为了判断属性的重要性，需要对属性重要度进行定义。

将决策表转换为差别矩阵，并将差别矩阵中属性组合数为1的属性加入到核属性集合中

在差别矩阵中找出不包含核属性的组合

将所有不包含核属性的条件属性组合表示成合取范式的式

将P转换为析取范式的形式(合取范式转换为析取范式)，然后进行化简

所有约简得到的合取式与核属性组成属性约简组合，得出决策表的约简

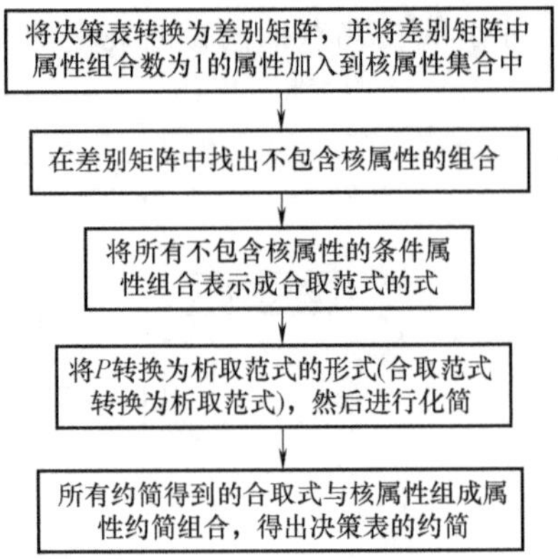

图 6-15　属性约简流程

分别从集合近似论和信息论的角度对属性重要度进行定义，属性的重要性度量可分为基于依赖度和基于熵两种计算方式。

1) 基于依赖度的属性重要度。设决策表 S 中条件属性集为 C，决策属性集为 D，$R \subset C$，对于任意属性 $a \in C-R$ 的重要度 $SGF_d(a,R,D)$ 可进行定义

$$SGF_d(a,R,D)=\mu(R \cup \{a\},D)-\mu(R,D) \tag{6-31}$$

$SGF_d(a,R,D)>0$ 表示属性 a 影响条件属性集 R 对决策属性集 D 的分类能力，而且 $SGF_d(a,R,D)$ 的值越大，表明其对分类能力的影响越大。

2) 基于熵的属性重要度。设 $S=(U,C \cup D,V,\rho)$ 为一个决策表，C 和 D 在 U 上的划分分别为 X 和 Y，$X=\{X_1,X_2,\cdots,X_m\}$，$Y=\{Y_1,Y_2,\cdots,Y_n\}$。根据知识的概率分布、联合概率分布以及信息论中熵和条件熵的定义，知识 D 的熵 $H(D)$、知识 D 相对于知识 C 的条件熵 $H(D|C)$ 和知识 C 与 D 的互信息 $I(C,D)$ 分别定义为

$$H(D)=-\sum_{i=1}^{n}p(Y_i)\log_2 p(Y_i) \tag{6-32}$$

$$H(D|C)=-\sum_{i=1}^{m}p(X_i)\sum_{j=1}^{n}p(Y_j|X_i)\log_2 p(Y_j|X_i) \tag{6-33}$$

$$I(C,D)=H(D)-H(D|C) \tag{6-34}$$

式中，$p(X_i)=card(X_i)/card(U),i=1,2,\cdots,m$；$p(Y_i)=card(Y_i)/card(U),i=1,2,\cdots,n$。

在决策表属性约简中，可通过添加某个条件属性所引起互信息的变化大小来衡量条件属性相对决策属性的重要度，互信息的变化越大，则重要度越大。

在决策表 S 中，对已知属性 $R \subset C$，在 R 中增加一个属性 $a \in C-R$ 后，互信息的增量定义为

$$\Delta I=I(R \cup \{a\};D)-I(R;D)=H(D|R)-H(R \cup \{a\}) \tag{6-35}$$

由此，任意属性 $a \in C-R$ 的重要性 $SGF_s(a,R,D)$ 可定义为

$$SGF_s(a,R,D)=H(D|R)-H(R \cup \{a\}) \tag{6-36}$$

$SGF_s(a,R,D)$ 的值越大，表示属性 a 对决策属性 D 越重要。由于决策属性 D 和 R 所对应的熵 $H(D)$ 和条件熵 $H(D|R)$ 是确定的，条件属性 a 可以描述为

$$a \in C-R,\forall b \in C-R,H(D|R \cup \{a\}) \leqslant H(D|R \cup \{b\})$$

6.2.2　粗糙集故障诊断的工作流程

粗糙集故障诊断的工作流程如图6-16所示。首先确定样本征兆集和故障模式集，然后对样本数据进行数据补齐、冗余消除、离散化和规范化等预处理，依据处理后的数据建立由样本库构成的决策表，接着用粗糙集理论中的属性约简、值约简等方法实现规则知识的自动获取，最后将获取的规则知识存入到知识库中。

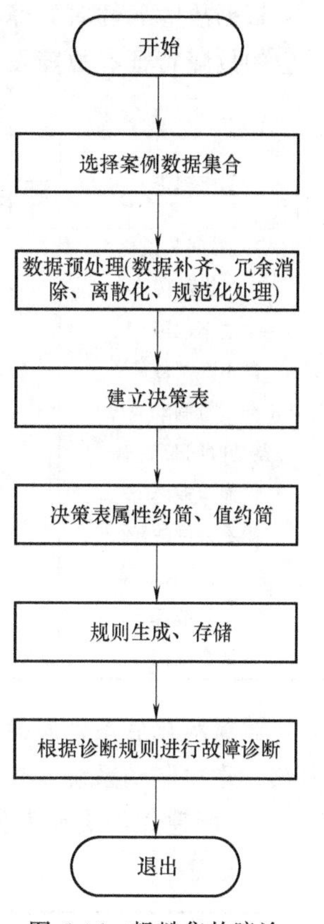

图6-16　粗糙集故障诊断的工作流程

6.2.3　粗糙集故障诊断实例

以提升机制动系统中的闸（选取4号闸）作为研究对象，分析其常见故障特征参数，得出5个具有代表性的特征参数作为样本进行实验，即液压站油压、4号闸制动力矩、4号闸空行程时间、4号闸闸瓦间隙和4号闸弹簧力。根据4号闸的5种常规的故障特征参数可预测的故障类型有：空动时间过长故障、过卷故障、溜车故障、敞不开闸故障不能紧急制动故障和制动时间过长故障、六种类型，其中空动时间为空行程时间，制动时间为贴闸到停车的时间。分别多次模拟六种故障状态，收集80组样本原始数据见表6-8。

在提升机运行过程中，所记录的数据有很多都是连续型的模拟量，而这些数据在提升机的故障诊断过程中起着关键性的作用，这就要求在处理此类数据时，必须对数据进行离散化。将上述的六种类型组成故障集合，用 D_i（$i=1,2,\cdots,6$）表示，故障属性集合用 C_i（$i=1,2,\cdots,5$）表示，其中：D_1 为空动时间长故障，D_2 为过卷故障，D_3 为溜车故障，D_4 为敞不开闸故障，D_5 为不能紧急制动故障，D_6 为制动时间过长故障；C_1 为最大制动油压低于6.3MPa或者最小油压大于0.5MPa；C_2 为闸瓦间隙大于2mm；C_3 为制动力矩低于40kN·m；C_4 为空行程大于0.3s；C_5 为弹簧力小于26kN。

表6-8　原始数据样本表

故障类型	故障特征参数				
	液压油压/MPa	制动力矩/(kN·m)	空行程/s	闸瓦间隙/mm	弹簧力/kN
空动时间长故障	6.83	47	0.44	3.55	28.32
过卷故障	0.64	48	0.23	1.58	29.77
溜车故障	0.54	54	0.32	4.21	28.67
敞不开闸故障	0.57	53	0.18	3.09	28.22
不能紧急制动故障	6.82	37	0.17	1.65	23.32
制动时间过长故障	6.76	39	0.22	1.79	25.33
溜车故障	0.58	49	0.39	2.76	28.43
敞不开闸故障	0.62	50	0.13	3.28	27.44
制动时间长故障	6.73	37	0.29	1.99	24.32
过卷故障	0.58	51	0.19	1.77	28.64
溜车故障	0.55	51	0.43	3.98	27.77

根据故障属性对故障特征值进行离散化，故障属性值为 1 或 0，其中：属性值为 1 表示对应的故障特征有故障发生，0 表示没有故障发生，见表 6-9。

表 6-9　原始数据离散结果表

故障类型	故障特征参数				
	液压油压	制动力矩	空行程	闸瓦间隙	弹簧力
空动时间长故障	0	0	1	1	0
过卷故障	1	0	1	0	0
溜车故障	1	0	1	1	0
敞不开闸故障	1	1	0	1	0
不能紧急制动故障	0	0	0	0	1
制动时间长故障	0	0	0	0	1
溜车故障	1	0	1	1	0
敞不开闸故障	1	0	0	1	0
制动时间长故障	0	1	0	0	1
过卷故障	1	0	0	0	0
溜车故障	1	0	1	1	0

对离散化后条件属性值全相同的记录仅保留一条，其余去除，并以 H 为索引号，K 为样本数，建立制动系统 4 号闸的故障诊断决策表。

1）所建立的决策表见表 6-10。

表 6-10　故障诊断决策表

编号		条件属性					决策属性
H	K	C_1	C_2	C_3	C_4	C_5	D
1	18	0	0	1	1	0	D_1
2	20	1	0	1	0	0	D_2
3	21	1	0	1	1	0	D_3
4	16	1	0	0	1	0	D_4
5	1	0	1	0	0	1	D_5
6	1	0	1	0	0	1	D_6
7	2	0	1	1	0	1	D_1
8	1	1	0	0	0	0	D_2

2）利用属性重要度的约简方法对条件属性进行约简，见表 6-11 和表 6-12。

表 6-11　条件属性约简表

编号		条件属性			冗余属性		决策属性
H	K	C_1	C_3	C_4	C_2	C_5	D
1	18	0	1	1	0	0	D_1
2	20	1	1	0	0	0	D_2
3	21	1	1	1	0	0	D_3
4	16	1	0	1	0	0	D_4
5	1	0	0	0	1	1	D_5
6	1	0	0	0	1	1	D_6
7	2	0	1	0	1	1	D_1
8	1	1	0	0	0	0	D_2

表 6-12　条件属性约简结果表

编号		条件属性			决策属性
H	K	C_1	C_3	C_4	D
1	18	0	1	1	D_1
2	20	1	1	0	D_2
3	21	1	1	1	D_3
4	16	1	0	1	D_4
5	1	0	0	0	D_5
6	1	0	0	0	D_6
7	2	0	1	0	D_1
8	1	1	0	0	D_2

3）依据以上方法，进行决策属性值约简，见表 6-13 和表 6-14。

表 6-13　决策属性值约简表

编号		条件属性			决策属性
H	K	C_1	C_3	C_4	D
1	18	0	1	1	D_1
2	20	1	1	0	D_2
3	21	1	1	1	D_3
4	16	1	0	1	D_4
5	1	0	0	0	D_5
6	1	0	0	0	D_6
7	2	0	1	0	D_1
8	1	1	0	0	D_3

表 6-14　决策属性值约简结果表

编号		条件属性			决策属性
H	K	C_1	C_3	C_4	D
1	18	0	1	1	D_1
2	20	1	1	0	D_2
3	21	1	1	1	D_3
4	16	1	0	1	D_4
7	2	0	1	0	D_1
8	1	1	0	0	D_3

4）约简后的规则形成最终决策表，并计算隶属度，见表 6-15。

表 6-15　约简对应决策表

编号		条件属性			决策属性	隶属度
H	K	C_1	C_3	C_4	D	
1	18	0	1	1	D_1	1
2	20	1	1	0	D_2	1
3	21	1	1	1	D_3	1
4	16	1	0	1	D_4	1
7	2	0	1	0	D_1	0.5
8	1	1	0	0	D_3	0.5

设定置信度为 0.8，根据置信度筛选出最后的规则集合，见表 6-16。

表 6-16　约简对应规则集

获取规则			置信度
$C_1=0$	$C_3=1$	$C_4=1$	1
$C_1=1$	$C_3=1$	$C_4=0$	1
$C_1=1$	$C_3=1$	$C_4=1$	1
$C_1=1$	$C_3=0$	$C_4=1$	1

在上述约简过程中，决策表的冗余属性被有效地消除，形成了最终的最简决策规则集。该规则集表明：①当制动力矩低于 40kN · m，空行程大于 0.3s 时，出现空动时间过长的故障；②残压过高，制动力矩过小时，出现过卷故障；③残压过高，制动力矩过小，空行程时间大于 0.3s 时，出现溜车故障；④最大油压没有达到标准值，空行程时间大于 0.3s 时，出现敞不开闸故障。

据此可判定故障的类型及原因。

6.3　基于支持向量机的故障诊断

6.3.1　支持向量机基本理论

支持向量机是在统计学习理论基础上发展起来的一种新型机器学习方法，能够根据有限的样本信息在模型的复杂性和学习能力之间寻求最佳折中，以期获得最佳的推广（或泛化）能力。此处的复杂性是指对特定训练样本的学习精度。学习能力是指无错误地识别任意样本的能力。因此，支持向量机是一种比较好的实现结构风险最小化思想的方法。

支持向量机的实现机理：寻找一个满足分类要求的最优分类超平面，使得该超平面在保证分类精度的同时，能够使超平面两侧的空白区域最大化。图 6-17 所示为支持向量机示意图，图中黑点和五角星分别代表两种不同类型的样本。可以看到，P_1 和 P_2 两条虚线将这两种样本完全分开，而且这个空白区域是最大化的；而 P_3 和 P_4 两条线虽然也可以将这两类样本分开，但是它们的空白区域明显不是最大化的。在最大空白区域里，P 到 P_1 和 P 到 P_2 的距离一样，这个 P 就是要找的最优分类超平面。决定划分区域的点，即 P_1 和 P_2 线上的点就被称为支持向量。在图 6-17 中，可以看到，有 3 个点是支持向量的。

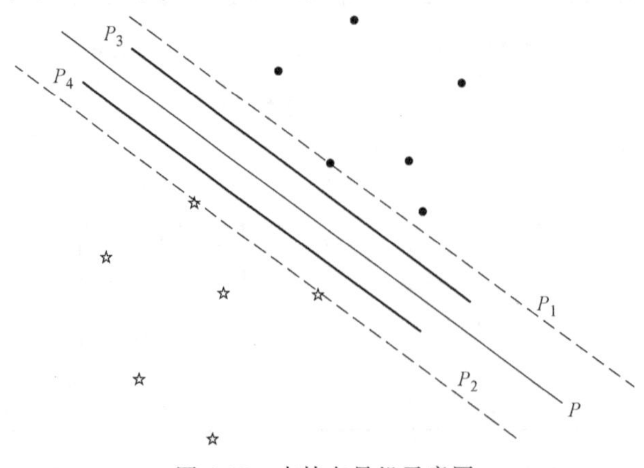

图 6-17　支持向量机示意图

至此可知支持向量机的本质就是解决二分类的问题。支持向量机解决样本识别问题所具有的独到优势为在机械设备上进行故障诊断提供了指导思想，即对故障数据进行分类识别。实现该过程的思路是：首先，分别用不同类型故障的样本训练出不同的支持向量机故障模型（SVM1，SVM2，…，SVMn），然后将发生故障的数据 x 输入到这些模型中，用 If—Then—Else 逻辑进行判断即可。整个诊断流程如图 6-18 所示。

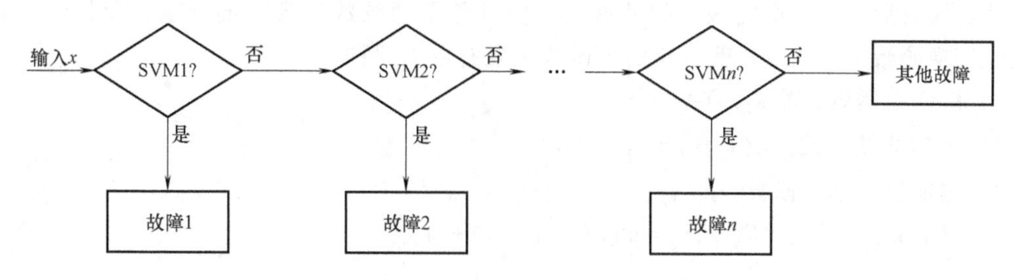

图 6-18　支持向量机故障诊断流程

从上述可知，用支持向量机进行故障诊断，需要收集到足够的故障数据作为训练样本。本书引出了支持向量机的一种扩展——支持向量区域描述，可用来解决故障数据不好收集的问题。

支持向量区域描述（Support Vector Domain Description，SVDD，见图 6-19）的基本思想是：通过核函数将数据映射到一个高维特征空间，在这个高维空间中构造一个超球体，使球里面的样本（即正常数据）尽量包“牢”、包“纯”，而拒绝其他未知类别的样本（即故障数据）进入；在该球面上的点即为 SVDD 所求的支持向量，这些点可以支撑超球体的形成。

6.3.2　支持向量机故障诊断模型

支持向量机故障诊断模型如图 6-20 所示。

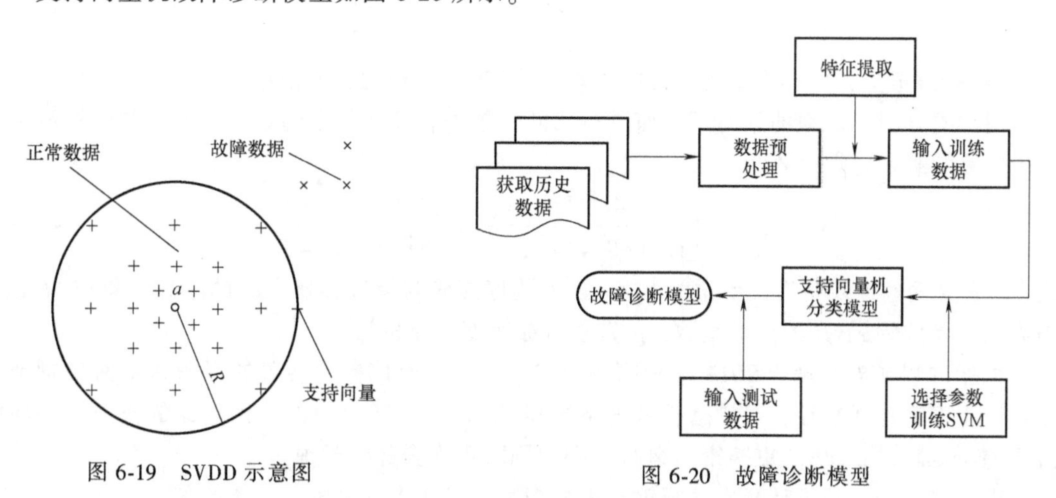

图 6-19　SVDD 示意图

图 6-20　故障诊断模型

（1）数据预处理　基础数据的准确性会受到多种因素的影响，如数据采集的随机性误差、信息采集设备的故障、工作人员不合理的操作与管理等，这些因素在很大程度上都会影响到模型研究建立过程中的合理性，使得所建模型可能存在误差。同时由于不同数据源之间的数据也可能存在一些差异性，在建立故障诊断模型之前，如果对基础数据不进行预处理，势必将会导致数据混乱，进而导致模型无法正确地建立。

（2）特征提取　特征提取方法有很多，如直观几何特征提取法、网格法、矩特征识别法等，采用合适的特征提取方法提取特征数据，可最大限度地压缩冗余，保留诊断的关键信息。

（3）选择支持向量机的参数　核函数是支持向量机的关键所在，它将高维空间里的内积运算转换为原始空间中的核函数计算，不但避免了“维数灾难”的问题，而且不必知道非线性变换函数的形式。目前常用的核函数主要有以下几种：

1）线性核函数，$K(x_i,x)=x\cdot x_i$

2）多项式核函数，$K(x_i,x)=[(x_i,\ x)+1]^d$

3）高斯径向基核函数，$K(x_i,x)=\exp(-\gamma|x_i-x|^2)$

4）Sigmoid 核函数，$K(x_i,x)=\tanh(a(x_i\cdot x)+b)$

6.3.3　支持向量机故障诊断实例

以矿井提升机钢丝绳故障诊断为例，建立一个数学模型，对机电设备正常运行与故障运行时参数的变化进行总结，找出其中的相互关系。本例利用支持向量机的扩展——支持向量区域描述（SVDD）算法建立该数学模型，来制定相对值判定标准。

相对值判定采用的数学模型依据下述公式建立，目标样本的 R 为

$$R^2=\|x_k-\alpha\|^2=(x_k\cdot x_k)-2\sum_{i=1}^{l}\alpha_i(x_i\cdot x_k)+\sum_{i=1}^{l}\sum_{j=1}^{l}\alpha_i\alpha_j(x_i\cdot x_j)\tag{6-37}$$

式中，x_k 为任一支持向量；α 为超球体中心。

对于一个新样本 z，判断它是否属于目标样本，首先，求出该样本到超球体中心的广义距离

$$R_z^2=\|z-\alpha\|^2=(z\cdot z)-2\sum_{i=1}^{l}\alpha_i(x_i\cdot x_z)+\sum_{i=1}^{l}\sum_{j=1}^{l}\alpha_i\alpha_j(x_i\cdot x_j)\tag{6-38}$$

如果 $R_z^2\leqslant R^2$ 成立，则样本 z 属于目标样本，即接受 z；否则，就拒绝 z。

对于提升机钢丝绳的张力不平衡进行诊断，依据相关文献中的结论：非均匀弦振波法测钢丝绳终端载荷计算公式为

$$Q_F=\rho\left\{\frac{4L^2}{[t(1+\beta/4)]^2g}+\frac{[t(1+\beta/4)]^2g}{64}-\frac{L}{2}\right\}\tag{6-39}$$

式中，ρ 为钢丝绳线密度，单位为 kg/m^3；L 为摩擦轮与提升容器之间的距离，单位为 m；t 为周期，单位为 s；β 为修正系数；g 为重力加速度，单位为 m/s^2。

根据《煤矿安全规程 2011 版》第四百二十三条：摩擦提升装置的绳槽衬垫磨损剩余厚度不得小于钢丝绳直径，绳槽磨损深度不得超过 70mm，任一根提升钢丝绳的张力与平均张力之差不得超过±10%。更换钢丝绳时，必须同时更换全部钢丝绳。

由式（6-39）即可计算出每根钢丝绳的载荷，进而容易判断张力不平衡。

选择高斯径向基函数作为支持向量机的核函数，高斯径向基核函数的参数 γ 与惩罚因子 c 的选择主要采用交叉验证法，通过对训练样本进行分组交叉验证寻找支持向量机的最优参数。采用“一对一”支持向量机多分类法，将提取得到的功图曲线的特征点值作为 SVM 模型的输入，模型的输出为功图类型，得到支持向量机分类模型。

6.4　基于信息融合的故障诊断

6.4.1　信息融合技术

信息融合是利用计算机技术将来自多个传感器或多源的观测信息进行分析、综合处理，从而得出决策和估计任务所需信息的处理过程。信息融合的另一种普遍说法是数据融合，但就内涵而言，信息融合更广泛、更确切、更合理且更具有概括性，它不仅包括数据，而且还包括了信号和知识。

信息融合的基本原理是：充分利用传感器资源，通过对各种传感器及人工观测信息的合理支配与使用，将各种传感器在空间和时间上的互补与冗余信息依据某种优化准则或算法组合起来，产生对观测对象的一致性解释和描述。其目标是基于各传感器监测信息分解人工观测信息，通过对信息的优化组合导出更多的有效信息。

多源信息融合的常用方法基本上可概括为随机和人工智能两大类：随机类方法有加权平均法、卡尔曼滤波法、多贝叶斯估计法、Dempster-Shafer（D-S）证据推理和产生式规则等；而人工智能类方法则有模糊逻辑理论、神经网络、专家系统等。

6.4.2　信息融合故障诊断模型

多源信息融合一般包括决策级融合、特征级融合和数据级融合。

（1）决策级融合　图6-21所示为决策层属性融合的结构。在这种方法中，每个传感器为了获得一个独立的属性判决要完成一个变换，然后顺序融合来自每个传感器的属性判决。也就是每个传感器都要完成变换以便获得独立的身份估计，然后再对来自每个传感器的属性分类进行融合。用于融合身份估计的技术包括表决法、贝叶斯（Bayes）推理、Dempster-Shafer（D-S）方法、推广的数据处理理论、模糊集法以及其他各种特定方法。

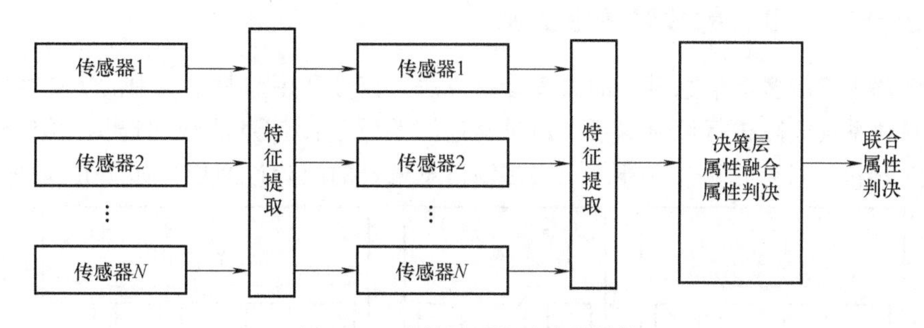

图6-21　决策层属性融合的结构

（2）特征级融合　图6-22所示为特征层属性融合的结构。在这种方法中，每个传感器观测一个目标，并且为了产生来自每个传感器的特征向量要完成特征提取，然后融合这些特征向量，并基于联合特征向量做出属性判决。在这种方法中，必须使用关联处理把特征向量分成有意义的群组。由于特征向量很可能是具有巨大差别的量，因而位置级的融合信息在这一关联过程中通常是有用的。

（3）数据级融合　图6-23所示为数据层属性融合的结构。在这种数据层融合方法中，

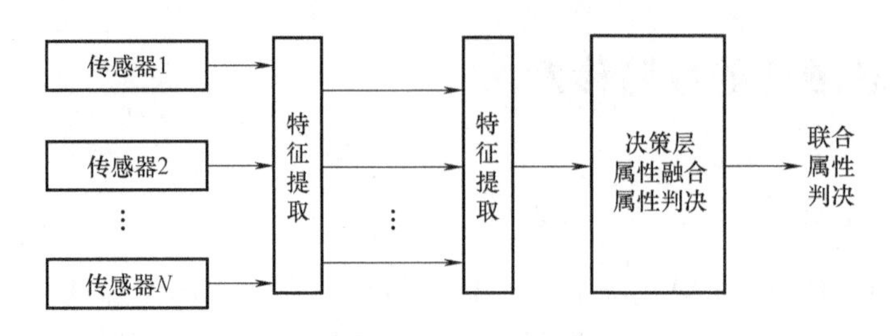

图 6-22　特征层属性融合的结构

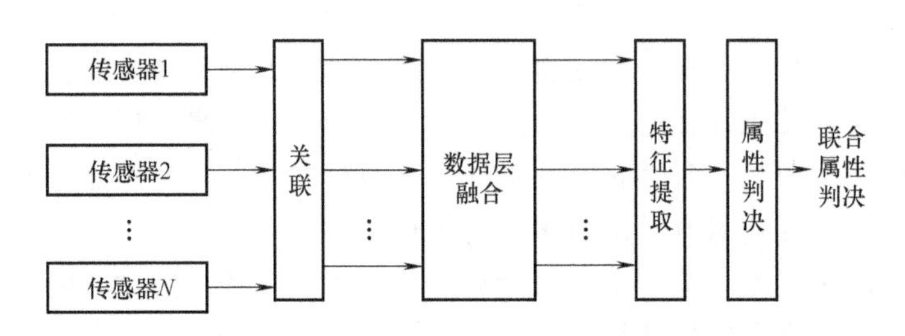

图 6-23　数据层属性融合的结构

直接融合来自同类传感器的数据，然后是特征提取和来自数据融合的属性判决。为了完成这种数据层融合，传感器必须是形同的或同类的。为了保证融合的数据对应于相同的目标或客体，关联要基于原始数据完成。与位置融合结构类似，通过融合靠近信源的信息可获得较高的精度，即数据层融合可能比特征层融合精度高，而决策层融合可能最差。但数据层融合仅对产生同类观测的传感器适用。

可将上述三种融合建立三层融合结构，结合各自的优势，充分利用数据进行诊断，提高诊断系统的诊断率。

6.4.3　基于信息融合的故障诊断实例

本实例基于三层多源信息融合的故障诊断方法，充分利用监测系统中的历史数据，对矿井提升机制动系统故障进行可靠诊断，通过对监测系统所测信息的合理选择、综合与利用，对其进行空间和时间上的融合互补。三层多源信息融合的故障诊断模型如图 6-24 所示。

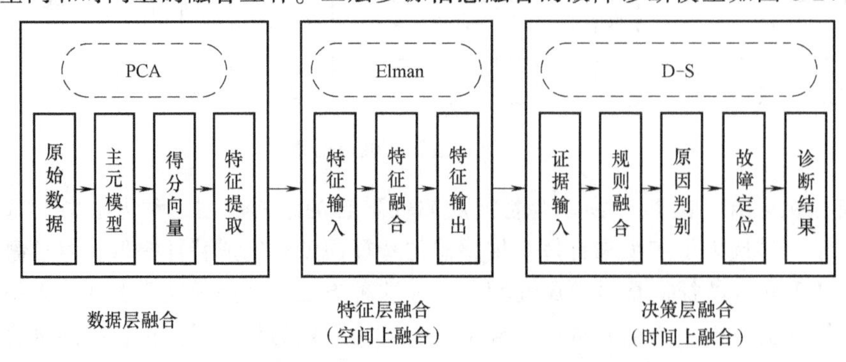

图 6-24　三层多源信息融合的故障诊断模型

数据层主要融合由传感器直接采集的大量原始数据，利用 PCA 将这些多源信息转化到共同的参考描述空间，计算主元的得分向量并建立主元矩阵，之后确定主成分个数，进行特征提取。其优点是能够最大限度地利用原始数据进行综合与分析。

特征层以具有记忆功能的 Elman 神经网络作为融合算法，以数据层融合后各信息源提取出来的特征量作为输入，通过不断调整权值进行训练，输出符合性能指标的新特征量。该过程把各个特征信息进行了空间上的融合，得到的融合结果能够给决策层提供有用且完备的故障判决特征信息。其优点是稳定性强且提取并压缩整合了信息量。

决策层将不同时刻 Elman 神经网络的输出特征量作为证据，使用 D-S 证据理论对其进行融合，选择最优决策准则判定故障原因，最后依据 PCA 的故障诊断原理对故障部位进行定位，得出诊断结果。

1. 基于 PCA 的数据层融合

PCA 是利用数据的二阶统计特性对原变量进行降维去噪的无监督的信号处理方法。其基本思路是通过统计的方法将原高维变量简化为一组低维的线性无关的新变量，新变量保留了原有系统中大量有用的信息。

（1）主成分分析过程　构造原始数据矩阵 $X_{n\times m}$，对其进行标准化处理，处理后的矩阵记作 $\hat{X}$，有

$$\hat{X}=[X-IB]D_{\sigma}^{-1/2} \tag{6-40}$$

式中，n 为数据采样点个数；m 为监测量个数；I 为 n 维单位列向量；$B=[b_1,b_2,\cdots,b_m]$ 为均值向量；$D_{\sigma}=diag[\sigma_1^2,\sigma_2^2,\cdots,\sigma_m^2]$ 为方差矩阵；b_i 和 σ_i^2 分别为各变量的均值和方差。

计算矩阵 $\hat{X}$ 的协方差矩阵 C

$$C=\frac{\hat{X}^{\mathrm{T}}\hat{X}}{n-1}=\begin{pmatrix} c_{11} & c_{12} & \cdots & c_{1m} \\ c_{21} & c_{22} & \cdots & c_{2m} \\ & & & \\ c_{m1} & c_{m2} & \cdots & c_{mm} \end{pmatrix} \tag{6-41}$$

矩阵 C 中对角线的元素值的大小与变量的重要程度成正比，值越大则表明该变量越重要。

对 C 进行特征分解，求出其特征值 $\lambda_1\geqslant\lambda_2\geqslant\cdots\geqslant\lambda_m$ 和其对应的特征向量矩阵 $P=(p_1\quad p_2\quad\cdots\quad p_m)$。

计算主元矩阵 $W=(w_1\quad w_2\quad\cdots\quad w_m)$，也称得分向量矩阵，其中 $w_i=\hat{X}p_i(i=1,2,\cdots,m)$ 表示矩阵 $\hat{X}$ 在这个得分向量相对应的特征向量方向 p_i 上的投影。

$$\hat{X}=\sum_{i=1}^{m}w_i p_i^{\mathrm{T}}=\sum_{i=1}^{k}w_i p_i^{\mathrm{T}}+\sum_{i=k+1}^{m}w_i p_i^{\mathrm{T}} \tag{6-42}$$

选取累积贡献率法确定主成分个数其定义为

$$\frac{\sum_{i=1}^{k}\lambda_i}{\sum_{j=1}^{m}\lambda_j}\geqslant 85\% \tag{6-43}$$

式中，k 为主成分个数；λ_i 为各得分向量对应的特征值。前 k 个得分向量包含了绝大部分有

用的信息，这样用来进行诊断的样本数据就由 m 维缩减到了 k 维。

为了充分利用提升机运行过程中所监测的历史数据，以矿井提升机实验台 JTP-1.2 型提升机为研究对象，现选用实验过程中通过传感器所监测的提升机制动系统的 39 个运行过程关键监测变量（见表 6-17）来构建主元模型，监测并保存提升机运行一次过程中所采集的各个变量值，采样点数为 500。

表 6-17　监测变量表

变量编号	变量名称	变量编号	变量名称
1~8	1~8 号闸的闸瓦位移	35	液压站油压
9~16	1~8 号闸的弹簧力	36	油温
17~24	1~8 号闸的闸瓦温度	37	总制动力矩
25~32	1~8 号闸的闸瓦摩擦系数	38	提升速度
33	左偏摆量	39	加速度
34	右偏摆量		

首先建立正常主元模型，构造各变量原始数据矩阵，依式（6-40）对其进行标准化处理。预处理之后使用 Matlab 对其进行主成分分析，完成式（6-41）和式（6-42）的计算。利用累积方差贡献率法求取主元个数。在实验台进行故障模拟，预先将 4 号闸的闸瓦间隙值调试设定为 3mm，模拟 4 号闸的闸瓦间隙过大故障，依据煤矿安全规程，制动闸的闸瓦间隙值不得大于 2mm，故将 2mm 设为诊断阈值。故障主元模型的建立方法与此相同。

（2）PCA 故障诊断基本原理　利用 PCA 的方法可以充分利用历史数据定性地检测和定位出故障，具体做法是将监测数据放入建好的正常主成分模型所构成的空间进行投影，如果其在主成分子空间上的投影大于在残差子空间上的投影则表示无故障，反之亦然。一般采用 Hotelling 提出的 T^2 统计量和 Q 统计量来判别监测数据在上述这两个子空间上投影的大小。利用 T^2 统计量度量的原理是在主成分子空间求出 T^2 统计量及其阈值，如果被测数据在该子空间的 T^2 统计量超过阈值就判定有故障。Q 统计量度量的原理是用假设检验的方法求出其阈值，如被测数据在正常情况下的残差子空间的 Q 统计量大于阈值，则判定为有故障。

T^2 统计量定义为

$$T_i^2 = x_i P_k \lambda^{-1} P_k^{\mathrm{T}} x_i^{\mathrm{T}} = w_i \lambda^{-1} w_i^{\mathrm{T}} \tag{6-44}$$

式中，x_i 表示各变量在第 i 个采样点的值；P_k 和 λ^{-1} 分别为正常主成分模型的特征向量和其对应的特征值。T^2 统计量阈值的计算公式为

$$T_\alpha^2 = \frac{k(m-1)}{m-k} F_{k,m-k,\alpha} \tag{6-45}$$

式中，k 为主成分个数；m 为变量个数；$F_{k,m-k,\alpha}$ 为置信水平为 $\alpha = 0.05$ 且自由度为 k 和 $m-k$ 的 F 分布的临界值。无故障时，T^2 统计量小于阈值 T_α^2。

Q 统计量及其阈值的计算公式为

$$Q_i = x_i (I - P_k P_k^{\mathrm{T}}) x_i^{\mathrm{T}} \tag{6-46}$$

$$Q_\alpha = \theta_1 \left(\frac{c_\alpha h_0 \sqrt{2\theta_2}}{\theta_1} + \frac{\theta_2 h_0 (h_0 - 1)}{\theta_1^2} + 1 \right)^{\frac{1}{h_0}} \tag{6-47}$$

$$\theta_1 = \sum_{i=k+1}^{m} \lambda_i, \theta_2 = \sum_{i=k+1}^{m} \lambda_i^2, \theta_3 = \sum_{i=k+1}^{m} \lambda_i^3, h_0 = 1 - \frac{2\theta_1 \theta_3}{3\theta_2^2}$$

式中，k 为主成分个数；c_α 为置信水平为 $\alpha=0.05$ 的标准正态分布的下限值；m 为变量个数。

依据各变量对各个主元的贡献图和其 Q 统计量的贡献图可以诊断故障的发生部位，具体实现方法在后面实验中进行详细分析。由上面分析可以看出，PCA 故障诊断的方法能定位出故障，但无法确定是何种故障，为此，利用 PCA 进行数据层融合后还需要进行进一步的综合与分析处理。

2. 基于 Elman 神经网络的特征层融合

Elman 神经网络是一种典型的局部回归网络，相比反向传播神经网络（Back Propagation，BP）、径向基神经网络（Radial Basis Function，RBF）等其他网络，其优势主要体现在：结构简单，具有记忆功能，训练时间短，具有适应时变特性及处理动态关系的能力，在小样本条件下同样适用，且稳定性强。其结构包括输入层、隐含层、承接层和输出层，其中，输入层进行信号传输；承接层是 Elman 实现记忆功能的关键层，其原理是首先从隐含层接收反馈信号，并记忆该层神经元前一时刻的输出值，通过承接层的延迟与存储，再输入到隐含层，增加了网络的自学习能力；输出层起线性加权作用。Elman 神经网络结构如图 6-25 所示。

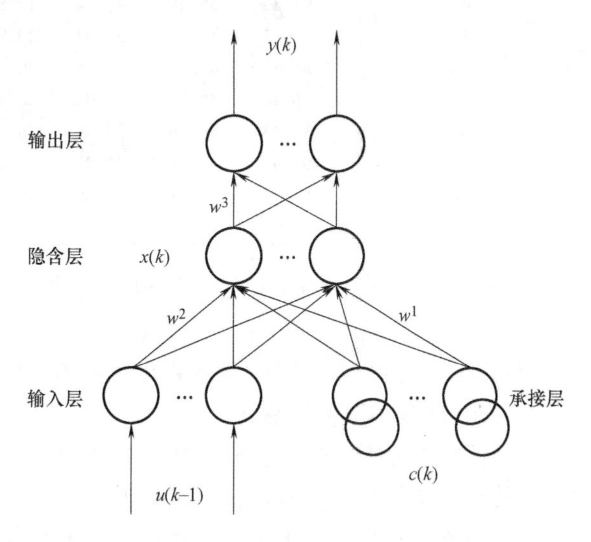

图 6-25　Elman 神经网络结构

其数学模型为

$$\begin{cases}x(k)=f(w^1c(k)+w^2u(k-1))\\c(k)=\alpha c(k-1)+x(k-1)\\y(k)=g(w^3x(k))\end{cases}\tag{6-48}$$

式中，$u(\cdot)$、$x(\cdot)$、$c(\cdot)$ 和 $y(\cdot)$ 分别代表输入层的输入、隐含层的输出、承接层的输出和输出层的输出；w^1、w^2 和 w^3 分别表示隐含层与承接层、输入层与隐含层、隐含层与输出层之间的连接权值；α 表示自连接反馈增益因子，$0\leqslant\alpha<1$；$g(\cdot)$ 为输出层神经元的传递函数，一般选用线性函数；$f(\cdot)$ 为隐含层神经元的非线性传递函数，通常选用 Sigmoid 函数。Elman 神经网络训练过程中，通过不断调整网络权值 w^1、w^2、w^3 的大小，使其达到规定的性能指标，从而满足实际应用需求。性能指标函数为

$$E=\sum_{k=1}^{m}[y(p)-t_k(p)]^2\tag{6-49}$$

式中，$y(p)$ 为 k 时刻输出层第 p 个神经元的实际输出；$t_k(p)$ 为 k 时刻第 p 个神经元的期望输出；m 为输出层输出神经元矢量的维数。

矿井提升机制动系统故障诊断的特征量经过数据层的融合作为 Elman 神经网络的输入向量。首先建立各故障的主元模型，然后计算各得分向量的模，计算成为

$$\| w_i \| = (dot(w_i, w_i))^{\frac{1}{2}} \tag{6-50}$$

收集 100 组神经网络的训练样本，在计算过程中发现有些故障主元模型的第 8 个得分向量的长度大小为零，所以取各故障的前 7 个主元作为特征量，见表 6-18。

表 6-18　Elman 神经网络训练样本

样本号	故障主元模型得分向量长度							故障模式
1	94.59	22.38	16.02	9.87	6.02	4.37	2.56	正常
2	90.59	29.38	21.03	17.87	11.42	8.27	4.56	敞不开闸
3	92.45	26.05	13.98	9.28	7.25	5.42	3.06	空动时间长
4	91.26	35.48	24.34	17.89	9.21	7.57	4.52	过卷
5	89.53	40.67	31.04	20.80	17.42	10.27	5.26	不能紧急制动
6	86.45	48.01	39.05	30.12	22.85	18.42	10.06	空动时间长
7	96.44	46.13	36.05	28.12	19.38	15.02	9.63	制动时间长
8	89.43	29.36	22.16	16.11	10.38	8.99	4.03	卡缸
9	95.92	43.31	35.98	27.68	19.78	14.76	10.36	制动时间长
10	85.54	48.01	38.65	38.98	21.89	17.72	12.36	空动时间长
…	…	…	…	…	…	…	…	…

利用 Matlab 神经网络工具箱中的相关函数对网络进行训练，输出结果作为决策层融合的输入。

利用 Elman 神经网络的计算结果见表 6-19。

3. 基于 D-S 的决策层融合

D-S 证据理论是一种基于辨识框架的不确定性推理理论，具有处理不确定性信息的能力，可使诊断结果更为可靠。在 D-S 证据理论中，由互不相容的基本命题组成的完备集合作为辨识框架 Θ，该框架的子集称为命题。分配给各命题的信任程度称为基本概率分配函数，定义为

$$m(\phi) = 0, \sum_{A \subset 2^{\Theta}} m(A) = 1 \tag{6-51}$$

式中，A 为命题；函数 m 为 A 的基本概率分配函数；$m(A)$ 反映对 A 的信任度大小。

表 6-19　Elman 神经网络融合结果

故障编号	故障模式	Elman 融合结果						
1	正常	0.3024	0.0698	0.9948	0.0001	0.0006	0.0010	0.0129
2	敞不开闸	0.0004	0.9802	0.8748	0.0457	0.0198	0.0059	0.0006
3	空动时间长	0.0006	0.2189	0.9923	0.0123	0.0087	0.0104	0
4	过卷	0.4489	0.1102	0.1544	0.0003	0.0096	0.0035	0.0476
5	不能紧制动	0.0006	0.0308	0.0052	0.0159	0.0833	0.0062	0.0061
6	制动时间长	0.3002	0.9904	0.0169	0.0008	0.0125	0.0110	0.0004
7	卡缸	0.1078	0.0003	0.9102	0.0240	0.0017	0	0.8642

信任度函数 c 表示对命题 A 的信任程度，定义为

$$c(A) = \sum_{B \subseteq A} m(B) (\forall A \subseteq 2^{\Theta}) \tag{6-52}$$

似然函数 p 表示对命题 A 非假的信任程度，$[c(A), p(A)]$ 表示 A 的不确定区间。

$$p(A) = \sum_{A \cap B \neq \emptyset} m(B) \tag{6-53}$$

D-S 证据理论的核心是 Dempster 合成规则，由于其可以综合不同专家或数据源的知识或

数据，在信息融合等领域得到了广泛的应用。根据不同的证据体类型，在进行融合时需要采用不同的组合规则，由于在矿井提升机故障诊断过程中，数据具有耦合交叉特性，为了解决证据冲突问题，本文采用了 Yager 组合规则生成新的基本概率分配函数，其定义为

$$m(A)=\begin{cases}\sum\limits_{A_1\cap B_1=A} m_1(A_i)m_2(B_j) & A\neq\Theta\\ \sum\limits_{A_1\cap B_1=A} m_1(A_i)m_2(B_j)+k & A=\Theta\end{cases}\tag{6-54}$$

式中，$k=\sum\limits_{A_1\cap B_1=A} m_1(A_i)m_2(B_j)$ 表示证据的冲突程度。

D-S 证据理论故障诊断决策的基本思路是：首先将被测对象的典型故障原因作为辨识框架中的每个命题组成命题集合，构造故障辨识框架；然后从信息中提取对故障敏感的特征向量作为证据体，并为每个证据体构造基本概率赋值函数；依据证据体的类型选取合成规则，对证据体进行融合；最后将结果进行比较分析，最终得出故障原因。

利用上述融合结果构造辨识框架，将七个故障模式作为辨识框架的七个命题，用 $\Theta=$ {正常，敞不开闸，空动时间长，过卷，不能紧急制动，制动时间长，卡缸} 表示，为每个证据体构造基本概率赋值函数，其结果见表 6-20。

表 6-20　证据体基本概率赋值

证据体	基本概率赋值结果						
m_1	0.2126	0.0509	0.7301	0.0001	0.0004	0.0009	0.0011
m_2	0.0003	0.5000	0.4601	0.0249	0.0102	0.0043	0.0001
m_3	0.0005	0.1765	0.7988	0.0090	0.0067	0.0087	0
m_4	0.5799	0.1402	0.1994	0.0002	0.0119	0.0045	0.0636
m_5	0.0004	0.0348	0.0063	0.0179	0.9304	0.0072	0.0065
m_6	0.1658	0.7904	0.0169	0.0008	0.0115	0.0090	0.0002
m_7	0.0628	0.0003	0.4902	0.0140	0.0008	0.0003	0.4642

采用 Yager 组合规则对其进行融合，结果为

$$m=(0\quad 0\quad 0.1687\quad 0\quad 0.0136\quad 0\quad 0)$$

从该融合结果来看，可以判定命题 3 为决策结果，即为空动时间过长故障。对引起该故障的原因进行判别，判别过程为：引起空动时间过长的直接原因是制动力矩不足，而弹簧故障、摩擦系数过大、闸瓦间隙过大及残压高等都有可能造成该结果。对上述原因进行一一验证。由于在实验前，对各闸的弹簧刚度和预压缩量都进行了检测，符合标准，故排除弹簧故障；且在提升机运行过程中经监测计算得出的摩擦系数及制动油残压处于正常范围，故该故障类型可判定为由于闸瓦间隙过大导致的制动力矩不足，从而进一步引发的空动时间过长故障。

明确了故障类型后，接下来就是对故障进行定位，查找故障源。在此依据 PCA 故障诊断原理，对故障部位进行定位。分别计算正常主元模型和空行程过长故障主元模型中每个变量的 Q 统计量，并绘制各变量对 Q 统计量的贡献图（在此仅列出空行程时间过长故障下 Q 统计量贡献图和正常情况下不同的两个变量），如图 6-26 和图 6-27 所示。

由图 6-26 和图 6-27 可以看出，发生故障时，在采样点 150 和 350 之间，第 4 和第 12 个变量的 Q 统计量贡献图和正常情况相比整体向下发生了偏移，而其他变量的 Q 统计量贡献

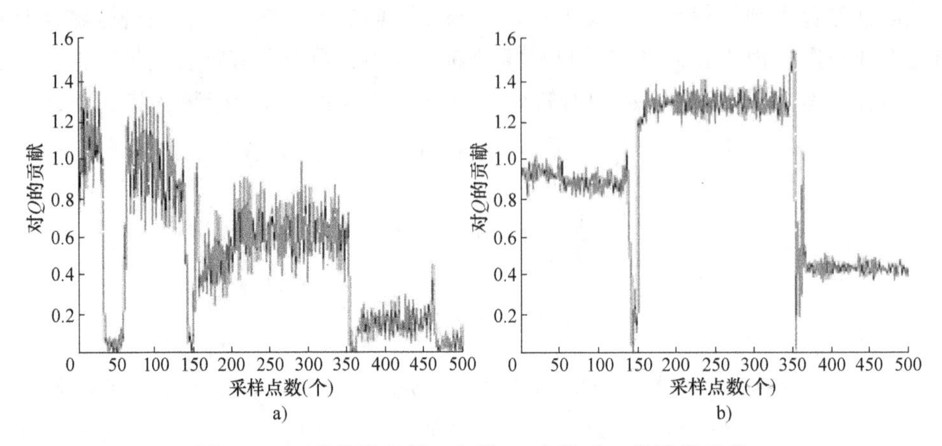

图 6-26　正常情况下第 4 和第 12 变量对 Q 统计量贡献

a）第 4 个变量对 Q 统计量的贡献　b）第 12 个变量对 Q 统计量的贡献

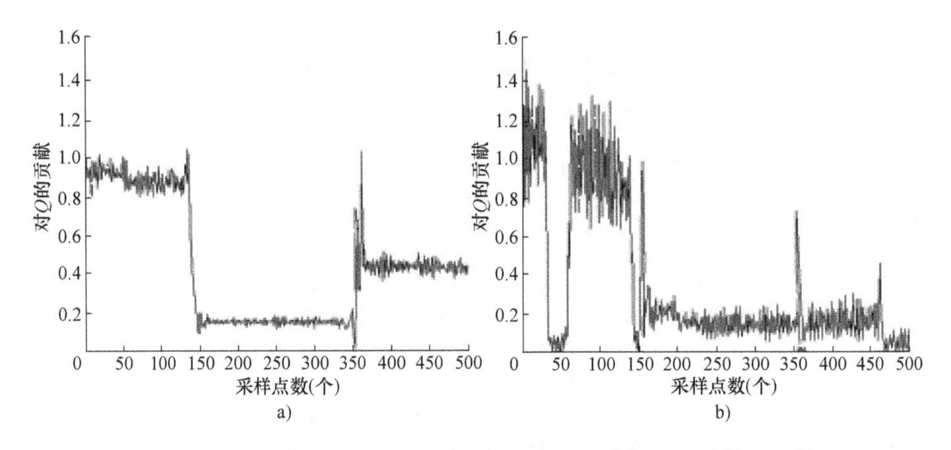

图 6-27　空行程时间过长故障下第 4 和第 12 变量对 Q 统计量贡献

a）第 4 个变量对 Q 统计量的贡献　b）第 12 个变量对 Q 统计量的贡献

图和正常情况下相同。这是由于闸瓦间隙过大对应的闸瓦位移减小，在 Q 统计量贡献图上的表现为整体下移，第 4 和第 12 个变量分别为 4 号闸的闸瓦位移和弹簧力，由此可判定该故障发生的部位为 4 号闸。实验结果与预先物理模拟的故障完全吻合，从而验证了该融合算法的正确性。

6.5　基于物联网的故障诊断

6.5.1　物联网技术

1. 物联网简介

物联网作为一种新兴思路，在智能化应用方面被提出以后，得到广泛认可和极大应用。从一开始由于军事需要而被提出，随着技术的发展，特别是嵌入式系统的应用，物联网在农业和家庭智能化方面也已经被成熟应用。近些年来，物联网在工业自动化控制方面逐步普及，慢慢代替了传统的工业自动化控制，向大型智能化控制转变。

物联网的本质还是一种网络，还是互联网。只不过它把互联网进行了扩展，扩展到各个物品上，用交错纵横的网把这些物体相连，实现物物相联，使它们之间进行便捷的交互和沟通，实现信息的交互和共享，把所有物体放到一个网络中，实现真正的闭环智能化环境。作为信息产业高速发展中新兴技术的物联网，集合了智能感知技术、识别技术、无线短距离通信技术和互联网技术等高新技术，是对互联网应用的进一步挖掘与创新。在互联网的基础上，结合其他技术特点，发挥每个技术的优势，互相弥补自身的劣势，在物联网的概念下，进一步使互联网和其他技术得到更广泛的应用。

国际电信联盟对物联网做了如下定义：通过二维码识读设备、射频识别（RFID）装置、红外感应器、全球定位系统和激光扫描器等信息传感设备，按约定的协议，把任何物品与互联网相联接，进行信息交换和通信，以实现智能化识别、定位、跟踪、监控和管理的一种网络。物联网通过各种信息传感设备，实时采集任何需要监控、联接、互动的物体或过程等各种需要的信息，与互联网结合形成的一个巨大网络。其目的是实现物与物、物与人、所有的物品与网络的联接，方便识别、管理和控制。

当前物联网发展的关键技术主要是物联网的标识技术和体系架构的问题。在物联网标识技术中，包括条码、RFID、WSN、雷达、视频和红外等多种标识手段，所有这些识别系统之间的融合和兼容问题都需要考虑，编码问题也是需要考虑的。物联网体系架构中的EPC、UID将只能成为物联网架构发展中的子集，可伸缩性、可扩展性、模块化和互操作性等将是未来物联网架构设计中需要重点考虑的问题。

物联网的相关技术的发展现状和发展方向见表6-21。

表6-21 物联网的相关技术的发展现状和发展方向

研究项目	当前研究	今后方向
物体标识技术	适用于不同应用领域ID标识方案分析 统一全球物品标识及编码方案以及特例	扩展ID标识概念（不只是ID号），研发电磁识别（EMID）以及后EMID技术 唯一ID标识（如物品DNA）
体系架构	局域物联网（局部试点应用，千/百万事物互联）	广域物联网（实验用户应用，数十亿事物互联） 物联网（全球范围应用，实现亿万事物互联）
通信网络技术	无线通信网络技术，如ZigBee、RFID、Bluetooth 网格、云网络及混合网络 互操作性（协议和频谱）	网络化的RFID系统与其他单个或混合网络的互联 不间断服务通信网络系统 网络节点进化、消亡、再生
数据处理技术	网格计算、云计算，海量信息智能处理 分布式、节能高效数据存储	自主计算 认知计算
安全和隐私	节能高效的安全算法 低成本，安全和高效的安全认证	基于情景的安全激活算法 认知安全系统
标准化	RFID、M2M、WSN、H2H标准 隐私和安全标准 IoT智能设备标准的采用	IoT物体交互标准的采用 IoT个性化设备标准的采用 动态，不断进化的标准制定

由表6-21，可以清晰地认识到物联网各项技术未来的发展方向，认识到技术的不足，知

道研究的方向和研究内容。而努力克服每一个小的技术问题，都是促进物联网更好地服务于社会每个角落的关键。

2. 物联网的技术框架

目前，物联网正处于高速发展的阶段，没有一个被广泛认可的技术框架。有以用户为中心的体系架构物品万维网，有欧美支持的 EPC Global 架构，有日本的 UID 架构，有基于传感网络的架构，有基于 M2M 的架构等。各种体系架构都是为了物联网更好地、更加人性化地服务于用户。

物联网架构体系的搭建主要是从其应用出发，利用互联网、无线通信技术进行数据的采集、处理、分析和应用。当物联网和近程通信、信息采集、网络技术、用户终端设备结合使用时，才能发挥其最高能力。因此，物联网的体系结构主要遵循了多样性原则、时空性原则、互联性原则、扩展性原则、安全性原则和健壮性原则等几大原则。

对物联网进行技术、功能、结构上的层次性建立，能使得物联网的结构更加清晰，运用更加方便。根据物联网在实际应用中的经验总结，目前应用最广泛的物联网体系架构，是将其分为三部分，即感知层、网络层和应用层。物联网三层体系结构如图 6-28 所示。

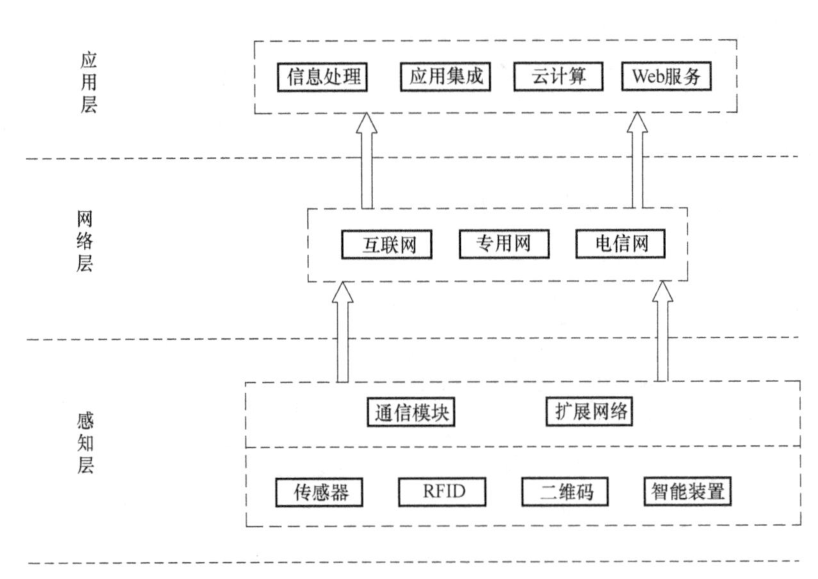

图 6-28　物联网三层体系结构

感知层主要进行信息拾取，是最基层，也是最关键的一层，具有物联网全面感知的核心能力。通过感知层，可以把信息形象化地反映出来，就像人的手、耳朵、眼睛一样，感知外面的世界，获取各类物理量、标识、音频和视频数据等。感知层综合了传感器技术、嵌入式计算技术、智能组网技术、无线通信技术和分布式信息处理技术等。感知层通过嵌入式系统对采集到的信息进行处理，并通过自组织无线通信网络以单跳或多跳的方式将信息传送到节点和接入网关，最终到达用户终端，从而实现“物物相联”的物联网的概念。

网络层主要进行数据的预处理和远距离传输，是用户对研究目标进行远距离操控的桥梁。它是建立在现有的 Internet 和移动通信等网络基础上的，并综合使用 IPv6、3G/4G、Wi-Fi 等通信技术，实现有线与无线的结合、宽带与窄带的结合以及感知网与通信网的结合。网络层中的感知数据管理与处理技术是实现以数据为中心的物联网的核心技术。

应用层主要实现数据处理和人机交换的功能。网络层把接收到的信息进行个性化、针对性的处理，得到用户需求的结论，再利用人机交换界面，把有价值的核心信息与结论展现给用户，最终实现智能化管理、应用和服务。

分层式物联网架构结构清晰、思路流畅，三个层次各有各的特点、优势和功能，互相配合，合作完成整个物联网概念中的所有功能与要求。

6.5.2　物联网故障诊断模型

利用物联网概念即“传感层—网络层—应用层”的三层架构体系，建立基于物联网的故障诊断模型如图6-29所示。

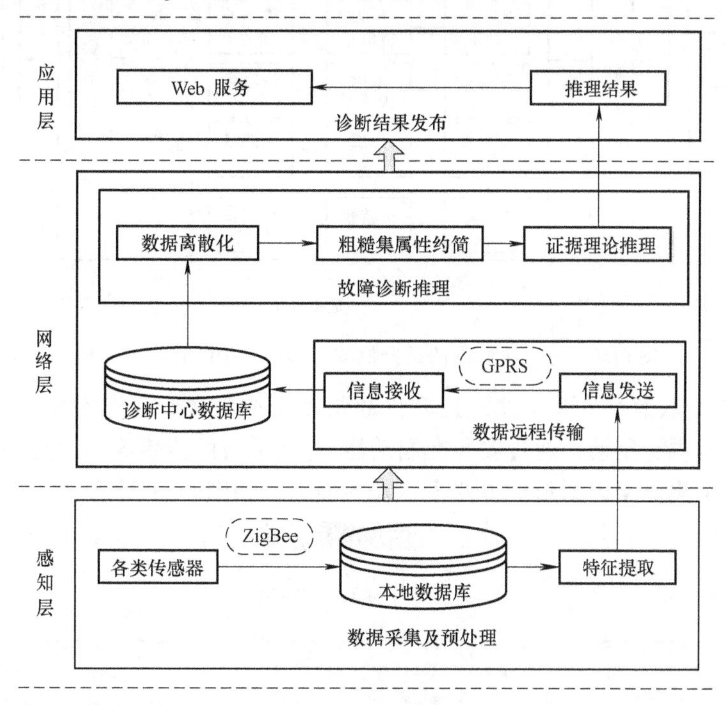

图6-29　基于物联网的故障诊断模型

感知层也称信息获取层，包括数据的输入和知识的获取。监测系统采集到的数据和设备本身的结构参数信息、已有的诊断知识以及专家诊断经验知识等相关信息经预处理后被一起传入到下一层。网络层包括信息传输和诊断推理两个部分，信息传输部分主要是把感知层获取到的信息进行远距离的传输，由信息的发送端、接收端和无线传输模块组成。为了使应用层更专注于故障监测与诊断信息的对外发布，把故障数据的诊断推理分析放到了网络层，主要是运用高效合理、诊断正确率高的故障诊断方法对传输过来的信息进行推理分析，最终得出故障的诊断结果。应用层主要是信息发布层，根据用户需求进行个性化设计，把诊断出来的结果对外发布到用户界面上。

6.5.3　基于物联网的故障诊断实例

本节以矿井提升机制动系统为研究对象，介绍基于物联网的故障诊断实现方式。

1. 物联网感知层矿井提升机故障监测系统及故障诊断知识获取模型的构建

感知层主要是进行数据的采集、短距离数据的无线传输、数据的接收显示和保存等工作。基于 ZigBee 技术，以片上系统 CC2530 作为传感器节点和汇聚节点的核心模块，根据数据类型及特点设计不同传感器与核心模块的联接得到相应传感器节点。对比选择 ZigBee 标准传输协议，建立星形网络拓扑结构的无线数据采集系统，实现系统运行数据的采集。以提升机制动系统为例，基于物联网的提升机故障诊断系统的感知层结构如图 6-30 所示。

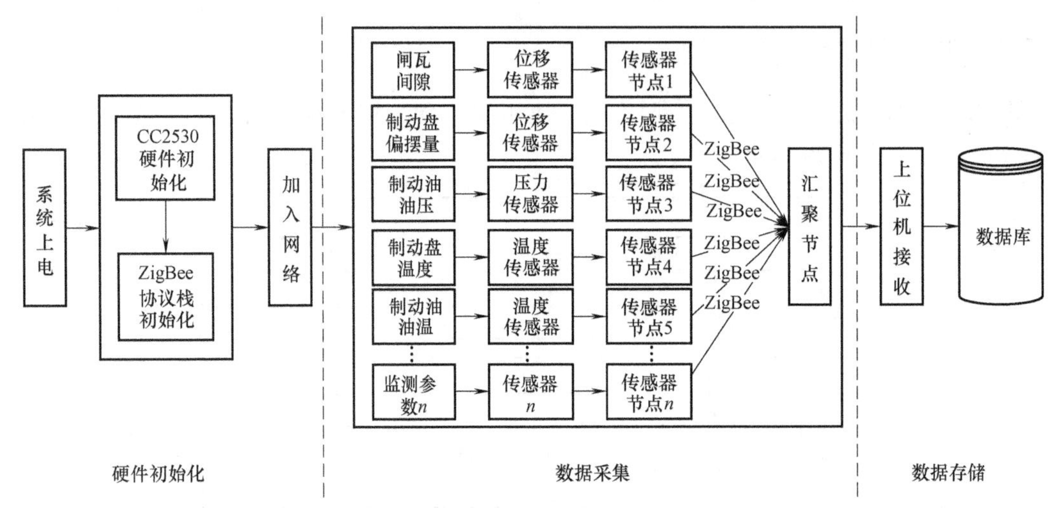

图 6-30 基于物联网的提升机故障诊断系统的感知层结构

以 2JTP-1.2 型双滚筒单绳摩擦式提升机的制动系统为实验研究对象，该提升机利用 4 对 8 个盘式制动器进行制动。通过安装在制动器 1、2 上面的传感器，设置每秒钟采集 15 个数据，将得到的采集结果以图形的方式显示在界面上，如图 6-31 所示。

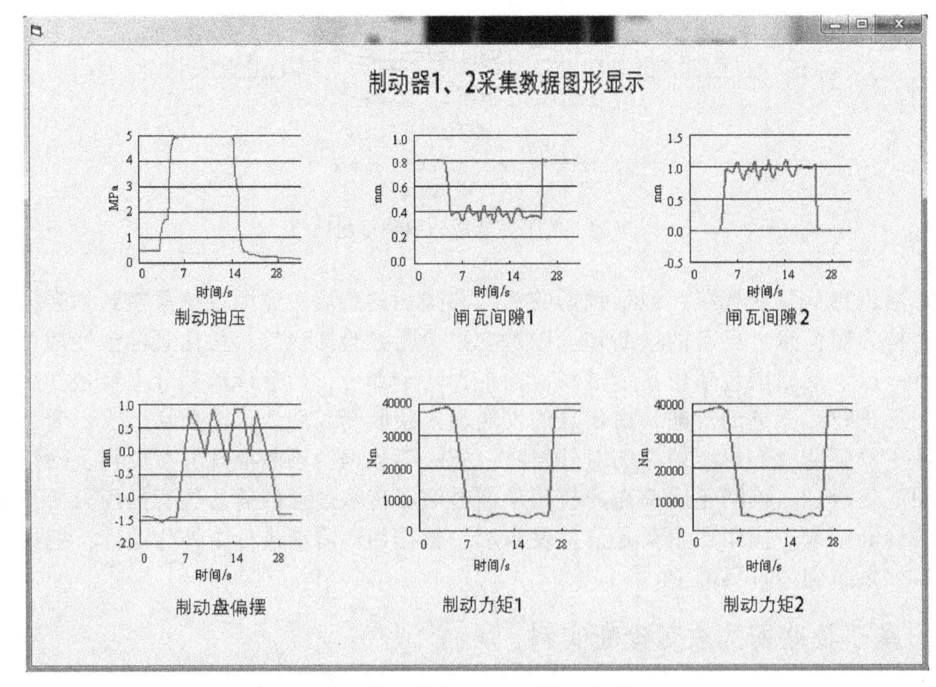

图 6-31 制动器 1、2 详细数据

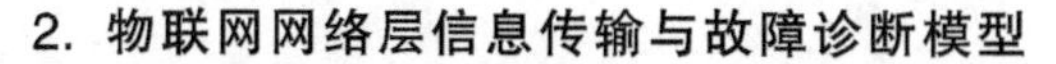

2. 物联网网络层信息传输与故障诊断模型

网络层作为物联网的桥梁，对实时远程监测、诊断、操控等需要数据支持的工作提供远距离传输的技术支持。网络层主要分为两个部分：一个是远距离无线传输，另一个就是对数据进行故障诊断。在发送端，利用 GPRS 技术，在移动网络的支持下，把数据从数据库中调出来以后，利用发送界面和 GPRS 模块相连，将数据打包无线发送。接收端对数据进行解析，并保存到远程诊断中心数据库中。基于粗糙集理论，构建提升机故障诊断规则知识获取模型，首先将历史诊断数据集和领域经验知识进行离散化，构建决策表，对其进行约简，从而生成诊断规则，将有高置信度的规则存入规则知识库。接下来利用 DSmT 证据理论进行故障推理，最终得出故障诊断结果。网络层结构如图 6-32 所示。

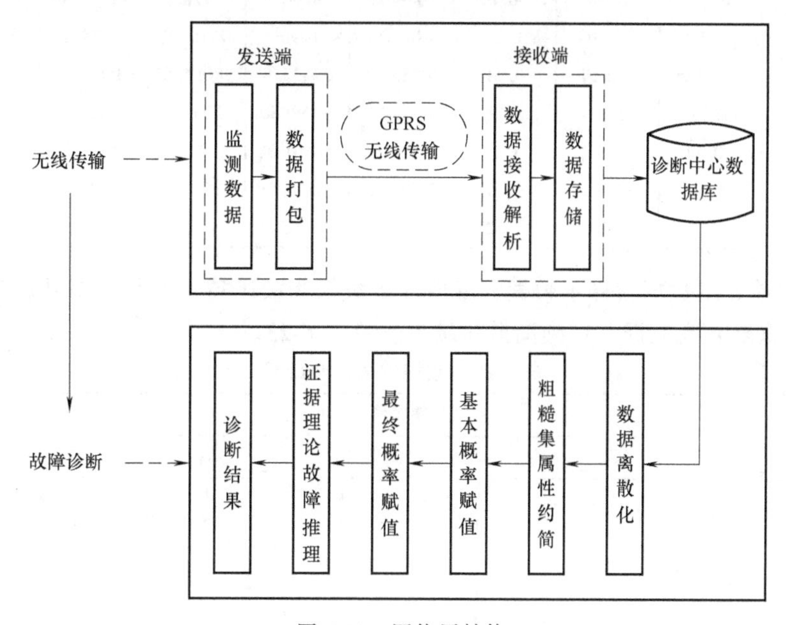

图 6-32　网络层结构

对制动系统的故障进行模拟，分别进行以下四组实验：

1）残压过大。增大两副制动器的残压，使残压变为 0.8MPa。

2）闸瓦间隙过大。增大一副制动器的闸瓦间隙，使闸瓦 3、4 的间隙变大。

3）混合故障。增大 3、4 闸瓦的间隙，同时增加两副制动器的残压为 0.7MPa。

4）正常。正常状态下采集相关数据。

利用数据采集系统，分别在以上 4 组实验设定的状况下对闸瓦间隙、碟形弹簧力（可计算制动力矩）、速度等物理量进行数据的采集，得到正常状态和故障状态下的不同数据。

按照粗糙集约简的思路，定义四种故障类型，即对决策属性进行定义。4 个决策属性分别为：T_1，闸瓦间隙过大（闸瓦 3、4）；T_2，残压过大（0.8MPa）；T_3，混合故障（残压+间隙）；T_4，正常。根据实验情况合理选择条件属性，定义九种条件属性分别为：C_1，闸瓦间隙 1；C_2，闸瓦间隙 2；C_3，闸瓦间隙 3；C_4，闸瓦间隙 4；C_5，制动力矩 1；C_6，制动力矩 2；C_7，制动力矩 3；C_8，制动力矩 4；C_9，速度。

定义好决策属性和条件属性之后，就要选择样本数据和待测数据。从四组实验，即对应的四种决策属性中各选出两组数据组成样本矩阵，从每种故障数据中任选一组数据作为待检测数据。样本数据见表 6-22。

表 6-22 样本数据

样本	条件属性									决策属性
	C_1	C_2	C_3	C_4	C_5	C_6	C_7	C_8	C_9	
1	0.91	1.19	2.27	2.24	-428.95	259.38	158.62	2.56	1	T_1
2	0.00	0.01	-0.05	0.00	33344.94	37230.60	20189.96	20964.40	0	T_1
3	1.12	1.82	2.26	1.61	512.33	-504.01	-102.75	0.92	1	T_2
4	0.09	-0.10	0.06	0.01	24393.81	24159.86	22722.8	21360.25	0	T_2
5	0.62	0.69	2.23	2.81	-1151.1	-67.1	-90.9	-30.48	1	T_3
6	0.00	0.03	0.04	-0.02	25899.6	28704.5	13978.93	13391.46	0	T_3
7	0.90	1.20	1.39	1.23	1867.37	-1090.4	1919.43	1579.2	1	T_4
8	-0.08	-0.18	-0.14	0.11	40283.35	37423.8	38054.61	35896.8	0	T_4
9	0.92	1.13	2.34	2.28	422.97	-159.50	325.85	-96.40	1	T_1
10	0.09	-0.11	0.05	0.01	24434.07	24010.88	22024.2	21571.25	0	T_2
11	0.03	0.04	-0.02	-0.05	23962.5	26594.26	13667.04	12984.78	0	T_3
12	0.88	1.23	1.34	1.52	-185.84	-1565.8	-85.86	354	1	T_4

表 6-22 中前 8 组数据为样本数据，最后 4 组数据为故障待测数据。对数据进行 SOM 离散化，并去除重复冗余数据，得到离散化结果，见表 6-23。

表 6-23 数据的离散化结果

样本	条件属性						决策属性
	C_1	C_3	C_4	C_5	C_7	C_9	
1	3	4	4	1	1	4	T_1
2	1	1	1	4	3	1	T_1
3	4	4	3	1	1	4	T_2
4	1	1	1	3	3	1	T_2
5	2	4	4	1	1	4	T_3
6	1	1	1	3	2	1	T_3
7	3	3	3	1	1	4	T_4
8	1	1	1	4	4	1	T_4
9	3	4	4	1	1	4	T_1
10	1	1	1	3	3	1	T_2
11	1	1	1	3	2	1	T_3
12	3	3	3	1	1	4	T_4

对表 6-23 的前 8 组故障数据做差别矩阵分析，有

$$
\begin{pmatrix}
0 & 0 & 0 & & & & \\
134579 & 0 & 0 & & & & \\
14 & 134579 & 0 & & & & \\
\cdots & \cdots & 134579 & 0 & & & \\
\vdots & \vdots & \vdots & & \vdots & 0 & \\
134579 & 7 & 134579 & 57 & \cdots & 134579 & 0
\end{pmatrix}
$$

从差别矩阵可以看出，单元素分别为 1、5、7，所以样本数据的核为 $\{C_1, C_5, C_7\}$，把差别矩阵中包含核元素的项化为“0”。最终保留唯一的一项为“34”。所以最终的约简结

果为 $RED_1=\{C_1,C_3,C_5,C_7\}$，$RED_2=\{C_1,C_4,C_5,C_7\}$，见表 6-24。

表 6-24 约简结果

样本	RED_1				RED_2				D
	C_1	C_3	C_5	C_7	C_1	C_4	C_5	C_7	
1	3	4	1	1	3	4	1	1	T_1
2	1	1	4	3	1	1	4	3	T_1
3	4	4	1	1	4	3	1	1	T_2
4	1	1	3	3	1	1	3	3	T_2
5	2	4	1	1	2	4	1	1	T_3
6	1	1	3	2	1	1	3	2	T_3
7	3	3	1	1	3	3	1	1	T_4
8	1	1	4	4	1	1	4	4	T_4
9	3	4	1	1	3	4	1	1	T_1
10	1	1	3	3	1	1	3	3	T_2
11	1	1	3	2	1	1	3	2	T_3
12	3	3	1	1	3	3	1	1	T_4

分别计算 $RED_1=\{C_1,C_3,C_5,C_7\}$ 相对于决策属性 D 的属性重要度，得 $SGF_d(C_1,R,D)=1-5/8=3/8$，$SGF_d(C_3,R,D)=1-6/8=2/8$，$SGF_d(C_5,R,D)=1-6/8=2/8$，$SGF_d(C_7,R,D)=1-4/8=4/8$。进行归一化处理，可以得到权重分别为：0.273、0.182、0.182 和 0.364。

分别计算 $RED_2=\{C_1,C_4,C_5,C_7\}$ 相对于决策属性 D 的属性重要度，得 $SGF_d(C_1,R,D)=1-4/8=4/8$，$SGF_d(C_4,R,D)=1-6/8=2/8$，$SGF_d(C_5,R,D)=1-6/8=2/8$，$SGF_d(C_7,R,D)=1-4/8=4/8$。进行归一化处理，可以得到权重分别为：0.333、0.167、0.167 和 0.333。

对普通的推理决策问题，证据理论建立的推理结构清晰，决策诊断正确率高，操作方便，被广泛应用。但其也存在一些缺陷，最大的局限性就是要求证据必须独立。

当各个证据之间的冲突率不高时，D-S 证据理论的合成规则能够被高效地利用；而证据之间存在一定的冲突时，此时该合成规则把这些矛盾信息直接删除掉，这样就无法全面地考虑信息。但 DSmT 很好地解决了这一问题，它在合成规则里留下了那些冲突信息，避免了一些有效信息的丢失。

DSmT 和 DST 的主要区别为：假设 $\Theta=\{\theta_1,\theta_2\}$，则对于 DST 有

$$m(\theta_1)+m(\theta_2)+m(\theta_1\cup\theta_2)=1$$

对于 DSmT 有

$$m(\theta_1)+m(\theta_2)+m(\theta_1\cup\theta_2)+m(\theta_1\cap\theta_2)=1$$

修正后的 DSmT 组合规则为

$$m_{12}(X)=\begin{cases}\dfrac{\sum\limits_{A,B\in D^{\Theta},A\cap B=X} m_1(A)m_2(B)+P(X)}{1-k'}, & X\in D \text{ 且 } X\neq\varnothing \\ 0, & X=\varnothing\end{cases} \tag{6-55}$$

其中

$$\sum_{X\in D^{\Theta}} P(X)=(1-\sigma)k \tag{6-56}$$

$$k = \sum_{A,B \in D^{\Theta}, A \cap B = \emptyset} m_1(A)m_2(B) \tag{6-57}$$

式中，σ 为控制因子；$k'=\sigma k$，k 反映了冲突的大小。$\sigma = Sim(m_1, m_2)$，$Sim(m_1,m_2)=1-Dis(m_1,m_2)$，$Dis(m_1,m_2)$ 为证据间的 Jousselme 距离

$$\mathrm{Dis}(m_1,m_2)=\sqrt{\frac{1}{2}(m_1-m_2)^{\mathrm{T}}D(m_1-m_2)} \tag{6-58}$$

$$D(A,B)=\frac{|A\cap B|}{|A\cup B|}, \forall A,B \in D^{\Theta} \tag{6-59}$$

对 DSmT 组合规则的进一步修改，使其更加客观地去推理不确定性问题，不管信息里面是否存在冲突内容，改进的规则都是客观地对待每一个信息，不会忽略任何信息。整个推理没有人为因素干扰，结果客观，信赖度高。

分别把 C_1、C_3、C_5、C_7 设为证据 r_1、r_2、r_3、r_4，把 C_1、C_4、C_5、C_7 作为证据 R_1、R_2、R_3、R_4，合成证据 r 和 R，设四种现象分别为识别框架元素 Θ_1、Θ_2、Θ_3、Θ_4。

在 RED_1 和 RED_2 的条件下，对第 9 组数据可得基本概率赋值，见表 6-25。

根据相对于 D 的重要度不同，考虑到权重值，得到的最终证据 r、R 合成结果见表 6-26。

利用 r、R 证据融合的结果，分别作为基本置信度函数的两组值，利用修改后的 DSmT 证据理论进行融合，得到的融合结果见表 6-27。

表 6-25 基本概率赋值

证据	元素			
	Θ_1	Θ_2	Θ_3	Θ_4
r_1	1/2	0	0	1/2
r_2	1/3	1/3	1/3	0
r_3	1/4	1/4	1/4	1/4
r_4	1/4	1/4	1/4	1/4
R_1	1/2	0	0	1/2
R_2	1/2	0	1/2	0
R_3	1/4	1/4	1/4	1/4
R_4	1/4	1/4	1/4	1/4

表 6-26 证据融合结果

证据	元素			
	Θ_1	Θ_2	Θ_3	Θ_4
r	0.334	0.197	0.197	0.273
R	0.375	0.125	0.209	0.292

表 6-27 融合结果 1

证据	元素			
	Θ_1 (T_1)	Θ_2 (T_2)	Θ_3 (T_3)(T_1T_2)	Θ_4 (T_4)
$r+R$	0.467	0.092	0.154	0.297

通过观察表 6-27 可知，T_1 的融合结果值最大，可以推理出待测数据的诊断结果为故障 T_1，即闸瓦间隙过大故障。这和实际在闸瓦间隙这一模拟故障条件相吻合，诊断结果准确。

用同样的算法对第 10、11、12 组数据进行判断，证据融合的结果分别见表 6-28～表 6-30。

表 6-28　融合结果 2

证据	元素			
	Θ_1 (T_1)	Θ_2 (T_2)	Θ_3 (T_3)(T_1T_2)	Θ_4 (T_4)
$r+R$	0.300	0.502	0.148	0.049

表 6-29　融合结果 3

证据	元素			
	Θ_1 (T_1)	Θ_2 (T_2)	Θ_3 (T_3)(T_1T_2)	Θ_4 (T_4)
$r+R$	0.038	0.113	0.816	0.038

表 6-30　融合结果 4

证据	元素			
	Θ_1 (T_1)	Θ_2 (T_2)	Θ_3 (T_3)(T_1T_2)	Θ_4 (T_4)
$r+R$	0.269	0.096	0.057	0.576

由表 6-28～表 6-30 可以看出，T_2、T_3、T_4 融合结果值最大，可以分别判断出故障类型为 T_2、T_3、T_4，即残压故障、闸瓦间隙和残压的混合故障、正常状态，故障推理结果符合实际数据的采集情况，诊断准确率高。

3. 应用层信息发布

应用层主要是故障发布平台，包括故障发布界面、故障类型确定、故障原因分析、解决方案提出和故障信息保存等应用。故障发布界面作为人机交互最直接的显示画面，可以清晰地显示出故障的类型及原因，并给出合理的解决方案意见，并进行故障的保存。以间隙过大故障为例，应用层故障发布如图 6-33 所示。

诊断结果显示的是“1”，则说明诊断结果为故障 1，对照故障类型，就可以知道是闸瓦间隙故障，其所对应的故障原因和维修建议都可以一一找到。

对故障原因进行综合分析可以发现，闸瓦间隙故障的故障原因有安装不当等五种可能，对五种原因逐一分析。因为制动盘偏摆这一物理量是直接测量的，根据测量结果发现制动盘的偏摆值在规定的范围内，所以排除制动盘偏摆严重这一故障原因。观察紧闸时弹簧力的监测数据可以发现，弹簧力比正常状态下的值明显降低，说明故障原因可能是弹簧预压缩量减少，或者弹簧刚度降低，实验中通过增大预压缩量值以后，制动效果明显得到改善，制动力恢复正常，所以判断该闸瓦间隙过大的原因可能是弹簧预压缩量引起的。对于安装不当这一原因来说，在保证正常安装完成的情况下，如果提升机各部分的固定设施没有发生损坏，可以把安装不当这一原因仅作为参考。而对于闸瓦磨损严重这一原因来说，由于监测到的闸瓦间隙发生很明显的增大，而检查闸瓦时，并没有发现明显的磨损现象，所以此次实验的闸瓦间隙过大并不是闸瓦磨损严重直接造成的。综合以上分析，引起闸瓦间隙故障的主要原因是弹簧预压缩量的减少，这与闸瓦间隙故障模拟时的实际操作一致。

基于物联网矿井提升机制动系统应用层

制动系统参数 状态监测 故障诊断 维修建议

故障诊断

故障类型	故障原因
故障类型1：闸瓦间隙故障	安装不当
	闸瓦磨损严重
	制动盘偏摆严重
	弹簧预压缩量少
	弹簧刚度降低
故障类型2：制动压力过小故障	贴闸油压过大
	弹簧疲劳
	接触面积减小
	闸瓦摩擦系数降低
	残压过高
故障类型3：制动压力过大故障	贴闸油压过小
	闸瓦间隙过小
	弹簧预压缩量过大
故障类型4：油压不足故障	液压油不足
	滤油器堵塞
	液压油污染
	液压油中有空气
	管路漏油
	电机油泵故障
故障类型5：残压过高故障	油路堵塞
	液压油过多
故障类型6：油液温度故障	液压油过少
	工作环境温度过高过低
	制动频繁
故障类型7：制动盘温度故障	摩擦系数过小

诊断结果：故障类型 1

故障记录：

时间	故障类型
2017/3/4 16:30	1

图 6-33 应用层故障发布

参考文献

[1] 王国彪，何正嘉，陈雪峰，等．机械故障诊断基础研究“何去何从”［J］．机械工程学报，2013，49（1）：63-72.

[2] 廖伯瑜．机械故障诊断基础［M］．北京：冶金工业出版社，2003.

[3] 李国华，张永忠．机械故障诊断［M］．北京：化学工业出版社，2011.

[4] 时彧．机械故障诊断技术与应用［M］．北京：国防工业出版社，2014.

[5] 何正嘉，訾艳阳，张西宁．现代信号处理及工程应用［M］．西安：西安交通大学出版社，2007.

[6] 熊诗波．机械工程测试技术基础［M］．4版．北京：机械工业出版社，2018.

[7] 王江萍．机械设备故障诊断技术及应用［M］．北京：石油工业出版社，2017.

[8] 张键．机械故障诊断技术［M］．2版．北京：机械工业出版社，2014.

[9] 王伯雄，王雪，陈非凡．工程测试技术［M］．2版．北京：清华大学出版社，2012.

[10] 赵光宙．信号分析与处理［M］．3版．北京：机械工业出版社，2016.

[11] 杨平，沈艳，陈中柘．测试信号分析与信息处理［M］．北京：科学出版社，2016.

[12] 谷立臣．工程信号分析与处理技术［M］．西安：西安电子科技大学出版社，2017.

[13] 钟秉林，黄仁．机械故障诊断学［M］．3版．北京：机械工业出版社，2007.

[14] 高立新．机器状态监测与故障诊断［M］．北京：科学出版社，2014.

[15] RAO S S. Mechannical vibrations［M］. 5th ed. Upper Saddle River：Prentice Hall，2010.

[16] 师汉民，黄其柏．机械振动系统——分析·测试·建模·对策［M］．3版．武汉：华中科技大学出版社，2016.

[17] 张策．机械动力学［M］．2版．北京：高等教育出版社，2008.

[18] 何正嘉，陈进，王太勇，等．机械故障诊断理论及应用［M］．北京：高等教育出版社，2010.

[19] 杨其明，严新平，贺石中．油液监测分析现场实用技术［M］．北京：机械工业出版社，2006.

[20] 张鄂．铁谱技术及其工业应用［M］．西安：西安交通大学出版社，2001.

[21] 李柱国．机械润滑与诊断［M］．北京：化学工业出版社，2005.

[22] 杨贵恒，杨雪，何俊强，等．噪声与振动控制技术及其应用［M］．北京：化学工业出版社，2018.

[23] 沈功田．声发射检测技术及应用［M］．北京：科学出版社，2015.

[24] 赵玫，周海亭，陈光冶，等．机械振动与噪声学［M］．北京：科学出版社，2019.

[25] 晏荣明．超声检测［M］．北京：机械工业出版社，2016.

[26] 雷勇涛，杨兆建．神经网络在提升机故障诊断中的应用［J］．华南理工大学学报（自然科学版），2010，38（2）：67-72.

[27] SHAO M W，LEUNG Y，WU W Z. Rule acquistiton and complexity reduction in formal decision contexts［J］. International Journal of Approximate Reasoning，2014，55（1）：259-274.

[28] 胡雷刚，肖明清，禹航，等．不完备信息条件下的航空发动机故障诊断方法［J］．振动、测试与诊断，2012，32（6）：903-908.

[29] SURESH S，NAGARAJAN R，SAKTHIVEL L，et al. Transmission line fault monitoring and identification system by using internet of things［J］. International Journal of Advanced Engineering Research and Science（IJAERS），2017，4（4）：9-15.